“双一流”建设精品出版工程

生命科学基础与应用

FOUNDATION AND APPLICATION OF LIFE SCIENCE

宋金柱　聂　桓　主编

内容简介

本书较全面地介绍了生命科学领域的相关研究及技术，重点介绍了在各领域的具体应用。内容涉及基因工程、细胞工程、发酵工程、蛋白质工程、酶工程与组学，以及生命科学研究在农业、食品、医药、能源、环境、材料和空间环境等领域的应用。全书共分12章，每章附思考题，利于对章节内容的理解。

本书可作为高等院校非生物学类专业学生通识课程的教材，也可为各类相关专业本科生、研究生及教师提供参考。

图书在版编目(CIP)数据

生命科学基础与应用/宋金柱，聂桓主编. —哈尔滨：哈尔滨工业大学出版社，2022.10(2024.8重印)
ISBN 978-7-5767-0082-4

Ⅰ.①生… Ⅱ.①宋… ②聂… Ⅲ.①生命科学-高等学校-教材 Ⅳ.①Q1-0

中国版本图书馆CIP数据核字(2022)第107365号

策划编辑 杜 燕
责任编辑 张 颖 鹿 峰
封面设计 朱 宇
出版发行 哈尔滨工业大学出版社
社 址 哈尔滨市南岗区复华四道街10号 邮编150006
传 真 0451-86414749
网 址 http://hitpress.hit.edu.cn
印 刷 哈尔滨久利印刷有限公司
开 本 787mm×1092mm 1/16 印张14.5 字数353千字
版 次 2022年10月第1版 2024年8月第2次印刷
书 号 ISBN 978-7-5767-0082-4
定 价 43.80元

前　言

生命科学研究与人类生活的许多方面都有着非常密切的关系。生物学作为一门基础科学,传统上一直是农学和医学的基础,涉及种植业、畜牧业、渔业、医疗、制药、卫生等方面。随着生命科学研究的不断发展,它的应用领域不断扩大,扩展到食品、化工、环境保护、能源和冶金工业等方面。如果考虑到仿生学,它还影响到电子技术和信息技术。特别是新型冠状病毒的出现,再一次刷新了人们对生命科学研究重要性的认识。从疫情防控的各种策略、具体措施和装备制造等方面显示出对非生物学专业学生开展生命科学和生物安全知识教育的必要性,也促使我们决心编写一部适合非生命科学专业学生使用的教材。

哈尔滨工业大学是传统的工科院校,在历次的全球工科排名中都取得了不错的成绩,但学校在对比国际上工科强校的办学理念时,发现必须加强工科类学生的生物学素养,才可能使未来的毕业生更好地适应科技竞争,为此于2016年开始由生命科学与技术学院为本科一年级学生开设"生命科学基础与应用"这门课程。教学团队主要由生命科学与技术学院的一线教学与科研的教授组成,经过四年多的教学实践,学生和主讲教师都感到迫切需要一本适合此课程的教材,为此在生命科学与技术学院领导的组织下,组建了本教材的编写团队。宋金柱作为编写组组长,负责编写第七章"生物技术与现代农业"和第八章"生物技术与食品"及全书统稿工作。施树良负责编写第一章"绪论",张凤伟负责编写第二章"生命体组成的分子基础与功能单位",吴琼负责编写第三章"生命科学中的组学",黄雪媚负责编写第四章"生命体的新陈代谢",杨焕杰负责编写第五章"生命体的衰老和死亡",顾宁负责编写第六章 "生物技术与环境治理",韩放负责编写第九章"生物技术与医药",聂桓负责编写第十章"生物技术与生物质能源", 田维明负责编写第十一章"生物材料与组织工程",魏力军负责编写第十二章"空间环境下的生命科学问题"。

由于作者的编写水平有限,难免存在不足之处,敬请各位读者批评指正。

编　者

2022年5月

目　　录

第一章　绪　　论

第一节　生命现象与生命科学

提起“生命”一词，人们大体会想到遍布星球、丰富多彩、形态各异而又充满秩序的各种生物。诚然，人们所居住的星球之美依赖于地球上生物的存在。每一种生物都是生命的集合体，是生命现象的承载者和表现者。由此可以从各样生物的生命活动中窥探生命现象的本质和规律，并因为无数人对生命的研究而逐步建立了生命科学学科。作为自然界中最为神秘的一种现象，如何给“生命”下定义，仍然会难倒无数生命学家。尽管如此，人们还是能够很容易地通过生命现象把生物与非生物区分开来。

一、生命现象

人类居住的环境中充满了种类繁多、形态各异的植物、动物和微生物。生物体分布广泛，遍布地球各个角落，其适应能力之强、生命力之旺盛常使人惊叹不已。同时，生物世界也赋予了人类最有秩序的自然之美。显然，自然界中除了生物体之外还存在着非生物体，非生物体构成了地球早期环境的所有组分和现在环境中大多数的无机组分。自然界中的岩石、沙漠、火山和冰川都是典型的非生物体，生物体和非生物体之间存在着包含和被包含、容纳和被容纳的关系。那么自然界中生物体和非生物体之间究竟有哪些区别？所有的生物所具有的共同特征是什么？为了回答这些问题有必要将生命的概念引入。生命现象是所有地球生物体区别于非生物体的最主要特征。19 世纪前叶，法国古生物学家、动物学家、解剖学家居维叶（Georges Cuvier，1769—1832）和德国化学家李比希（Justus von Liebig，1803—1873）认为所有生物体均具有一种特有的“活力”，这不同于自然界的物理和化学过程，物理和化学过程是破坏性的，如同热力学第二定律所描述：在自然过程中，一个孤立系统的总混乱度（即“熵”）不会减小。相反，生命的“活力”能够通过与物理和化学过程相对抗而产生并维护有机体（生物体）的结构与功能，使得生命的秩序得以维护并传递，这一理论也称为“活力论”。而路德维希（C. Ludwig，1816—1895）和赫姆霍兹（H. von Helmholtz，1821—1894）等人则认为生命的问题不外乎属于物理和化学问题，因此，一切生命现象都能够用物理和化学的规律给出解释，因此，并不存在什么特别的生命力，这一观点也被称为“机械论”（mechanistic view）或“还原论”（reductionism）。机械论在一定程度上推动了 20 世纪的生物学向分子水平迈进，基于化学原理的遗传学、生物化学和细胞生物学规律被迅速阐明。同时，所有的研究成果又进一步强化了“机械论”的论点。

尽管如此，生物体中所蕴含的生命现象之复杂和自我独立性仍然不能简单地通过“机械论”加以解释，通过简单地将物理和化学过程堆积到一起或者将人工合成的生物大分子混合到一起仍然无法完整合成生命体。合成生物学的先驱克雷格·文特尔（John Craig Venter，1946—　）于 2010 年制造出了首个能够完成基本生命活动并自我复制的人造细胞辛西娅(Synthia),通过全基因合成的方法克雷格·文特尔研究团队合成并组装了首个支原体基因组,并将其导入去核的支原体细胞中,最终合成的基因组进入细胞后成功地驱动了细胞完成基本的生命活动,包括生长和繁殖。然而,不能忽视的是在辛西娅细胞中除了基因组之外所有生命活动所必需的物质,包括驱动基因组时空特异性表达的转录因子体系等都来自于现有细胞体系,而其成分和功能的复杂是人们无法合成与重建的。离开细胞体系中的各种成分,仅有“生命密码”仍然无法建造全新的具有生命活性的细胞。

二、生命的特征

生命现象源于生物体独有的生命活动规律,其所展现的特征性表型是人们认识生命活动本质的基础,目前为止,人们认为生物体所具备的所有生命现象可以归纳为4点,即生长与发育、繁殖与遗传、新陈代谢、应激性与稳态。

(一) 生长与发育(growth and development)

细胞(cell)是生命活动的基本单位,已知的所有基本生命活动都是以细胞为基础的。生长是指生物体具备自我增长的能力,从诞生起任何多细胞生物体都能够不断吸收来自母体或者环境的营养,从单一合子细胞不断地分裂和分化,细胞总数大量扩增。这种生长现象是所有生物体所具备的基本能力,同时,生长过程中伴随着个体的发育和成熟,并在完成世代更新后逐渐走向衰老和死亡。因此,多细胞生物体从诞生开始都需要经历生长、成熟、衰老和死亡这一基本生命历程。对于单细胞生物来说生长意味着核酸的复制、蛋白质的合成和细胞分裂的完成。宇宙万物皆有变迁,然而其变迁均受到外力的影响,并同时伴随着简单化学反应或者物质的叠加与消失,如钟乳石的形成。唯有生物体的生长是自主发生并伴随着复杂生物化学变化,以周期性的形式绵延不绝。

(二)繁殖与遗传(regeneration and inheritance)

地球生命的演化历史是连续的、从简单到复杂、从单细胞生物到多细胞生物的变迁过程。尽管也发生过类似于6 000万年前恐龙灭绝的突发事件,但是,生命的连续性在物种演化水平和个体繁殖水平从未终止过。繁殖是所有生物体得以延续的基本功能,通过遗传物质的复制和细胞分裂,单细胞生物能够简单地一分为二从而完成世代交替,称为无性生殖。大多数多细胞生物可通过有性生殖减数分裂形成雌、雄配子,并通过受精完成雌雄配子的结合形成合子,最后由合子发育成新的个体,称为有性生殖。无论无性生殖还是有性生殖,每个新的个体都继承了亲本的遗传物质,使得新的个体在表型上与亲本相同或相似。遗传物质是物种世代更替的遗传信息携带者,也是繁殖和遗传的基础。1855年菲尔肖(Ludolf Virchow)提出所有的细胞都来源于已有的细胞,这一理论超越了物种的界限,更是指明了繁殖在物种演化水平上的连续性。所有的生物只能来源于已经存在的生物,遗传是生物的基本属性。

(三)新陈代谢(metabolism)

生物体是一个开放的系统,一方面不断地从环境吸收物质和能量,并通过化学反应转化成自身的成分和能量储备,称为同化;另一方面,生物体又能不断地通过分解体内的物质以获取能量,并向环境排出废物,称为异化。生物体通过新陈代谢不断完成自我更新,并与环境进行物质交换，新陈代谢是生物体生长和发育的基础。

（四）应激性（irritability）与稳态（homeostasis）

生物体能对环境的变化做出反应并产生相应的反应，例如：植物生长的趋光性和草食动物对捕食者的逃避行为等都属于应激范畴，生物体能通过应激适应环境，因此，应激性是生物体生存必需的基本功能。稳态是生物体用于维持自身稳定性并得以存活的基本调节过程，生物体能够应对环境的改变以调节自身的温度、pH、血糖浓度等，并能够调节对环境的营养物质和组成成分的摄取量，以维持自身基本功能的稳定性。

第二节 生命科学与人类生活

一、生命科学的诞生

生物学与人类生产和生活密切相关，如果说在史前（距今4万—5万年前的旧石器时代）人们已经开始利用天然发酵的方法进行酒的酿造仍然属于古人对微生物功能的朴素认知和原始利用，英国医生爱德华·詹纳（Edward Jenner，1745—1823）1796年试用种牛痘预防天花的成功代表着人类认知生物并为人类带来福祉已经进入了新阶段，可以说没有自古以来从生活中得来的经验就没有生物学的今天。同时，也能看到生物体所蕴藏的秘密自古以来就吸引着无数人对其孜孜以求的思辨和探索。希腊哲学家亚里士多德（Aristotle，公元前384—前322）在研究500多种动物并对其中的50种进行解剖后写下了《动物志》《动物的应用》和《动物的繁殖》等著作，提出了以生殖方式作为动物分类的主要依据，并据此创立了种（species）和属（genus）的概念。明朝中医及中草药学家李时珍（1518—1593）于1578年完成了《本草纲目》的著述，书中记录了1 892种药用动植物，按特征分为16部，60大类，兼具有药学及生物分类学意义。近代以来，对推动生物学和医学的进展起到巨大作用的学者是英国医生及解剖学家哈维（W. Harvey，1578—1657），他于1628年出版了《动物心血运动论》（*An Anatomical Disquisition on the Motion of the Heart and Blood in Animals*）一书，他抛弃了实证以外的概念和假设，并首次把定量试验方法引入了生理学研究，成为近代生理学的奠基人。

19世纪一系列生命科学领域的突破奠定了现代生命科学的基础，1838—1839年间由德国植物学家施莱登（M. J. Schleiden）和动物学家施旺（T. Schwann）最早提出细胞是动植物结构和功能的基本单位，建立了细胞学说。细胞学说揭示了整个生物界在结构上的统一性和进化上的共同起源，是现代生物学发展的基石。而此后菲尔肖提出的所有的细胞都来源于已有的细胞则是对细胞学说的补充和完善，指明了细胞繁殖在物种演化水平上的连续性。无独有偶，同时代，英国博物学家达尔文（C. R. Darwin，1809—1882）在经历了5年的环球航行和对动植物及其化石的大量观察和采集后，提出了物种之间存在进化关系的理论，即自然选择学说，并于1859年出版了《物种起源》，标志着人类对于生物物种之间关系的全新认识。物种的形成和维持，以及物种变异的基础是什么？孟德尔（G. Mendel，1822—1884）首次将统计学方法用于生物学研究过程，经过8年的豌豆杂交试验，对7对豌豆独立性状的遗传研究后，于1865年提出了颗粒遗传假说，并验证了遗传的分离律和自由组合定律，同时对决定生物性状的物质进行了定义，首次提出了遗传因子概念。这一划时代意义的发现直到1900年才被人们理解并传播。

二、20世纪的生命科学

进入20世纪，随着孟德尔遗传定律的再发现，遗传学的发展进入了黄金时代，萨顿（Sutton）于1903年提出了遗传的染色体学说，首次指出孟德尔所定义的遗传因子位于染色体上，而这一理论最终被摩尔根（T. H. Morgan，1866—1945）通过果蝇杂交试验得以证实，并因此奠定了细胞遗传学的物质基础。而染色体上的遗传物质是哪种化学成分的争论一直到1944年才彻底被解开，染色体存在两种主要成分，分别是蛋白质和核酸，具体是核酸还是蛋白质承载着遗传的功能，观点不一。艾弗里（Avery Oswald Theodore）在格里菲斯（Frederick Griffith）肺炎双球菌转化试验的基础上，通过DNA直接转化肺炎双球菌试验证明了脱氧核糖核酸（DNA）是真正决定生物性状的遗传物质。这一里程碑性质的发现进一步推动了遗传物质，即DNA的结构和遗传信息传递方式的解析，并因此直接促进了分子生物学的诞生。1953年沃森（J. D. Watson，1928— ）和克里克（F. H. C. Crick，1916—2004）基于DNA晶体结构衍射试验结果，提出了DNA的双螺旋模型，这一发现于1953年发表于*Nature*杂志，双螺旋模型的提出奠定了分子生物学的基础，此后的20年时间内，DNA的半保留复制机制、遗传信息转录的机理以及遗传密码的编译方式（遗传密码子）均被陆续破译，遗传的中心法则，即DNA →RNA→蛋白质，被首次提出，该法则指明了遗传信息流的方向，是基因表达并实现其功能的基本途径。至此，分子生物学的核心体系趋于完善，并因此孕育了影响生命科学近50年发展的新的颠覆性技术——基因工程的诞生。

基因工程（genetic engineering）又称DNA重组技术，是将不同来源的基因按照设计，在体外构建成能够表达的杂种DNA重组体，然后将重组体导入活细胞，以改变生物原有的遗传特性或使其生产出需要的基因产物的技术。1972年斯坦福大学伯格（Berg）首次通过限制性内切酶和DNA连接酶将SV40病毒的DNA片段和人源DNA片段进行了体外连接，构建了杂种分子，标志着DNA重组技术的诞生。以基因工程为基础，四大生命工程技术体系（基因工程、细胞工程、蛋白质工程和酶工程）随之诞生，生物技术的发展日新月异，并在生物学研究和生产生活中发挥着巨大的作用。

三、新世纪的生命科学

20世纪90年代，以阐明人类基因组全部遗传信息为使命的人类基因组计划（Human Genome Project，HGP）在美国设立，该计划的设立和实施承载着人类解码生命、认识疾病发生机制的图腾，同时也预示着21世纪生命科学将会在组学基础上展开，是生命科学大数据时代序幕的开启。该计划最初是由美国、英国、法国、德国、日本等5国共同参与的首个大型生命科学国际化合作计划，用时15年，耗资30亿美元，制备高精度全基因组的遗传图谱、物理图谱、转录图谱，并最终构建完成包含人类基因组全部序列的图谱。我国科学家在1999年加入到HGP项目，承担了其中1%的测序工作。测序技术的飞速发展，在HGP实施进展过半时，美国私人公司赛雷拉（Celera）提出全新的依赖于计算机算法拼接的鸟枪法（shot gun）测序拼接技术，双方的竞争也促进了人类基因组计划进程的提前，2003年由美国、英国、法国、德国、日本、中国6国科学家携手赛雷拉公司共同宣布了人类基因组计划全序列测序完成，准确率达到 99.99%。

从 20 世纪 90 年代开始，以人类基因组计划为标志的物种测序迅速展开，基因组数据以几何级数递增，至今，人类已经完成了超过 10 000 个物种的测序和拼接，包括模式生物（酵母、果蝇、斑马鱼、拟南芥、小鼠）、农作物（水稻、玉米、大豆、高粱等）以及药用植物（灵芝、茯苓、丹参等）。其中，水稻籼稻亚型（*Oryza Sativa* L. SSP. indica）的基因组序列由我国 12 个科研单位于 2002 年共同完成，而同期，美国 6 个科研机构则完成了水稻粳稻亚型（*Oryza Sativa* L. SSP. Japonica）的测序工作。大量基因组数据的积累不仅为生命科学基础研究提供了便捷的信息资源，促进了结构基因组学及功能基因组学的发展，同时，也促进了新兴交叉学科的快速涌现和发展。

1. 生物信息学与计算生物学

生物信息学与计算生物学是生命科学和计算机科学的交叉科学，开发用于数据分析的理论及方法，包括数学建模、计算机仿真技术等。基于基因组数据通过生物信息学分析手段，比对试验组和对照组之间全基因组水平上的染色质修饰、遗传多态性等的差异，能够对威胁人类健康的多种疾病的发病机理进行系统研究。生物信息学的目标是通过综合利用生物学、计算机科学和信息技术揭示大量而复杂的生物数据所赋予的生物学奥秘，进而了解生命活动的基本规律；认识人群遗传多态性的生物学意义；探究人类疾病的发生根源；寻找疾病相关靶点；开发个性化治疗的方法和手段。生物信息学研究对象主要是庞大的组学数据，如：结构基因组（genome）、功能基因组、转录组、蛋白质组、代谢组、互作组等数据；研究内容主要包括 3 个主要部分：①新算法和统计学方法研究；②各类生物学数据的分析和解释；③研制有效利用和管理数据新工具。

2. 系统生物学

系统生物学是以生物系统内的所有组成成分及其相互关系为对象，通过大规模动力学分析，用数学方法抽象出生物系统的设计原理和运行规律的学科。勒罗伊·胡德（Leroy Hood）博士于 2000 年与合作者共同创立了系统生物学研究所（ISB），并于 2000—2017 年担任该研究所的第一任主席。他是美国国家科学院、美国国家工程院和美国国家医学院的成员。

系统生物学的研究手段是从实验科学获得数据，利用生物信息学和计算生物学手段对大数据进行海量的分析计算；研究对象是各级生物系统；研究目标是寻找生物系统内部的联系，解释个体发育、疾病发生等基础及临床问题。尽管系统生物学的研究手段与生物信息学非常相近，但是它们之间最大的差异在于研究对象的广度和深度。系统的方法必然会涉及系统的数据，因此，对一个系统进行全基因组（或全蛋白质组或全转录组）测序的能力是推动系统生物学兴起的单一最大力量。另外，系统生物学不仅仅局限于组学规模的测量，而是一个使用基因组规模的试验来进行预测性的、假设性驱动的科学框架，因此系统级模型与详细的单分子测量和文献一致并验证是至关重要的。目前，在酵母中开创的这一方法被应用于阐明人类的发生和疾病发生机制。系统生物学不仅关注理论研究，同时关注四个新兴应用领域：①通路生物标志物；②全遗传交互地图；③系统方法识别疾病基因；④干细胞系统生物学。

3. 合成生物学

合成生物学是生物科学在21世纪出现的一个分支学科，是将工程原理应用于生物体和生物系统的一个科学研究领域。其研究领域包括人工设计细胞结构及细胞内的基因组、基因调控网络与信号转导路径，且其系统集成方面范围不断扩大。合成生物学的研究目标包括：①从0开始设计构建新的生命系统；②人工设计合成基因调控网络用做生物传感器（基因调控回路）。

2010年5月，美国Graig Venter研究小组宣布已成功制造出世界第一个人造生命细胞。他们设计并合成丝状支原体丝状种（Mycoplasma mycoides）基因组DNA，移植到山羊支原体中后产生了首个人类全基因组合成的物种——辛西娅，辛西娅具备自我复制并产生子代的能力，可以说是人造生命。初代辛西娅1.0含有900个基因，基因组大于100万碱基对；而第三代辛西娅3.0基因组进一步缩小，只有493个基因，体现了基因组及其调控网络设计的进步。合成生物学还不遗余力地建立新的基因回路，并将其模块化用于不同的研究，实现其在各个不同细胞体系中的一致表达。这也直接推动了开放的“遗传零件”注册和数据库的诞生，其储存了超过20 000个遗传部件（genetic parts）或生物砖（BioBricks），用于创建新合成的有机体及系统。合成生物学领域的高度活跃还吸引了年轻研究人员参加2004年开始的每年一度的国际基因工程机械竞赛（iGEM）。合成生物学不同于以往对生命科学研究的逻辑顺序，过去的生命科学与医学研究着重对生命系统的分解和分析，使用的主要方法是归纳法，而合成生物学设计、构建全功能基因组的逻辑层次则刚好相反，其研究对象是生命系统，强调调控网络，使用的主要方法是演绎法。

4. 化学生物学

化学生物学（chemical biology）是从化学的概念和手段出发的生物学研究，是研究生命活动中的化学问题。具体而言：采用化学的理论、方法，如运用小分子或人工设计合成的分子作为配体来干扰或调节正常生物过程，探索目标分子的功能。化学生物学是整合化学、生物学、医学、材料学、药学等多个学科系统的交叉学科，在某种意义上，使用小分子调节目标蛋白质与制药公司发展化学创新药的过程类似。该学科由美国哈佛大学的S. L. Schreiber教授和Scripps研究所的P. G. Schultz博士分别在美国东西海岸引领这个领域。Schreiber最初开始研究有机化学合成，他意识到可以合成一些由生命体产生的物质，然后再利用这些物质研究生命体，此时化学成为他研究生命的重要工具。化学生物学的目标包括揭示生命运动的化学本质，发展生命调控的化学方法，提供生命研究的化学技术。顺应化学生物学发展的趋势和未来前景，1995年哈佛大学将其化学系改名为化学与化学生物学系，足以体现出这一新兴学科的未来前景已被国际高水平大学所关注。化学生物学也被称为化学遗传学（chemicalgenetics），其研究范畴正在扩展到化学基因组学、疾病精准诊断及治疗。化学生物学使用小分子作为工具解决生物学的问题或通过干扰/调节正常生物学过程以了解蛋白质的功能，最终的目标是寻找特异性调节素或寻找解开所有蛋白质之谜的钥匙。

四、生命科学与人类健康

过去100年科技的进步已经能够使人们更加清晰地认识生命的本质，然而，进入21世纪以来人类面临的重大健康问题却远远没有解决。心脑血管疾病、恶性肿瘤、糖尿病以及随时可能爆发的感染性疾病对人类健康造成的威胁依然不可忽视。这也更加催促人类不断地探索生命的奥秘，认识生命的本质，探究人类疾病的起因，寻找预防及治疗的方法。

（一）心脑血管疾病

心脑血管疾病是由于心脑动脉血管硬化引起的缺血性或出血性疾病，严重者可导致心肌梗死、心力衰竭和死亡。目前为止我国心脑血管疾病患病率处于持续上升阶段。心脑血管疾病发病率高、致残率高、死亡率高、复发率高，并发症多。推测心脑血管病现患病人数达 3.30 亿人，其中脑卒中 1 300 万人，冠心病 1 100 万人，肺源性心脏病 500 万人，心力衰竭 890 万人，风湿性心脏病 250 万人，先天性心脏病 200 万人，下肢动脉疾病 4 530 万人，高血压 2.45 亿人。据世界卫生组织统计，在大多数国家中心脑血管疾病死亡率位居所有疾病之首，其中心肌梗死是所有疾病中直接导致猝死的首要原因，而中风可直接导致死亡或终身残疾。导致心脑血管疾病的病因由遗传与环境因素共同构成。环境因素中吸烟、运动不足、肥胖、高血压、高血脂、糖尿病和抑郁症等因素是心脑血管疾病的关键风险因子，其与遗传因素共同作用影响心脑血管疾病的发生发展。因此，心脑血管疾病属于复杂性疾病，其发病过程受到多基因、多风险因素的共同影响，近年来，随着生命科学与医学的不断深入，人们已经认识到脂质代谢异常和高血压是诸多诱发心脑血管疾病风险因子的核心要素，而其发病的最终生理机制是动脉硬化。

（二）恶性肿瘤

恶性肿瘤也称癌症，是以细胞不受控制的恶性增殖和异常分化为主要特征，并能通过细胞的侵袭和转移导致个体多组织、器官受累以至于致死的一种疾病，其中转移是恶性肿瘤致死的主要原因。恶性肿瘤是严重威胁人类生命健康的重大疾病，据世界卫生组织统计，在全球主要 112 个国家中对于年龄小于 70 岁的人群，癌症位居所有疾病死因的第一或第二位。影响恶性肿瘤发生的主要机制由环境因素与遗传因素共同构成，其中遗传性恶性肿瘤占比小于 10%。世界卫生组织国际癌症研究机构（IARC）发布的 2020 年全球最新癌症负担数据显示：2020 年中国新发癌症病例 457 万例，癌症死亡病例 300 万例，增长趋势依然显著。癌症由基因突变而来，经历多基因、多阶段的发病历程，是初期发生转化的细胞与宿主免疫系统相互作用、共同进化选择的结果，发病常常经历数年或数十年的时间才完成最终恶性化的过程。近年来，随着人们对恶性肿瘤发病机制认识的不断深入，肿瘤的早期诊断、靶向治疗、免疫疗法等创新性诊疗手段不断被开发利用，一些恶性肿瘤已经不再是“谈癌色变”的不治之症。

（三）糖尿病

糖尿病是一种由遗传与环境因素长期共同作用导致的，以人体代谢障碍、血糖增高为共同特征的慢性全身性代谢内分泌疾病。来自 2020 年的一份研究表明，我国成年人糖尿病发病率为 12.8%，糖尿病总人口约为 1.3 亿。其致病因素中环境因素和遗传因素各占 50%。家族史、高龄、超重、肥胖和中心性肥胖是糖尿病的主要危险因素。糖尿病一级亲属中，遗传度为 36.2%，超过 1/3，发病率比对照组高 3～10 倍。糖尿病是典型的数量性状遗传性疾病，由多个微效基因参与疾病发生，其中白细胞表面抗原基因座位的多态性及连锁不平衡与糖尿病发生密切相关。若治疗不及时，糖尿病会引发严重的并发症，直至死亡，因此 100 年前糖尿病曾经是严重致死性疾病，而由于胰岛素的发现（1921 年加拿大弗雷德里克·格兰特·班廷)，特别是基因工程生产胰岛素工艺的建立使得胰岛素不再昂贵，而糖尿病也不再是致死性疾病，然而，对于糖尿病的彻底治疗仍然任重道远。

（四）感染性疾病

感染性疾病是指人类的身体因受到病原微生物的入侵导致发病继而在人群中传播的所有疾病的总称。感染性疾病自古有之，并且在历史上给人类带来过极大灾难，甚至改变了人类历史的进程，公元6世纪发生在欧洲的鼠疫持续了半个世纪之久，并直接导致了东罗马帝国的衰落。此后14世纪流行于欧洲的黑死病（实为鼠疫）以及20世纪发生于美国流行于欧洲的西班牙大流感等均使人类人口数量大量减少。据*Nature*杂志统计，感染导致死亡占人类全部患病死亡的1/4。由于科学研究的迅猛发展，在我国经典传染性疾病逐步得到控制，例如：消灭了天花；基本消除了人鼠疫、新生儿破伤风、猩红热等；基本控制了狂犬病、脊髓灰质炎、乙肝的传染。这些得益于卫生条件的改善、疫苗的成功应用。然而，新发突发感染性疾病不断出现，由新种病原体引发的感染性疾病具有突发性、病原体种类多样、多宿主、传播途径多样（尤其是发生跨物种传播）、传染性强、人群缺乏免疫力等特点，对人类健康具有潜在的巨大威胁，比如新型冠状病毒（Covid-19），同时具备了上述全部六大特征。艾滋病也称为获得性免疫缺损综合征（Acquired Immuno Deficiency Syndrame，AIDS），起源于非洲，流行于北美洲，于1985年进入中国，现在遍布全球。它是由艾滋病病毒（HIV）感染引起的慢性传染性疾病，艾滋病病毒破坏人体免疫系统，使人体丧失免疫功能。人体易于感染各种疾病，并可发生恶性肿瘤，病死率较高。除此之外，过往感染性疾病的卷土重来、病原菌的耐药性以及感染带来的对健康长久的影响甚至导致肿瘤的发生等都是21世纪人类需要重点研究的长久课题。

（五）再生医学与组织工程在现代临床医学中的应用

因为患病或意外事故导致组织、器官失去功能也是人类疾病和死亡的主要原因。如：骨关节病变、皮肤大面积烧伤、动脉硬化导致的缺血性心肌损伤和脑神经损伤、心力衰竭，这些疾病严重影响人类健康，甚至导致死亡。目前为止对于损伤器官的修复最有效的方法仍然依赖于自体或异体器官移植，然而，异体移植的免疫排斥、移植供体的严重稀缺等问题始终无法有效解决，使得只有极少数等待移植的患者能够成为幸运者。如何从根本上解决这一难题，提高人类健康福祉已成为生命科学领域不可回避的重大挑战。

再生医学是指利用生物学及工程学的理论方法对缺损或功能损害的组织和器官进行修复或者再造，使其恢复或具备正常组织和器官的结构和功能。过去的20年，干细胞技术取得了飞速发展，干细胞诱导组织分化、诱导多能干细胞（Induced Pluripotent Stem Cell，iPS）的发现和使用已使得体外组织再生成为可能。而材料科学的进步也打开了材料耐用性与生物相容性相融合的钥匙，3D打印技术也在再生医学领域取得了初步成果。因此有理由期待在21世纪再生医学的突破将大大改善组织再生、器官移植所面临的困难局面。组织工程是一门交叉学科，但是汇集了生物力学、生物材料学和细胞分子生物学三大学科的前沿领域，融合了生物信息学、遗传学、基因工程、生物工程、化学工程、生物电子及计算机的原理和方法，促进了多学科的交叉、渗透和发展，引领了再生医学的前沿发展，其目的是重建与修复缺失或受损组织和器官。运用组织工程技术进行体外组织、器官的新造研究仍然处于发展阶段，体外模拟个体发育环境下的组织器官发生需要更深入认识在体条件下器官发生的化学、物理环境动态改变，细胞与细胞以及细胞与基质之间的互作与信息传递和应答机制。随着组织工程研究的深入，从细胞水平和分子水平对生命本质认知的提升，可以预见在不远的将来通过组织工程技术治疗人体器官损伤将成为现实，并有可能对一些尚无根治办法的慢性疾病如恶性肿瘤、糖尿病、心脏病、阿尔茨海默症、帕金森、中风等提供新的治疗方案。通过组织工程技术的开发和运用，人类对生命质量和生命进程的把握将大大改善。

（六）生命科学技术与医学伦理

从20世纪70年代起，以基因工程的诞生为标志的现代生物技术的发展蒸蒸日上，其应用越来越广泛，为改善人类健康做出巨大的贡献。动植物育种技术的突破层出不穷，医药卫生领域的发展日新月异，环境生物技术的进步更是推动了人类向可持续发展愿景的迈进。然而以基因操作为基本研究内容的生物技术从诞生之日就引起了公众对其医学及伦理领域的广泛争论，原因在于生物技术强大到足以改变种群的基因结构，直至带来不可预知的生态及生存灾难。毋庸置疑，生物技术在医药、医疗卫生领域的应用催生出了众多改善人类健康状况的发明，重组人胰岛素的基因工程生产使得糖尿病不再是致死性疾病；重组细胞因子的生产，癌抗原特异性单克隆抗体在肿瘤治疗中的应用，使得许多恶性肿瘤的治疗有效率、生存预后大大改善；试管婴儿技术的诞生更是解决了不育的难题，给无数家庭带来幸福和满足。然而生物技术能够扩展到医疗卫生的何种领域，其界限如何划定必然面临伦理学意义的规范和评估。

医学伦理学是运用一般伦理学原则解决医疗卫生实践和医学发展过程中的医学道德问题和医学道德现象的学科，它是医学的一个重要组成部分，又是伦理学的一个分支。医学伦理学决定医学如何发展、医学技术应该如何实施、卫生保健制度应该如何建设等关键问题。医学科学发展，临床诊疗实践和卫生保健制度中应该确立行为规范，即所谓的道德问题。医学伦理学的原理、方法及规范对于衡量医学实践中人与人、人与社会、人与自然关系的道德标准具有权威性和不可违抗性。生物技术因其技术的多样性和发展的迅猛使得其在医学领域的应用面临医学伦理行为规范的考验，如何做到科学性与道德性相统一，使新兴生物技术造福人类仍然需要不断思考，并在创新中坚持医学伦理基本理念和原则。

干细胞是人体的非特化细胞，能够分化成生物体中的任何一个细胞，并具有自我更新的能力。干细胞同时存在于胚胎细胞和成年细胞中，随着发育的进行，干细胞的自我更新和多向分化能力逐渐下降，并最终演化成单能干细胞，即只能分化成特定类型的成熟细胞。全能的干细胞能够分裂和分化成整个生物体的细胞，受精卵经过卵裂形成8细胞卵裂球时的每一个细胞都具有全能性，而囊胚期的内细胞团属于多能干细胞，其他成体中发现的干细胞属于单能干细胞。诱导多能干细胞来源于体外成体细胞的诱导重编程，相当于多能干细胞，具备分化成多种组织细胞类型的能力。

20世纪90年代随着成体干细胞的成功分离及培养，其在再生医学领域的应用研究迅速展开，带来了不可避免的伦理问题。干细胞的伦理问题主要涉及干细胞来源、操作方法和转化应用三个方面，尽管知情权、同意权、隐私权、安全性等共性问题比较容易从医学伦理基本规范找到标准，但是，当进行人类胚胎操作时，操作的前提、方法选择和目的应该避免与病人的利益冲突，更应该考虑其生物安全性。如果进行胚胎干细胞研究和操作没有事先进行充分的医学伦理评估，其后果将是灾难性的。目前，由于广泛缺乏监管机制，世界上许多医疗机构声称能为患者提供有效的干细胞疗法，甚至在国际上出现了以寻找干细胞治疗手段为目的的跨国“干细胞旅游”，这些宣传要么是诈骗，要么是逃避医学伦理审查而为之。

第三节 生命科学与学科交叉

生物技术一词最早在1917年由匈牙利工程师 Karl Eriky 提出，最早是用来描述使用甜菜喂食猪用以生产猪肉的一种“猪+甜菜=猪肉”的生产理念与生产实践，是根据生产实践和自然科学原理利用生物体进行有用物质生产的工艺及技术，其泛指传统生物技术、近代生物技术和现代生物技术。史前时代人类在对自然未有充分认知的条件下，已经学会并运用发酵进行酿酒和保存食物。而现代生物技术是指分子细胞水平定向操作或改造生物的技术，具体操作可分为设计、控制、改造、模拟等多个步骤。其科学技术基础来源于体外 DNA 重组技术，是一种代表性的技术革命，即基因工程，诞生于1972年，由保罗·伯格(Paul Berg)和斯坦利·科恩(Stanley Cohen)首次报道，代表着人类能够从分子水平和细胞水平进行遗传操作，定向改造生物体性状得以实现。过去50年间生物技术是全球发展最为迅速的高新技术，已经运用到农业、食品、化工、环境、医药、能源等领域。大大改善了人类健康福祉的同时，也引导人类思考未来发展方向。基于生物技术的新兴学科的兴起也格外引起学者们的关注，例如，生物技术的运用是否是全能的，是否需要界定其应用范围，生物技术与生命伦理相悖时是否要停止前进的步伐，生物技术与医学伦理相悖时是否需要更加倾向于遵守医学伦理等。

一、生物技术与环境

过去200余年，工业化的进步使得人类的物质生活水平得以大大改善的同时，工业活动对环境的影响越来越大，甚至导致环境承载能力达到或超过极限，环境自修复变得越来越难，各种局部或系统性环境灾难频繁发生。大气、土壤、水体的污染为人类的健康带来直接伤害的同时，环境的破坏直接导致生态的脆弱和生物多样性的逐步丧失。人类活动所释放的温室气体正在改变全球气候环境，其后果是长久的、难以逆转的。由于缺乏正确的环境资源观，人类对环境采取了过度的开发利用和不合理的生产活动，受到伤害的环境反过来影响人类的生活。

面对人类活动带来的各种环境污染问题，环境生物技术应运而生。环境生物技术是一门由现代生物技术与环境工程相结合的新兴交叉学科，开发利用环境适应性的生物体或生物体的某些组成部分，建立高效净化环境污染以及同时生产有用物质的人工技术系统。目前应用于环境保护中的生物体主要是微生物，少部分为植物。微生物因其个体微小，比表面积大，代谢速率快，种类多，分布广，代谢类型多样，繁殖快，易变异，适应性强，具有多种降解酶及巨大的降解能力和共代谢作用等诸多优点在环境生物技术中占据主导地位。环境生物技术的主要应用领域包括：微生物发酵法使用秸秆产能源，化学农药污染的消除，污水的生物净化，污染土壤的生物修复，工业固体废物处理，大气污染的生物处理，白色污染的消除，生物监测技术等。

环境生物技术的目标主要有：①走可持续发展的道路，1987年联合国公布了人类可持续发展的科学观点:在不危及后代满足其环境资源需求的前提下,寻找满足当代人需要的发展途径。② 保护生物多样性,1992 年联合国公布了《生物多样性公约》。生物多样性是指一定空间范围内生物及其组成系统的总体多样性和变异性,是生物资源的一个标志,支撑着人类的生存和发展,实质是保护人类自己,保护人类文明的延续(地球每小时消失一个物种)。③发展生态工艺和绿色技术,将社会物质生产过程"原料-产品-废料"的模式改造成一个循环的、可再生利用的模式,也就是说通过循环工艺的使用完成工业生产的无废物化。

二、生物技术与农业

2021 年,据世界粮食计划署公布数据,全球每天约有 8 亿人口忍受饥饿,粮食不足和粮食分配不均匀的问题在新的世纪愈演愈烈,持续困扰人类的健康福祉,因此提高农业产量和质量是当代农业生产的关键问题。狭义的农业生物技术是指运用基因工程的方法培育高营养品质、高抗病性、高环境耐受性(如:抗倒伏、抗盐、抗寒)的农作物的技术工艺。不同于常规育种,农业生物技术的运用依赖于三个基础技术,即基因工程、细胞工程和组织培养。主要应用领域包括:①品质改良;②抗环境胁迫;③抗生物胁迫;④生物反应器;⑤花药培养及花粉培养;⑥细胞培养及细胞融合;⑦快速繁殖。此外,广义的农业生物技术还包括运用农业微生物开展生物农药、生物饲料、生物肥料、生物食品等的开发与应用;运用基因工程、细胞工程技术进行家禽家畜的品种改良,改善其品质,提高生产量及生长速度。

生物技术作为当今世界高新技术发展的重要领域之一,正面临一系列新的、革命性的突破。农业生物技术主要研究微生物学、基因工程、发酵工程、细胞工程、酶工程、分子育种等方面的基本知识和技能,进行动植物及微生物新品种的改良与培育以及农业生物制品的生产等。例如:杂交水稻、转基因大豆、食药用真菌的培育,农药、生物肥料等农业生物制品的生产等。

三、生物技术与能源

近 200 年来全球工业化的进步依赖于能源的源源不断供给,其中化石能源占据能源的主导地位,化石能源主要以煤炭、石油和天然气为主,2018 年,我国和世界主要国家消耗的化石能源比例约为 85%。化石能源在使用过程中面临的主要问题有环境和温室气体排放。化石能源来源于地壳数亿年间的积累,人类进入工业化后的生产生活才 200 多年,一旦化石能源被消耗殆尽在可预见的未来将不会再生。因此,在严重依赖化石能源的发展模式下,若干年后化石能源的枯竭将会严重影响人类社会的发展,甚至带来能源"休克"。提高能源结构的多样性是改善能源问题的必经之路。生物质是指通过光合作用而形成的各种有机体,包括所有的动植物和微生物。生物质能(biomassenergy)是指太阳能以化学能形式储存在生物质中的能量形式。它直接或间接地来源于绿色植物的光合作用,可通过物理化学方法或生物技术方法转化为常规的固态、液态和气态燃料,取之不尽、用之不竭,是一种可再生能源,也是跨越数千年的农耕文明时代人类使用能源的主要形式。依据来源的不同,可以将适合于能源利用的生物质分为林业资源、农业资源、生活污水和工业有机废水、城市固体废物和畜禽粪便五大类。尽管生物质能是世界第四大能源,仅次于煤炭、石油和天然气，据国家林业和草原局资料报道，我国的可开发生物质资源总量为7亿t左右标准煤，其中农作物秸秆约3.5亿t，占50%以上。生物质能具有可再生性、低污染性和分布广泛性的特征，因此，有效开展生物质能源的开发利用，进行农业生物质能源发掘利用，不仅能够解决我国面临的能源短缺和因化石能源利用而产生的环境污染问题，同时具有重大社会意义和经济意义。

然而，对于生物质能的利用同样也会产生碳排放、大气污染和温室气体，因此如何高效地利用不同形式的生物质能使其转化为清洁、便利的能源形式，适应未来低碳排放社会发展的需求仍然需要深入和广泛的研发投入。

目前为止，生物能源利用的技术主要有：沼气发酵技术、燃料乙醇技术、正丁醇技术、生物柴油技术、生物质固型化技术和生物质发电技术。其中，沼气和燃料乙醇、正丁醇的生产需要经过发酵工艺而获得。而以糖类和淀粉为原料进行的生物燃料生产将会面临全球粮食供给矛盾的困扰，未来以包括纤维素在内的多种来源生物质为原料经过发酵工艺进行生物燃料生产将会是最为合理的方式。

利用生物技术手段进行生物能生产主要步骤包括：材料选择、菌种筛选及诱导、代谢通路基因转化或全代谢通路合成生物学方法构建产乙醇或产正丁醇菌株、发酵工艺的优化等。近年来、木薯、甘薯、甜高粱、纤维素、木质纤维素、柚渣等均被利用生物技术进行产乙醇发酵工艺的研究和开发，这极大地推动人类未来生物质能源合理化利用的实现。生物丁醇作为一种重要的商品化学物质和石油基燃料的替代品，近年来引起了广泛的关注。通过基因工程手段利用木质纤维素进行丁醇发酵方面已经获得了较大的进展，利用合成生物学方法将丁醇合成途径引入大肠杆菌，构建优良的生物合成化学品菌株。除此之外，生物丁醇发酵从原料选择、菌种筛选及诱导、工艺优化等多个方面具有里程碑意义的进展，开发和利用一系列生物产丁醇方法、工艺将大大提高生物质能转化途径的多样性和高效性。

思考题

1. 生命体的基本特征有哪些？
2. 什么是DNA 重组技术？
3. 什么是生物信息学？其研究内容有哪些？
4. 什么是系统生物学？其主要意义有哪些？
5. 什么是合成生物学？其主要研究领域有哪些？
6. 影响人类健康的重大疾病有哪些？其对人类健康的危害有何异同？

参考文献

[1] GIBSON D G, GLASS J I, LARTIGUE C, et al. Creation of a bacterial cell controlled by a chemically synthesized genome [J]. Science, 2010, 329(5987):52-56.
[2] 张惟杰. 生命科学导论[M]. 北京:高等教育出版社, 2008.
[3] LAKHANII S. Early clinical pathologists: Edward Jenner (1749—1823) [J]. Journal of

Clinical Pathology,1992, 45(9): 756-758.
[4] 宗宪春,施树良. 遗传学[M]. 武汉:华中科技大学出版社,2015.
[5] 贺林. 解码生命[M].北京:科学出版社,2020.
[6] CHUANG H Y, HOFREE M, IDEKER T. A decade of systems biology[J]. Annu Rev Cell Dev Biol,2010,26:721-744.
[7] 李春. 合成生物学[M]. 上海:化学工业出版社,2019.
[8] 王明贵. 感染性疾病与抗微生物治疗[M].上海:复旦大学出版社,2020.
[9] 熊党生. 生物材料与组织工程[M]. 北京:科学出版社,2018.
[10] 夏海武, 曹慧. 农业生物技术[M]. 北京:科学出版社,2012.
[11] 宋安东. 可再生能源的微生物转化技术[M]. 北京:科学出版社, 2009.

第二章　生命体组成的分子基础与功能单位

自然界中绝大多数生物，都是由一个或多个细胞组成。即使是非细胞生命，例如病毒，也要借助于宿主细胞的生命保障系统才得以表现出生命的特性。因此，细胞是生命活动的基本单位，是生命现象的承担者。生命现象错综复杂而又丰富多彩。然而，各种类型的生物尽管在生命机理和表现形式上存在千差万别，但其化学组成却表现出高度的相似性，生命体细胞内的化学反应也遵循相同的化学规律。此外，生物机体内的组织器官之间或者不同类型的细胞之间，以及生物体与自然界之间无时无刻不在进行物质与能量的双向交流与交换，这是生命得以生存并繁衍的前提与基础。而物质与能量的交换都是通过生物体细胞内特定的化学成分之间发生特定的化学反应来完成的。因此，认识和理解生命，首先要了解细胞的化学组成及其相应的功能。生物体细胞的化学组成可分为三个层次，即元素、由这些元素构成的生物小分子以及由生物小分子构成的生物大分子。

第一节　生物体的元素组成

一、生物体中的常量元素和微量元素

目前，虽然人们已在自然界中发现了 100 多种化学元素，但仅有约 30 种元素参与生物体的组成。在生物体内含量占体重高于万分之一的元素称为常量元素，低于万分之一的元素则称为微量元素。以人体为例，碳、氢、氧和氮 4 种元素的总量约占体重的 96%，其他如钠、钾、钙、镁、磷、硫、氯等约占体重千分之几至千分之十几，这些属于常量元素。而占体重万分之一以下的如碘、铁、锌、锰、氟、硒等属于微量元素。

二、生物体中各元素的主要功能

无论是常量元素还是微量元素，在生物体的生长、发育和繁殖过程中均承担一种或多种不同的生物学功能，而且都是不可或缺的。例如，碳是形成各种生物分子的基本骨架。氧不仅和氢构成水分子，而且还是细胞呼吸所必需的元素。钾和钠是细胞质与组织液中的主要阳离子，氯是主要的阴离子，它们共同担负维持体液或细胞内外离子平衡的功能，此外钾和钠还参与神经冲动的传导。钙是动物骨骼和植物细胞壁的主要成分，参与细胞信号转导、肌肉收缩和血液凝聚等生物学过程。磷不仅是核酸、磷脂和骨骼的主要成分，还参与细胞中的能量转移反应。硫是含硫氨基酸及蛋白质二硫键的主要成分。镁是许多酶的辅助离子，参与形成某些生物分子，如植物的叶绿素，并在动物的肌肉收缩中发挥功能。锌参与 200 多种金属酶的组成，如 DNA 聚合酶、碱性磷酸酶和丙酮酸氧化酶等。除此之外，铁是血红蛋白的主要成分，碘是甲状腺素的主要成分，硒是谷胱甘肽过氧化酶的主要成分，钼是固氮酶和黄嘌呤氧化酶的主要成分。

生物体中各元素的功能并不是单一的，而是呈多元化的，因此元素的缺乏将引起多种

异常。例如,缺钙不仅导致老年人骨质疏松,还将引起高血压及动脉硬化等病症。缺锌不仅导致儿童味觉障碍、偏食和异食,还会导致免疫力下降及智力发育异常。此外,每种元素在生物体内都有一个正常范围,过多或过少均会引起机体异常。例如,人体缺碘会引起甲状腺肿大,碘过多则导致甲状腺功能低下。缺硒会使免疫力下降,也可能诱发克山病、大骨节病、白内障等疾病,硒过多则产生硒中毒症状,在羊中硒过多会导致脱蹄病。

第二节　生物分子

生物分子泛指生物体内特有的各类有机分子。生物细胞含有1万~10万种生物分子,其中近半数分子量在500以下,称为生物小分子,例如氨基酸、核苷酸和单糖。其余都是生物小分子的聚合物,分子量很大,一般在1万以上,有的甚至高达10万,称为生物大分子,例如由氨基酸、核苷酸和单糖聚合而成的蛋白质、核酸和多糖。一般将构成生物大分子的生物小分子称为构件,例如氨基酸是构成蛋白质的构件。生物大分子都有自己特有的结构并发挥特有的生物学功能。生物大分子的构件种类多、数量大,排列顺序千变万化,因而其结构十分复杂,分子量也非常大。

一、生物小分子

(一)氨基酸

氨基酸是化学结构特征相近的一类生物小分子。已经发现的天然氨基酸有180多种,但在生命体内作为构件参与天然蛋白质合成的只有20种,其结构通式和两种空间构型如图2.1所示。这20种氨基酸都含有一个中心碳原子,称为α碳原子。与α碳原子相连的4个基团中有1个氨基($—NH_2$)、1个羧基(—COOH)和1个氢原子,构成了20种氨基酸的共性部分。还有1个R侧链基团,20种氨基酸的差别主要是R侧链基团不同,因此R基团是氨基酸的个性部分,决定了氨基酸的化学性质。根据R侧链基团极性的不同可将20种氨基酸分为两大类(图2.2):非极性氨基酸(疏水氨基酸)和极性氨基酸(亲水氨基酸)。极性氨基酸又可分为中性氨基酸(不带电荷)、碱性氨基酸(带正电荷)和酸性氨基酸(带负电荷)。此外,20种氨基酸中,除苷氨酸外都有对应的镜像结构(苷氨酸R基团为氢原子,其互为镜像的两种结构完全相同),两种镜像结构称为同分异构体(isomer)或对映体(enantiomer),因两种结构具有不同的旋光性,所以又称光学异构体。氨基酸的两种同分异构体具有不同的活性,一种构型称为L型,另一种称为D型,而在生物体内参与构成蛋白质的19种氨基酸均为L型。例如,精氨酸严格上讲应称为L-精氨酸。

氨基酸分子结构中的氨基和羧基都易于解离,解离后氨基趋于摄取环境中的H^+,而羧基则趋于向环境释放H^+,因此氨基酸属于两性电解质,在碱性溶液中表现出带负电荷,在酸性溶液中表现出带正电荷。在某一定pH溶液中,氨基酸解离成阳离子和阴离子的趋势及程度相等,成为兼性离子,呈电中性,此时的溶液pH称该氨基酸的等电点。处于等电点的氨基酸溶解度最小,反应性最低。

氨基酸在生物体内的主要功能是作为蛋白质合成的原材料。在人体内,几乎所有的生化反应都离不开蛋白质的参与。不仅起催化作用的酶类是蛋白质,很多生化反应中的

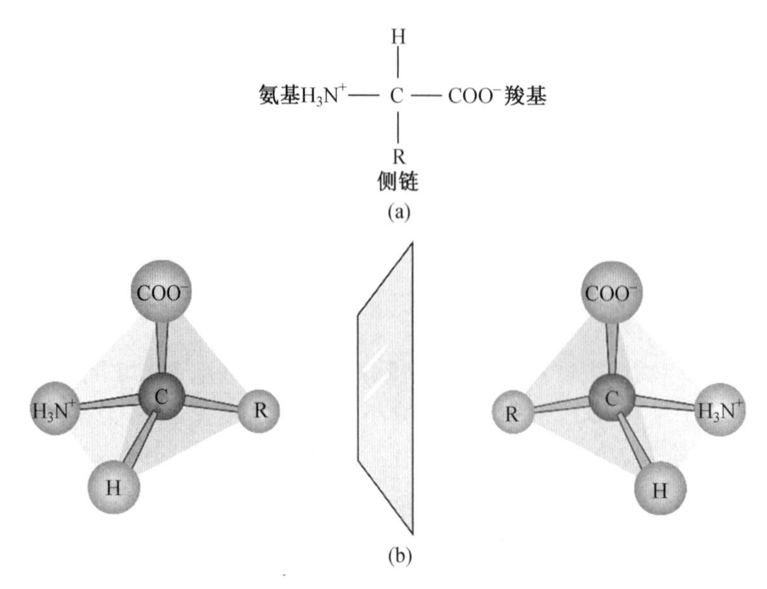

图 2.1　氨基酸的结构通式及空间构型

底物、中间产物和终产物也是蛋白质。因此，人体内无时无刻不在进行蛋白质的合成与分解。参与合成蛋白质的 20 种氨基酸的充足供应是生命活动正常进行的前提保障。在人体（或其他脊椎动物）中，有些氨基酸不能合成或合成速度远远不适应机体的需要，必须由食物蛋白供给，这些氨基酸称为必需氨基酸。成人必需氨基酸共有 8 种，包括赖氨酸、色氨酸、苯丙氨酸、蛋氨酸（甲硫氨酸）、苏氨酸、异亮氨酸、亮氨酸、缬氨酸。有些氨基酸能够简单合成且合成量能够满足机体需要，这些氨基酸称为非必需氨基酸。成人的非必需氨基酸有 10 种，包括甘氨酸、丙氨酸、丝氨酸、组氨酸、天冬氨酸、天冬酰胺、谷氨酸、谷氨酰胺、精氨酸和脯氨酸。还有一类氨基酸人体虽然能够合成，但合成量通常不能满足机体需要，称为半必需氨基酸或条件必需氨基酸，包括半胱氨酸和酪氨酸。

氨基酸除了作为蛋白质合成的原材料外，还有其他的生物学功能，包括作为辅酶、神经递质、激素的组成成分等。例如，DNA 甲基化是哺乳动物基因组中一种重要的表观修饰，而甲硫氨酸是甲基化修饰生成时最重要的甲基供体。在中枢神经系统，尤其是在脊椎中，甘氨酸是一个抑制性神经递质。酪氨酸是人体黑色素生成的前体物质。精氨酸能够促使血液中的氨转变成尿素，从而降低血氨含量。甘氨酸和谷氨酰胺还是核苷酸合成的原料等。

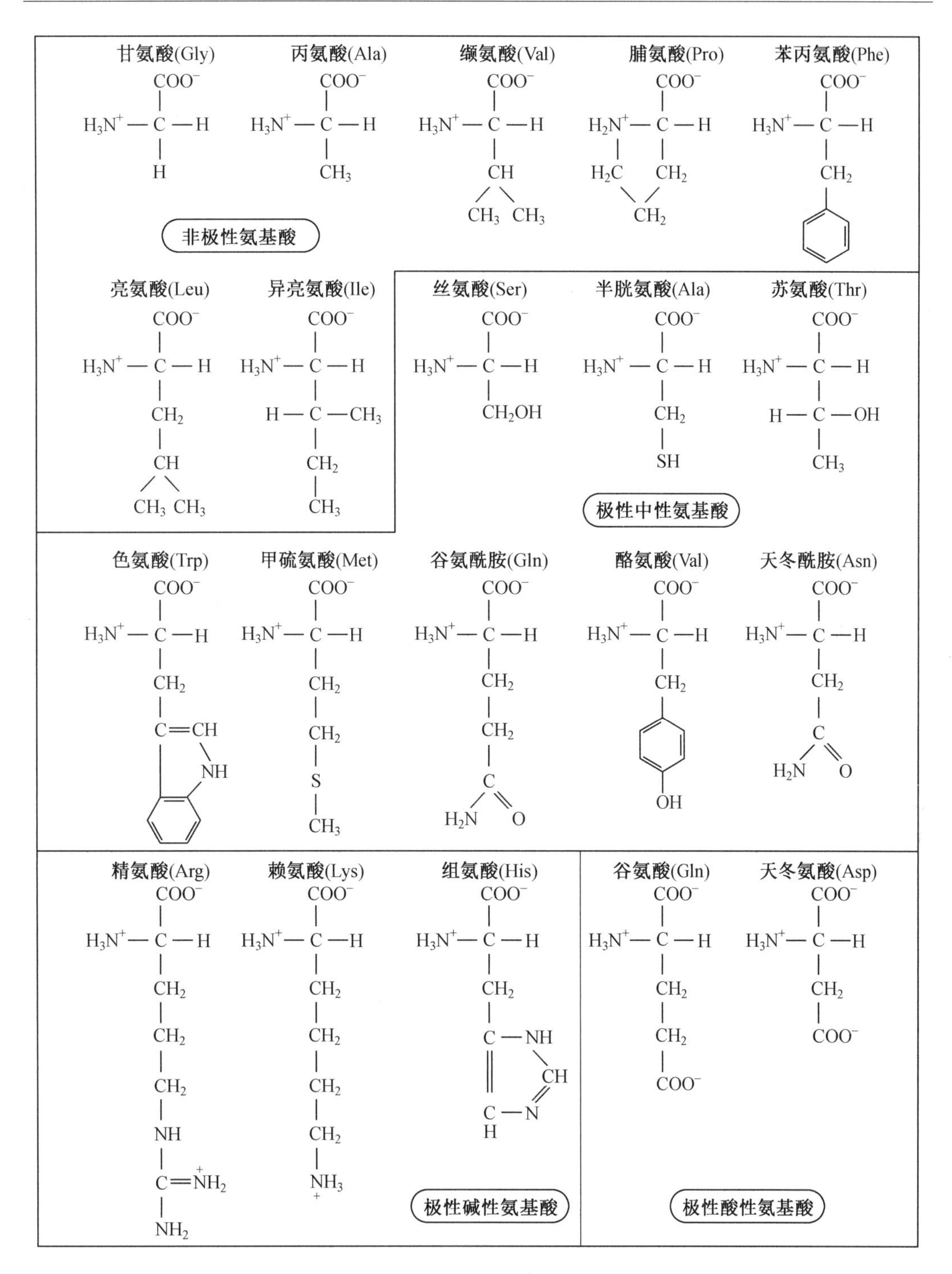

图 2.2　20 种氨基酸的结构式

(二)核苷酸

核苷酸是组成核酸(DNA 和 RNA)的基本单位,随着核酸分布于生物体内各组织和器官中,参与生物体的遗传、发育、生长等基本生命活动。在分子结构上,核苷酸由碱基(嘌呤或嘧啶)、戊糖(核糖或脱氧核糖)和磷酸基团三部分组成。

碱基分为嘌呤碱基和嘧啶碱基两种。如图 2.3 所示,嘌呤碱基的主体结构嘌呤环是由一个嘧啶环和一个含氮的五元杂环合并在一起而成。嘌呤环第 6 位碳原子若连接一个氨基(—NH_2),则为腺嘌呤(Adenine, A);若连接一个氧原子则为鸟嘌呤(Guanine, G)。嘧啶碱基的主体结构嘧啶环是一个由 2 个氮原子和 4 个碳原子组成的六元杂环。嘧啶环第 4 位碳原子若连接一个氨基(—NH_2),则为胞嘧啶(Cytosine, C);若连接一个氧原子则为尿嘧啶(Urine, U);在尿嘧啶的结构基础上,若第 5 位 C 原子再连接一个甲基(—CH_3)则为胸腺嘧啶(Thymine, T)。

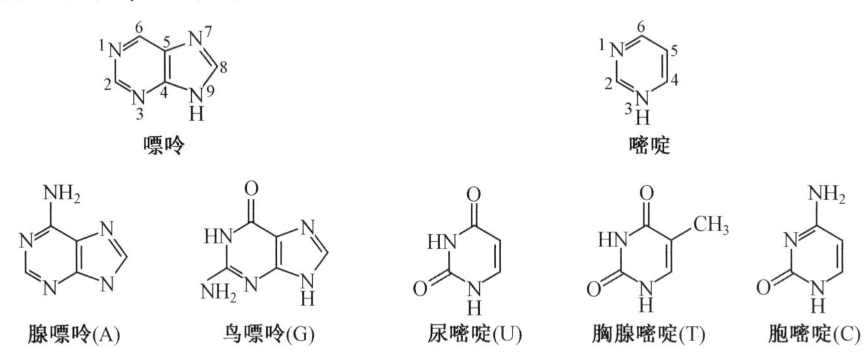

图 2.3 5 种碱基的结构

组成核苷酸的戊糖为五碳醛糖,共有两种,即核糖和脱氧核糖(图 2.4(a))。戊糖的 1′碳通过 β-糖苷键与碱基相连组成的化合物称为核苷。例如,(脱氧)核糖与腺嘌呤相连即为腺嘌呤(脱氧)核糖核苷。进一步地,核苷中戊糖的 2′、3′或 5′位的羟基均能够与磷酸以酯键相连形成核苷酸。例如,腺嘌呤(脱氧)核糖核苷以戊糖 5′位羟基与磷酸结合而成的核苷酸称为5′-腺嘌呤(脱氧)核糖核苷酸(图 2.4(b))。在 DNA 及 RNA 分子中,核苷酸的戊糖通常以 5′位的羟基与磷酸结合。

核苷酸除了作为核酸合成的原料外,在生物体内还有其他重要的功能。当核苷酸分子中只有一个磷酸基,则称为一磷酸核苷(NMP)。5′-核苷酸的磷酸基还可进一步磷酸化生成二磷酸核苷(NDP)及三磷酸核苷(NTP),其中磷酸之间是以高能键相连。脱氧核苷酸的情况也是如此。例如,“能量货币”腺苷三磷酸(ATP)作为能量代谢转化中心在细胞的能量代谢中发挥主要作用(图 2.5(a))。体内的能量释放及吸收主要是以产生及消耗的 ATP 来体现的。此外,三磷酸尿苷、三磷酸胞苷及三磷酸鸟苷也是有些物质合成代谢中能量的来源。腺苷酸还是某些辅酶,如辅酶Ⅰ、辅酶Ⅱ及辅酶 A 等的组成成分。核苷酸可以在相应环化酶的作用下产生环化核苷酸,即核苷酸中磷酸基与核糖中第 3 位和第 5 位碳原子同时脱水缩合形成一个环状二酯,称为 3′,5′-环化核苷酸。例如,3′,5′-环腺苷酸(cAMP)(图 2.5(b))和 3′,5′-环鸟苷酸(cGMP)。cAMP 被称为胞内第二信使,在细胞的信息传递中发挥重要作用。

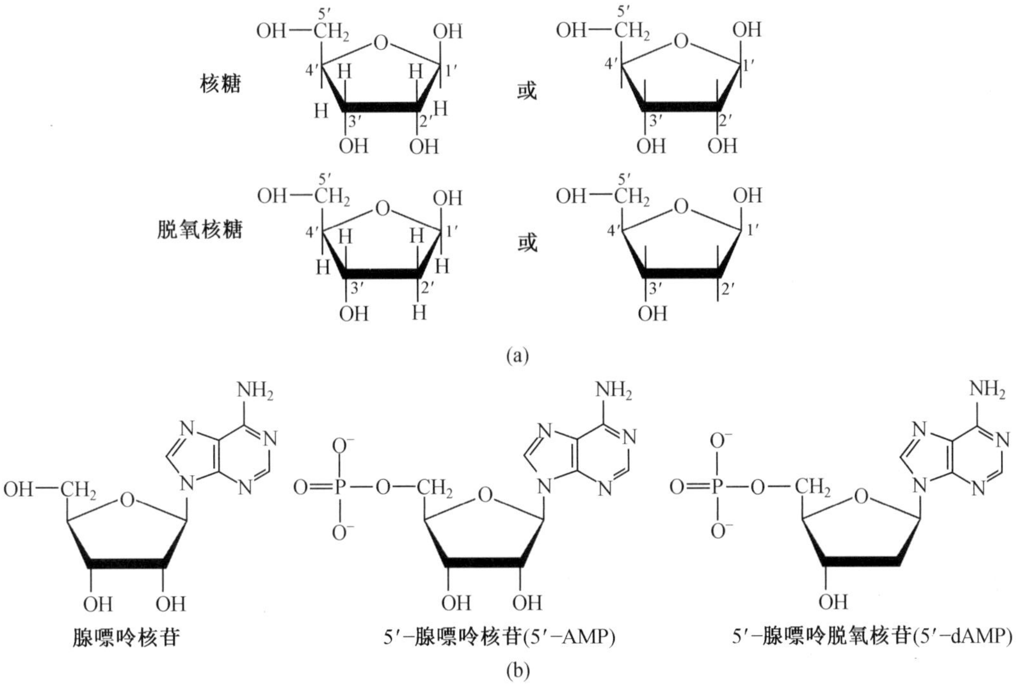

核糖　或

脱氧核糖　或

(a)

腺嘌呤核苷　5′-腺嘌呤核苷(5′-AMP)　5′-腺嘌呤脱氧核苷(5′-dAMP)

(b)

图 2.4　核糖和脱氧核糖的结构

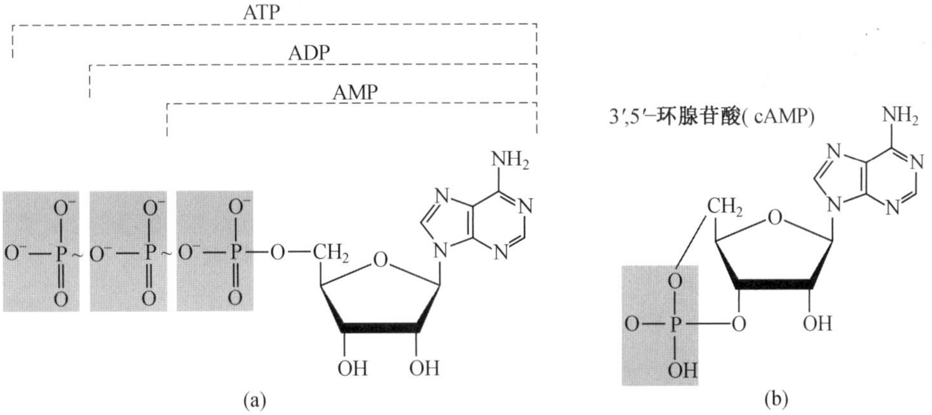

ATP　ADP　AMP　3′,5′-环腺苷酸(cAMP)

(a)　(b)

图 2.5　ATP 与 cAMP 的结构

(三)单糖

糖类(carbohydrate)是多羟基醛或多羟基酮以及能水解而生成多羟基醛或多羟基酮的有机化合物,可分为单糖(monosaccharide)、二糖(disaccharide)和多糖(polysaccharide)等。纤维素是多糖,麦芽糖是二糖,它们经过水解产生更小的糖类分子。不能被水解生成更小糖类分子的糖类称为单糖,是构成各种二糖和多糖分子的基本单位。按碳原子数目,单糖可分为丙糖、丁糖、戊糖、己糖等。自然界的单糖主要是戊糖和己糖。根据分子结构,单糖又可分为醛糖和酮糖。例如,葡萄糖为己醛糖,果糖为己酮糖。

同一种单糖的结构既可以是链状,也可以是环状,两种状态可同时存在并相互转变。由于单糖分子中往往具有多个手性碳,因而具有种类繁多的构型。单糖的构型一般沿用

D/L 法命名，即只参考编号最大（或与羰基相距最远）的一个手性碳原子的构型。在开环状态下，此手性碳上的羟基在右边为 D 型，在左边为 L 型。在环状结构时，若环上的碳原子按顺时针方向排列，当编号最大的手性碳上的羟基在环平面下方时为 D 型，在环平面上方时为 L 型；若环上的碳原子按逆时针方向排列，则与上述规则正好相反。此外，一种单糖的 D 构型和 L 构型互为对映异构体，在自然界存在的单糖多属 D 型糖。以葡萄糖为例，编号最大且带有羟基的手性碳是第 5 碳原子，其 D 型和 L 型结构如图 2.6（a）所示。链状的单糖分子之所以可以转变为环状，是由于单糖分子中的醛基或酮基能与其他碳原子上的羟基可逆地缩合成环状的半缩醛（emiacetal）。但在成环过程中，由于羰基 C ═O 为平面结构，其他碳原子上的羟基可以从平面的两侧与羰基反应而生成新的半缩醛羟基，使成环后的羰基碳（第 1 碳）成为一个手性碳原子，称为端异构性碳原子。第 1 碳上新形成的半缩醛羟基在空间排布方式上有两种可能，从而产生两种非对映异构体。成环后，若半缩醛羟基与编号最大的手性碳上的羟基在环平面同侧的称为 α 型，在异侧则称为 β 型。因它们的不同点是第 1 碳上的构型，因此又称为头异构体或端基异构体。两种构型的熔点和比旋光度都不同。同 D/L 构型一样，α 和 β 两种构型也是可以互变的，图 2.6（b）为葡萄糖的 α 构型和 β 构型以及两种构型间的互变。

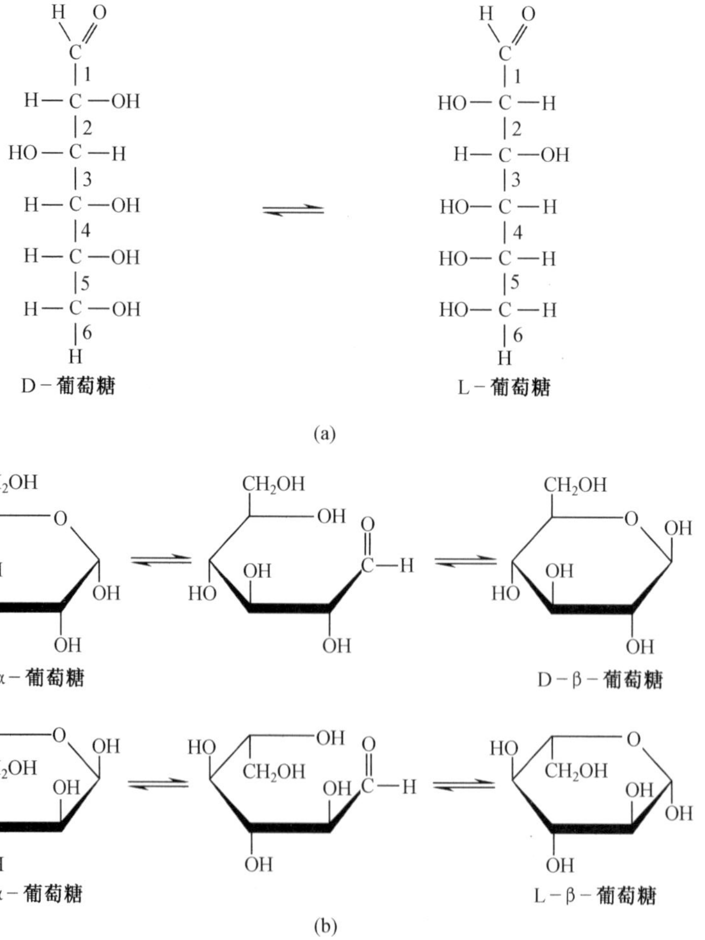

D－葡萄糖　　L－葡萄糖

(a)

D－α－葡萄糖　　D－β－葡萄糖

L－α－葡萄糖　　L－β－葡萄糖

(b)

图 2.6　D 型和 L 型葡萄糖的结构

在自然界中,葡萄糖、果糖和半乳糖是对人体最为重要的单糖。葡萄糖(glucose)是自然界分布最广且对于生物体最为重要的一种单糖,其分子式为 $C_6H_{12}O_6$。如图 2.6(a)所示,葡萄糖分子中含 5 个羟基和 1 个醛基,其中第 2、3、4 和 5 碳是不同的手性碳原子,有 16 个($2^4=16$)旋光性的异构体。存在于自然界中的葡萄糖其费歇尔投影中,4 个手性碳原子除第 3 碳上的羟基在左边外,其他的手性碳原子上的羟基都在右边。葡萄糖在水溶液中呈环式结构,环化时第 1 碳的醛基与第 5 碳的羟基缩合并以氧桥相连,这种由 5 个碳和 1 个氧组成的六元杂环称为吡喃环。此外,按照 D/L 法,自然界中的葡萄糖多数为 D 型。葡萄糖在生物体内主要作为能量来源。一般 1 mol 葡萄糖完全氧化反应后放出 2 870 kJ能量,这些能量一部分转化为 30 mol 或 32 mol 的 ATP,其余部分以热能形式散出用于维持体温,也可通过肝脏或肌肉转化成糖原或脂肪储存。

果糖(fructose)是一种最为常见的己酮糖,是葡萄糖的同分异构体。果糖以游离状态大量存在于水果的浆汁和蜂蜜中,果糖还能与葡萄糖结合生成蔗糖。在生物体内,果糖可以转化为葡萄糖或合成糖原,但是葡萄糖和糖原不能逆向转化为果糖。

半乳糖(galactose)是哺乳动物的乳汁中乳糖的组成成分,也是某些糖蛋白的重要成分。半乳糖在植物界常以多糖形式存在于多种植物胶中,例如红藻中的 K-卡拉胶就是 D-半乳糖和 3,6-内醚-D-半乳糖组成的多糖。半乳糖在生物体细胞内一般先后经半乳糖激酶、半乳糖-1-磷酸尿苷酰转移酶和尿苷二磷酸半乳糖异构酶的作用,最终生成 1-磷酸葡萄糖进入葡萄糖代谢途径。

(四)脂类

脂类(lipid)不是根据分子结构而是根据溶解性质被归类,是指生物体中难溶于水而易溶于丙酮、氯仿或乙醚等有机溶剂的某些化合物的总称。脂类化合物具有显著的非极性,主要由碳、氢和少量含氧基团组成,氢与氧的比值远远大于 2。

脂类是很好的能量储藏物质,其氧化时产生的能量大约是糖氧化时的两倍。脂类也是生物膜的主要成分。此外,有些脂类例如维生素 A、肾上腺皮质激素等是重要的生物活性物质。在生物学中具有重要作用的脂类包括以下几类。

1. 油脂

油脂是动物的脂肪和植物的油的统称,是由甘油和脂肪酸结合而成的脂类。油脂的化学结构相似,都是由 3 个脂肪酸分子分别以酯键与甘油分子的 3 个羟基相结合而成,称为甘油三酯或三酰甘油(图 2.7)。脂肪酸虽然呈酸性,但与甘油分子中的羟基以酯键结合产生的脂类则为中性,所以油脂又称中性脂肪。

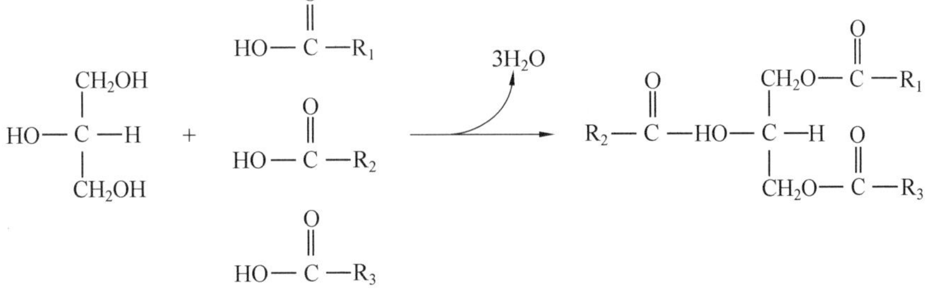

$$\begin{array}{c} CH_2OH \\ | \\ HO-C-H \\ | \\ CH_2OH \end{array} + \begin{array}{c} HO-\overset{O}{\overset{\|}{C}}-R_1 \\ HO-\overset{O}{\overset{\|}{C}}-R_2 \\ HO-\overset{O}{\overset{\|}{C}}-R_3 \end{array} \xrightarrow{3H_2O} \begin{array}{c} CH_2O-\overset{O}{\overset{\|}{C}}-R_1 \\ | \\ R_2-\overset{O}{\overset{\|}{C}}-HO-C-H \\ | \\ CH_2O-\overset{O}{\overset{\|}{C}}-R_3 \end{array}$$

图 2.7　脂肪酸与甘油合成甘油三酯

脂肪酸(fatty acid)是一类具有长烃链的羧酸,自然界中通常以酯的形式存在于各种脂质分子中,以游离形式存在的脂肪酸很少见。天然油脂中的脂肪酸,大多数含偶数碳原子,并以16~20碳原子居多。脂肪酸烃链中含双键(不饱和键)的称为不饱和脂肪酸(Unsaturated Fatty Acids, UFA)。其中,含有一个双键的称为单不饱和脂肪酸(Monounsaturated Fatty Acids,MUFA),含有两个或两个以上双键的称为多不饱和脂肪酸(Polyunsaturated Fatty Acids,PUFA)。脂肪酸烃链中不含双键的则称为饱和脂肪酸(Saturated Fatty Acids,SFA)。含不饱和脂肪酸的脂类,例如多数植物油,由于不饱和脂肪酸中的双键容易发生扭曲弯折,破坏了与相邻饱和脂肪酸分子本来比较紧密规则的空间堆积结构,使分子间作用力下降,熔点降低,因而室温下常呈液态。而对于动物脂肪,多数为饱和脂肪酸甘油酯,熔点相对较高,室温下就呈现固态,如猪油和牛油。

在人体中有两种不饱和脂肪酸,亚油酸和亚麻酸(分别含2个和3个不饱和脂肪酸)是不能合成的,必须由食物供给,称为必需脂肪酸。这两种必需脂肪酸在植物油中含量丰富,例如葵花籽油中亚油酸含量约为65%,豆油和玉米油中约为60%,花生油中约为25%。当人体缺乏这两种必需脂肪酸时可引起生长迟缓、生殖障碍、皮肤损伤以及肾脏、肝脏、神经和视觉方面的多种疾病。另外,必需脂肪酸属于多不饱和脂肪酸,过多的摄入可使体内的氧化物、过氧化物等增加,同样对机体可产生多种慢性危害。此外,动物脂肪中饱和脂肪酸含量较高,过多摄入可导致人体血管动脉粥样硬化等心血管疾病。

2. 磷脂和鞘脂

磷脂(phospholipid)是指含有磷酸的脂类,属于复合脂。磷脂是组成生物膜的主要成分,分为甘油磷脂与鞘磷脂两大类,分别由甘油和鞘氨醇构成。

甘油磷脂又称磷酸甘油酯(phosphoglyceride),是最常见的磷脂。甘油磷脂的分子结构与油脂的区别在于甘油的一个羟基不是与脂肪酸结合,而是与磷酸基结合,磷酸基后面还连着另一个极性很强的小分子。这个极性小分子决定了甘油磷脂的类型,例如这个小分子若为胆碱,则为卵磷脂,若为乙醇胺则为脑磷脂(图2.8)。甘油磷脂是两性分子,一端是由磷酸基团和极性小分子构成的亲水头,另一端是由脂肪酸长烃基链构成的疏水尾。在生物膜中磷脂的亲水头位于膜表面,而疏水尾位于膜内侧。鞘磷脂是体内含量第二的磷脂,与甘油磷脂的区别在于分子中没有甘油,以鞘氨醇代之,即鞘氨醇一端的氨基以酰胺键与脂肪酸相连构成疏水的尾部,另一端的羟基与磷酸胆碱相连构成亲水的头部。鞘磷脂可以被鞘磷脂酶水解,生成神经酰胺等一系列生物活性脂。神经酰胺作为细胞第二信使,在心血管系统中可以产生多种生物学效应。

鞘脂(sphingolipid)也是某些生物膜的组成成分,是一类含有鞘氨醇骨架的两性脂。鞘氨醇分子中的第1、第2和第3碳分别带有羟基、氨基和羟基,与甘油磷脂中甘油的3个羟基相似。在鞘脂的分子结构中,脂肪酸与鞘氨醇的氨基以酰胺键相连产生的物质称为N-脂酰鞘氨醇或神经酰胺。神经酰胺是鞘脂类化合物的结构单位,因此鞘脂可看作是神经酰胺的衍生物。根据鞘脂分子与神经酰胺连接的基团类型,鞘脂可分为鞘磷脂、鞘糖脂和神经节苷脂。其中,鞘磷脂在前文已经介绍,因其分子中既有磷酸基团,又有鞘氨醇,所以在分类时既可归为磷脂,也可归为鞘脂。鞘糖脂又称脑苷脂,其亲水的极性头部有一个糖分子与神经酰胺第1碳的羟基结合,主要包括半乳糖脑苷脂和葡萄糖脑苷脂。最先发现的半乳糖脑苷脂主要存在于脑细胞膜中,而后发现的葡萄糖脑苷脂主要存在于非神经

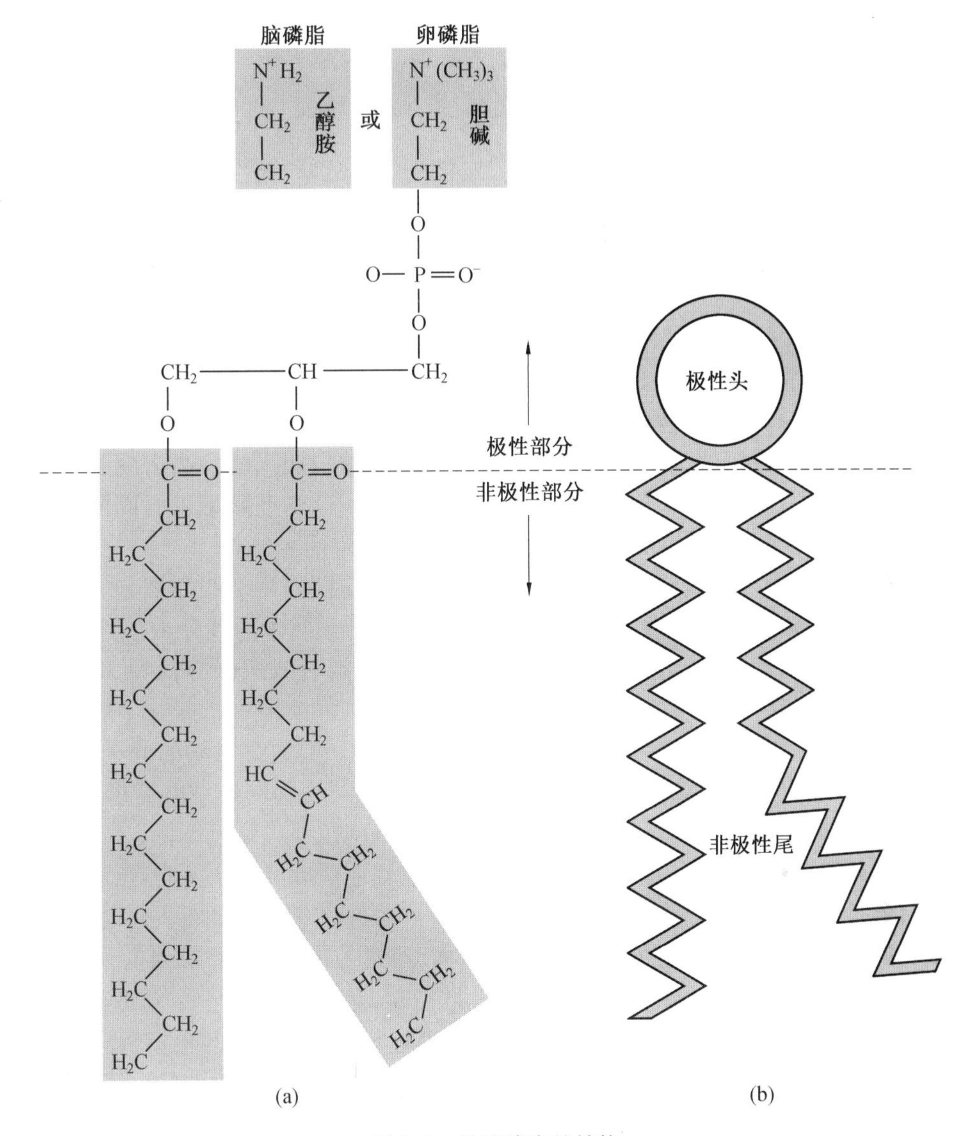

图 2.8 甘油磷脂的结构

组织细胞膜中。神经节苷脂是最复杂的鞘脂类化合物，含有由多个糖基组成的巨大极性头，其糖基至少包括一个 N-乙酰基神经氨酸（唾液酸）。神经节苷脂在人脑灰质中的含量超过 6%，而在其他非神经组织中含量极少。因鞘糖脂和神经节苷脂含有糖分子，因此也可归于糖脂类。

3. 类固醇

类固醇（steroid）又称类甾体或甾族化合物，是含环戊烷多氢菲结构的一大类化合物的总称。环戊烷多氢菲结构中含有 3 个六元环和 1 个五元环，4 个拼在一起的环状结构组成了固醇类的母核，不同的固醇类化合物，只是在母核上连接不同的侧链基团和取代基团。类固醇种类繁多，广泛分布于生物界，包括固醇（如胆固醇）、胆汁酸、胆汁醇，类固醇激素（如肾上腺皮质激素、雄激素、雌激素）、昆虫的蜕皮激素等（图 2.9）。

胆固醇是人和动物体内最丰富的固醇类化合物，是细胞不可缺少的重要物质，它不仅

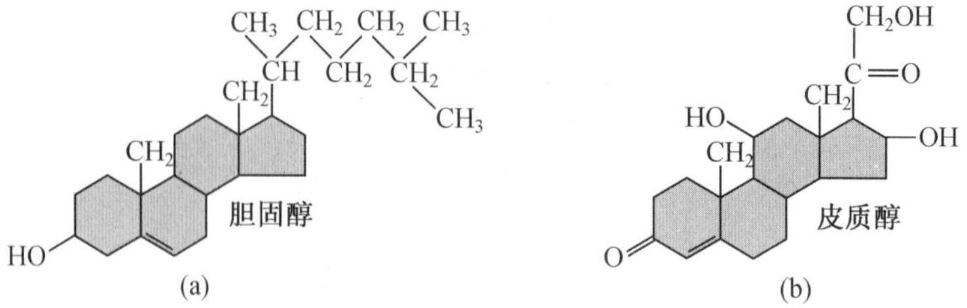

图 2.9 胆固醇与皮质醇的分子结构

是合成胆汁酸、维生素 D 以及固醇类激素的原料，而且是细胞膜的重要组成成分，有的占膜脂达 50%。胆固醇广泛存在于动物体内，尤以脑及神经组织中最为丰富，在肾、脾、肝和胆汁中含量也很高。在人体的血液中，胆固醇主要存在于脂蛋白中，其存在形式包括高密度脂蛋白胆固醇、低密度脂蛋白胆固醇和极低密度脂蛋白胆固醇。高密度脂蛋白胆固醇是一种抗动脉粥样硬化的脂蛋白，对血管有保护作用。低密度脂蛋白胆固醇含量过高一般被认为是心血管疾病的前兆。

胆汁酸是动物胆汁的重要成分，在脂肪代谢中起着重要作用。胆汁酸分子内既含亲水性的羟基和羧基，又含疏水性的甲基及烃核。所以胆汁酸属于两性分子，能降低油和水两相之间的表面张力，促进脂类乳化。此外，因胆汁酸参与合成胆固醇，因此对胆固醇的合成具有调节作用。

类固醇激素主要包括肾上腺素皮质激素和性激素等。类固醇激素的分子量较小，且是脂溶性的，可通过扩散或载体转运进入靶细胞，与细胞质内的受体结合后形成激素-受体复合物，此复合物在适当的条件下可透过核膜进入细胞核并与染色体特定位点结合，从而快速启动或抑制该位点处的基因转录，对细胞内的代谢活动产生快速响应或影响。

4. 萜类

萜类是异戊二烯的聚合物及其衍生物的总称，通式为$(C_5H_8)_n$。萜类普遍存在于植物界，是树脂以及由树脂而来的松节油的主要成分，在动物界数量较少。萜类化合物在植物体内具有重要的功能，如类胡萝卜素和叶绿素是光合作用中重要的色素，赤霉素、脱落酸和昆虫保幼素是重要的激素，质体醌和泛醌是光合链和呼吸链中重要的电子递体等。

二、生物大分子

生物大分子是构成生命的基础物质，分子量较大，结构也非常复杂。蛋白质、核酸和多糖是主要的三类生物大分子，分子量从几万到几百万以上。它们的分子结构和生物学功能虽然差别很大，但又有以下几点共性：① 生物大分子都是通过生物小分子通过缩水反应聚合而成，此过程是可逆的，即生物大分子也可通过水解反应水解为生物小分子。② 生物大分子都是按照特定方向合成，分子两端具有不同的基团，因而具有方向性。例如蛋白质由 N 端（氨基端）向 C 端（羧基端）合成，核酸由 5′端（磷酸）向 3′端合成，多糖由非还原端（不含游离的半缩醛羟基）向还原端（含游离的半缩醛羟基）合成。③生物大分子都具有复杂的高级结构，正确的高级结构是行使特定生物学功能的前提。

（一）蛋白质

1. 肽键与多肽链

一个氨基酸分子中的 α-羧基与另一个氨基酸分子中的 α-氨基脱水缩合，形成肽键使两个氨基酸分子相连接(图2.10(a))。多个氨基酸通过多个肽键连接而成的一条链状结构称为肽链。在肽链中,氨基酸已经通过脱水失去了原有基团,因而只能称为氨基酸残基。两个氨基酸残基相连为二肽,依此类推还有三肽、四肽……。一般将二肽至十肽称为寡肽,十一肽至五十肽称为多肽,五十肽以上则称为蛋白质。

肽键为共价键,通过肽键连接的肽链为没有分支的线性结构。处于肽链两端的氨基酸残基,一端含有一个未参与肽键形成的游离氨基,称为氨基端或N端,另一端含有一个未参与肽键形成的游离羧基,称为羧基端或C端(图2.10(b))。肽链合成延伸时,新的氨基酸总是从羧基端加入,即肽链是从氨基端向羧基端合成,从而使肽链具有方向性。在书写上,通常把N端写在左侧,C端写在右侧,与肽链的合成方向一致。

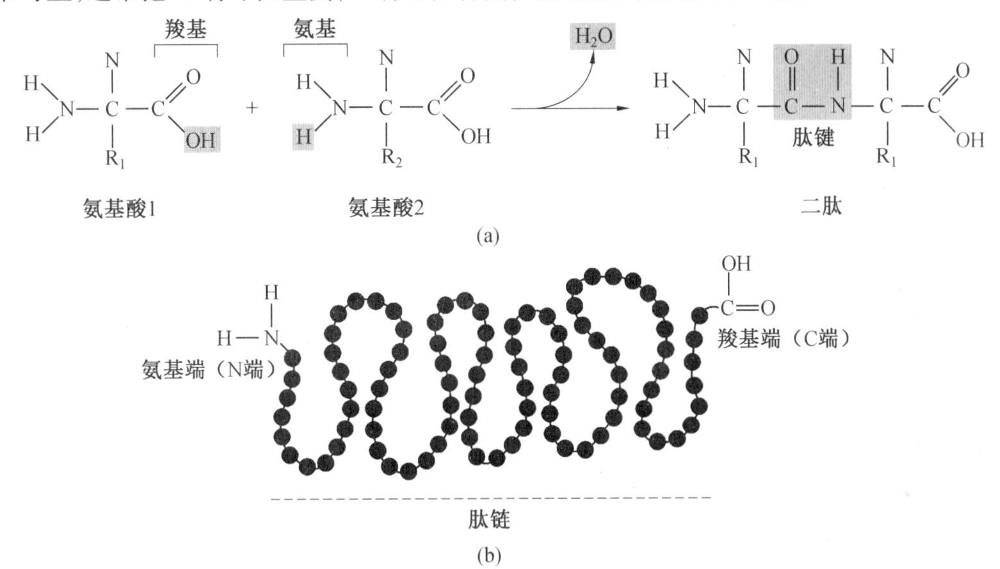

图2.10　肽链的形成及其方向性

2. 蛋白质的结构

在细胞内,蛋白质并不是简单的线性或线团结构,而是按一定的规律卷曲折叠形成特定的空间结构,而其生理功能往往建立在特定的空间结构基础之上。蛋白质共有四级结构,其中二、三和四级结构又称高级结构(图2.11)。

(1)一级结构。

蛋白质肽链中氨基酸残基的排列顺序即为蛋白质的一级结构,又称初级结构,每种蛋白质都具有唯一且特定的氨基酸序列。蛋白质的一级结构决定了该蛋白质的基本性质和功能。在蛋白质的一级结构中,即使只有一个氨基酸残基的改变,也可能导致蛋白质的功能或活性产生较大的变化。例如,人的血红蛋白β链第六位亲水的谷氨酸突变为疏水的缬氨酸后,使血红蛋白在水中的溶解度下降,从而在脱氧状态下聚集成多聚体,最终引起镰刀型红细胞贫血症。

(2)二级结构。

通过一级结构中邻近的几个或几十个氨基酸残基的相互作用,经过一定程度的卷曲折叠,形成二级结构。二级结构主要有四种构象:α螺旋、β折叠、β转角和无规则卷曲。

α 螺旋是指肽链骨架围绕一个轴以右手螺旋方式有规律地向前伸展，每 3.6 个氨基酸残基螺旋伸展一圈，螺距为 0.54 nm，两个氨基酸残基之间的距离为 0.15 nm。螺旋结构的维系主要依赖肽链骨架第 n 位氨基酸残基上的羰基（—C ═O）与第 n+4 位残基上的氨基（—NH）之间形成的氢键。氨基酸残基的 R 基团位于螺旋的外侧，并不参与螺旋的形成，但其结构和带电状态却能够影响螺旋的形成和稳定。β 折叠是多条肽链或同一肽链的不同肽段平行（或反平行）排列并周期性折叠而成的锯齿形构象。相邻肽链骨架上羰基（—C ═O）与氨基（—NH）间形成氢键，维系构象的稳定，氢键与肽链的延伸方向垂直。β 折叠分为平行式和非平行式两种类型。在平行式构象中，两条相邻的肽链方向相同，肽链之间的氢键不平行；相反，在反平行式构象中，两条相邻的肽链方向相反，但肽链之间的氢键平行。相对于平行式构象，反平行式构象更稳定。有时，平行式和反平行式构象在同一 β 折叠中同时存在。β 转角可使肽链产生约 180°U 形回折，因而通常出现在球状蛋白表面，含有极性和带电荷的氨基酸残基。在 β 转角构象中仅包含 4 个氨基酸残基，其中第一个残基的羰基（—C ═O）与第四个残基的氨基（—NH）通过氢键闭合而形成一个紧密的环，从而使 β 转角成为比较稳定的结构。无规则卷曲泛指肽链无明确规律的折叠卷曲结构，其结构虽然没有规则，但也是由一级结构决定的明确而稳定的结构。

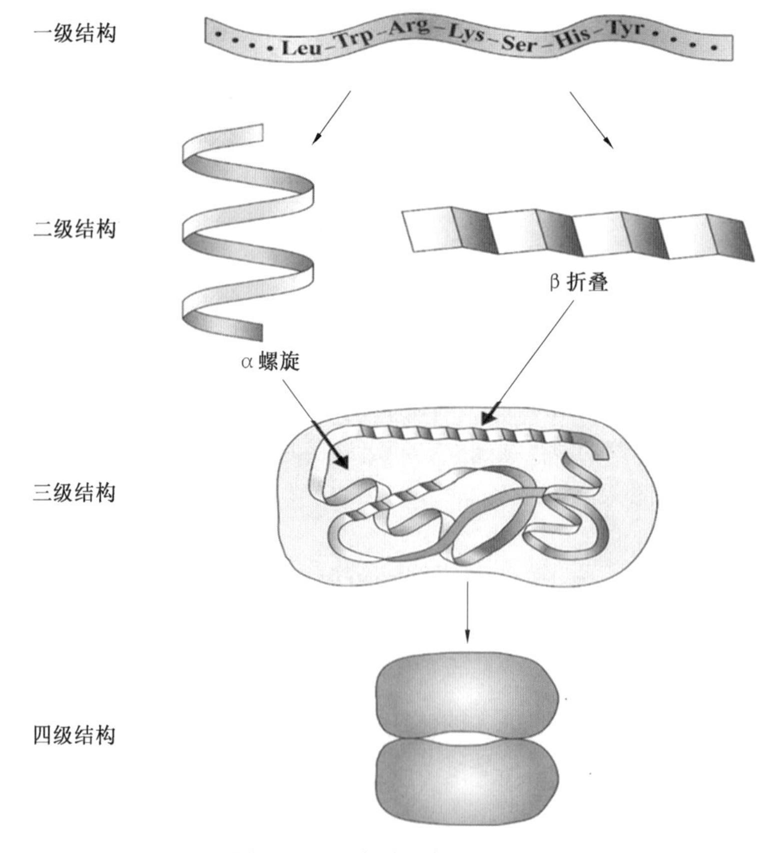

图 2.11　蛋白质的高级结构

(3)三级结构。

蛋白质三级结构是指一条多肽链在二级结构的基础上,进一步缠绕折叠并依靠次级键维系所形成的特定空间结构,或者说是指一条多肽链中所有原子和基团在三维空间的排布。三级结构的一个重要特征是一级结构上距离很远的氨基酸残基由于侧链之间的相互作用而被聚集在一起,从而形成特定的空间结构。这些侧链间的相互作用主要是非共价键,包括疏水键、离子键、氢键和范德瓦耳斯力等。此外,有些蛋白质还存在共价的二硫键。

(4)四级结构。

四级结构是蛋白质的最高级结构,但实际上并非所有蛋白质都有四级结构,那些只有一条肽链的蛋白质一般最高只能形成三级结构。有些蛋白质由两条或两条以上的肽链构成,每一条肽链都有完整的三级结构,称为亚基。亚基与亚基之间呈特定的三维空间分布,并以非共价键相连接,这种蛋白质分子中各亚基的空间排布及亚基接触部位的布局和相互作用,称为蛋白质的四级结构。同三级结构一样,维系四级结构的作用力主要为非共价的疏水键、离子键、氢键和范德瓦耳斯力以及共价的二硫键。具有四级结构的蛋白质其亚基单独存在时一般没有生物学活性,必须包含全部亚基并折叠成正确的四级结构才具有完全的生物学活性。

3. 蛋白质的生物学功能

作为生命体重要的基础物质,蛋白质具有种类繁多的生物学功能,而其千变万化的空间结构也为众多功能的实现提供了条件。蛋白质的主要功能如下。

(1)结构和支撑功能。

任何生物体,无论是整个机体,还是局部的组织器官,甚至是细胞或细胞内的微小构造,都离不开结构和支撑物质,以维持特定的空间形态。这些物质除了脂类和糖类外,还包括蛋白质。它们不仅构成和支撑细胞或某些构造的空间形态,而且在防御、保护、营养和修复等方面发挥作用,这类蛋白质称为结构蛋白。结构蛋白多数是不溶性的纤维状蛋白,一般由单体蛋白质聚合成长纤维或排列成保护层。例如,动物毛发、角、指甲中的角质蛋白,肌肉中的肌动蛋白,骨骼、皮肤、结缔等组织中高强度且无弹性的胶原蛋白,细菌微管中的微管蛋白等。

(2)催化功能。

酶的本质是蛋白质,作为酶在新陈代谢过程中发挥催化作用是蛋白质最重要的生物学功能。由于酶的作用,生物体内的化学反应即使在极为温和的条件下也能高效和特异地进行。它们支配着生物的新陈代谢、营养和能量转换等许多催化过程,与生命过程关系密切的反应大多数是酶催化反应。作为生物催化剂,酶具有高效性、专一性、多样性、温和性、可调节性等化学催化剂无可比拟的优点。按照化学组成,酶可分为单纯酶和结合酶两类。单纯酶分子中只有氨基酸残基组成的肽链。结合酶分子中除了多肽链组成的蛋白质外,还有非蛋白成分,如金属离子、铁卟啉、其他小分子有机物等。结合酶的蛋白质部分称为酶蛋白,非蛋白质部分统称为辅助因子或辅基,两者一起构成全酶。只有全酶才有催化活性,如果两者分开则酶活力消失。

(3)运输功能。

运输蛋白是一类能选择性地使非自由扩散的小分子物质透过质膜的蛋白质,主要分为载体蛋白(carrier protein)和通道蛋白(channel protein)。

载体蛋白又称转运蛋白(transport protein),是一类能够与特异性分子或离子结合,并通过自身构象的变化,将与之结合的分子或离子从质膜的一侧转移到另一侧的蛋白质的总称。载体蛋白的运输具有专一性,即一种载体蛋白只能对应地运送唯一的一种或性质非常相近的一类物质。例如,血浆中的转铁蛋白,能够与消化管吸收的铁和由红细胞降解释放的铁相结合,并以转铁蛋白-Fe^{3+}复合物的形式进入骨髓中,供成熟红细胞的生成。血液中还有转运氧气的血红蛋白,转运脂类的载脂蛋白等载体蛋白。此外,还有一类不能自由移动而是镶嵌于质膜的载体蛋白,负责介导特异性化学物质的跨膜运输,称为膜转运蛋白。例如,摄取葡萄糖进入细胞的葡萄糖转运蛋白。

通道蛋白是一类横跨细胞膜,能使适宜大小及带电荷的分子在浓度梯度的作用下,从质膜的一侧转运到另一侧的蛋白质,分为水通道蛋白和离子通道蛋白。水通道蛋白与人体体液平衡的维持密切相关。例如,肾小球的过滤作用和肾小管的重吸收作用,都与水通道蛋白的结构和功能有直接关系。离子通道蛋白往往和其他分子共同构成离子通道,并且只有在特定的刺激下才瞬间开放,一种离子通道只允许一种离子通过。例如,神经信息传递过程中的钠离子通道和钾离子通道。

(4)信号分子和信号转导功能。

多细胞生物中有几百种不同的信号分子在细胞间传递信息,这些信号分子中有蛋白质、氨基酸衍生物、核苷酸、脂肪酸衍生物等。蛋白质作为信号分子主要有激素、生长因子和细胞因子等。例如,胰岛素、生长激素、干扰素、表皮细胞生长因子、肿瘤坏死因子等。细胞膜上镶嵌的蛋白质除了能控制细胞内外物质的交换外,有些还具有信号转导的功能,即可作为信号分子的受体,将细胞外环境中化学信号传递到细胞内,导致细胞内发生一系列生理生化反应,从而影响细胞生物学功能的过程。例如,受体酪氨酸蛋白激酶、G 蛋白偶联受体等。

(5)免疫功能。

在动物的体液免疫中,浆细胞(效应 B 细胞)分泌的抗体物质就是一类特殊的蛋白质,即免疫球蛋白。免疫球蛋白是由两条相同的轻链和两条相同的重链通过链间二硫键连接而成的四肽链结构。抗体能够特异性地识别并结合抗原分子,这得益于抗体具有与抗原相契合的高级结构。除此之外,免疫反应中的各类抗原大多数也都是蛋白质,例如,与免疫排斥反应相关的主要组织相容性抗原。不同种属或同种不同系别的个体间进行组织移植时,会出现排斥反应,其本质是细胞表面的同种异型抗原诱导的一种免疫应答。这种代表个体特异性的同种异型抗原称为移植抗原或组织相容性抗原,其中能引起强而迅速排斥反应的抗原称为主要组织相容性抗原(Major Histocompatibility Antigen, MHA)。MHA 主要位于细胞膜表面,其化学性质通常是一种含有寡糖链的蛋白质,即糖蛋白。在人体中,MHA 主要位于白细胞表面。抗体和抗原仅仅是免疫分子中的一类,在免疫应答过程中,还有各类因子、补体分子、调节分子等大多数也都是蛋白质。

(6)贮藏功能。

储藏蛋白主要存在于植物中。植物营养器官以各种蛋白质的形式进行氮素贮藏,维持生物体内氮素营养的相对稳定和体内环境及保证生物的正常生长发育,这类蛋白质称为贮藏蛋白,不同生物有不同的贮藏蛋白。

(二)核酸

核酸是储存和传递遗传信息的生物大分子,控制蛋白质的合成,是生命最基本的物质之一。核酸有两种:脱氧核糖核酸(DNA)和核糖核酸(RNA),它们都是由核苷酸聚合而成的长链生物大分子。在核苷酸链中,前一个核苷酸糖基的3′羟基与后一个核苷酸的5′磷酸基形成酯键(图2.12)。此处的磷酸基同时与前后两个糖基形成酯键,故称为磷酸二酯键。核苷酸链内的核苷酸因形成酯键而失去3′羟基,因此称为核苷酸残基。在核苷酸链的两端,一端的核苷酸残基带有一个未形成酯键的5′磷酸基,称为5′端;另一端带有一个未形成酯键的3′羟基,称为3′端。在核酸合成时,新的核苷酸分子总是添加到核苷酸链的3′端,即核酸的合成方向是从5′端向3′端延伸。因此,与肽链一样,核酸分子也具有方向性。在书写核酸序列时,习惯上从5′端向3′端书写。

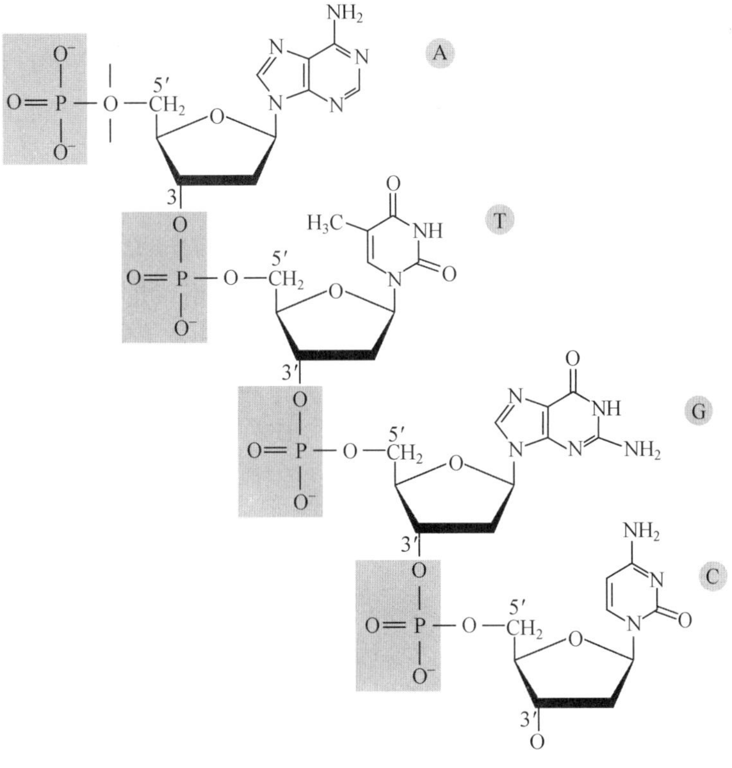

图2.12　核酸的结构与方向性

1. DNA的结构与功能

DNA分子含dATP、dTTP、dCTP和dGTP 4种核苷酸,核苷酸中的戊糖为脱氧核糖。同蛋白质一样,核酸也有高级结构。DNA的一级结构就是多核苷酸链中4种核苷酸的排列顺序。1953年,沃森(J. D. Watson)和克里克(F. Crick)共同提出了DNA分子结构的双螺旋模型,开启了分子生物学时代。双螺旋结构就是 DNA 分子的二级结构,其要点如下:①两条反向平行的多核苷酸链围绕同一中心轴相互盘绕成双螺旋结构,两条链均为右手螺旋。两条配对链偏向一侧,形成一条大沟(major groove)和一条小沟(minor groove)。②磷酸与脱氧核糖位于外侧,彼此通过 3′, 5′磷酸二酯键相连接构成分子骨架。③嘌呤与嘧啶碱基位于双螺旋内侧。碱基平面与螺旋轴相垂直,糖环平面与螺旋轴相平行。两条链的对应碱基之间,A 与 T 以 2 个氢键配对,C 与 G 以 3 个氢键配对。④双螺旋的直径为 2.0 nm;两个相邻碱基对平面间的垂直距离为 0.34 nm;两个核苷酸之间的夹角为 36°,因此每个螺距包含 10 个核苷酸,螺距为 3.4 nm。

DNA 的结构可受环境条件的影响而改变。沃森和克里克提出的双螺旋结构是 DNA 在 92% 相对湿度的钠盐中的结构,称为 B 型。因其含水量接近在细胞内的状态,所以 B 型是大部分 DNA 分子在细胞中的构象。除 B 型外,DNA 分子还有 A 型、C 型、D 型、E 型和左手螺旋的 Z 型。

DNA 的三级结构是在二级结构的基础上,通过单链与双链、双螺旋与双螺旋的相互作用,进一步扭曲和折叠所形成的特定构象,例如 DNA 的超螺旋结构。

相对于蛋白质,DNA 在生命过程中的功能比较专一,主要起着遗传信息载体的作用。生命的遗传信息以特定的碱基顺序储存在 DNA 分子中,再通过遗传密码的形式指导蛋白质的合成,进而执行各种生物学功能。同时,又通过 DNA 分子的复制,将遗传信息准确地传递给下一代。

2. RNA 的结构与功能

RNA 分子含 ATP、UTP、CTP 和 GTP 4 种核苷酸,核苷酸中的戊糖为核糖。RNA 是单链分子,不存在碱基配对关系,但在局部区域能形成碱基配对,出现双螺旋,不配对区域则形成环。细胞内 RAN 主要有 3 种类型:信使 RNA(messenger RNA, mRNA)、转运 RNA(transfer RNA, tRNA)和核糖体 RNA(ribosome RNA, rRNA)。

mRNA 是由 DNA 的一条链作为模板转录而来的线形单链分子,长短不一,一般在 5′端具有 7-甲基鸟苷帽结构,3′端具有 Poly A 尾,两种结构都具有稳定 mRNA 的作用。mRNA 占细胞内总 RNA 的 5% ~10%,负责把 DNA 中的遗传信息转化为蛋白质分子中的氨基酸序列。

tRNA 占总 RNA 的 5% ~10%,是一种由 76 ~90 个核苷酸所组成的单链 RNA 分子,其内部大部分核苷酸彼此互补配对造成局部双链,最终形成“三叶草”结构(图 2.13)。tRNA 的 3′端可以在氨酰-tRNA 合成酶催化之下,接附特定的氨基酸。在蛋白质合成过程中,tRNA 可通过自身的反密码子识别 mRNA 上的密码子,将该密码子对应的氨基酸转运至核糖体合成中的多肽链上。

rRNA 含量最多,约占总 RNA 的 80%,分子量也最大,其主要功能是与蛋白质结合形成核糖体。rRNA 是由多基因编码的,序列十分保守,并且折叠成非常复杂的结构。根据大分子物质在超速离心时的沉降系数,原核生物的 rRNA 分为 5S rRNA、16S rRNA 和 23S rRNA 三类。真核生物的 rRNA 分为 5S rRNA、5.8S rRNA、18S rRNA 和 28S rRNA 四类。

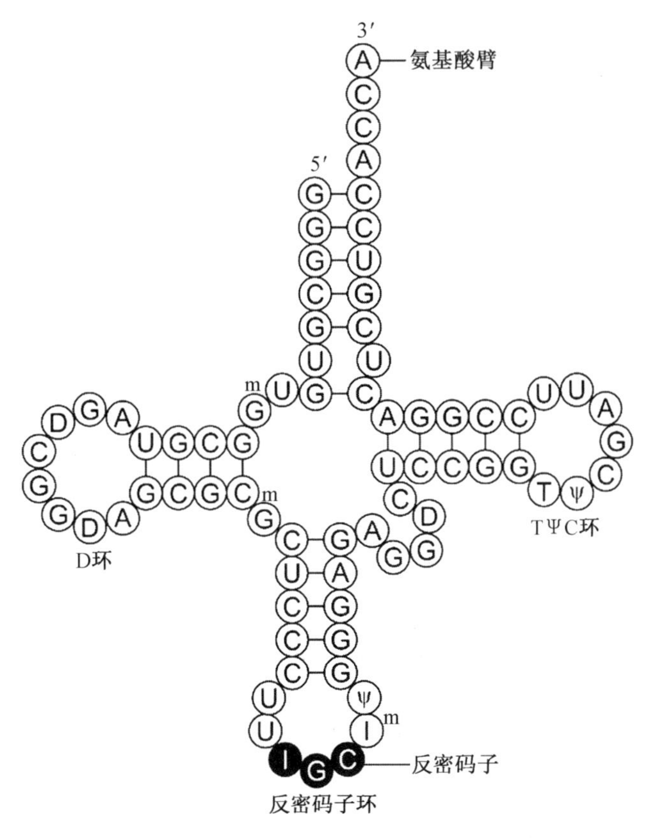

图 2.13 tRNA 的“三叶草”结构

(三) 多糖

单糖的半缩醛羟基能够与其他单糖中的任意一个羟基反应形成二糖。例如,一个葡萄糖的半缩醛羟基与另一个葡萄糖第 4 碳上的羟基连接形成的二糖,即为麦芽糖;而与果糖的半缩醛羟基连接则形成蔗糖。一个半乳糖的半缩醛羟基与一个葡萄糖第 4 碳上的羟基连接则形成乳糖。麦芽糖、蔗糖和乳糖都是生物体重要的二糖。

一般将 2 ~ 10 个单糖残基构成的糖类称为寡糖。约 20 个以上单糖残基构成的糖类称多糖。实际上寡糖与多糖之间并无明确界线,有时将寡糖与多糖统称为聚糖。与肽链和核苷酸链一样,糖链也有方向性。多糖链一端,其单糖残基保留着游离且具有还原性的半缩醛羟基,称还原端。另一端单糖残基的半缩醛羟基已参与糖苷键的形成,其他游离羟基也不具还原性,称非还原端。糖链在合成时,新的单糖残基添加到具有游离半缩醛羟基的还原端,即糖链是由非还原端向还原端延伸,这也是糖链的方向。在书写糖链时,一般是非还原端在左侧,还原端在右侧。与肽链和核苷酸链不同的是,糖链可以是很长的直链,也可以有分支。这是因为作为糖链构件的单糖分子有多个羟基,这些羟基可以同时与其他单糖分子的半缩醛羟基结合而产生分支。在生物体内,最重要的多糖是淀粉、糖原和纤维素。

淀粉是植物储存能量的多糖分子,其糖链由 100 ~ 1 000 个 α 葡萄糖聚合而成。淀粉有直链淀粉和支链淀粉两种形式,前者糖链无分支,后者有分支。在植物中淀粉一般以直链淀粉和支链淀粉混合物的形式存在。但豆类种子中的淀粉全为直链淀粉,而糯米淀粉全为支链淀粉。在直链糖链中，前一个葡萄糖分子的半缩醛羟基与后一个葡萄糖分子第4碳的羟基缩合连接。因此，产生的糖苷键称为α-1，4糖苷键。直链糖链能够以α-1，6糖苷键产生支链，从而产生支链淀粉。在直链糖链中，一个葡萄糖残基相对下一个葡萄糖残基都呈一定的角度，从而产生左手螺旋结构，每圈螺旋含有6个葡萄糖残基。

糖原主要是动物细胞中储存葡萄糖能源的形式，常称为动物淀粉。糖原也是α葡萄糖的聚合物，结构类似支链淀粉。不同的是，糖原具有更多的分支，且分支的长度较短。一般沿着糖链每隔8～10个葡萄糖残基就会出现一个分支。糖原可含高达50 000个葡萄糖残基，因此分子量远远大于淀粉。在哺乳动物中，大多数糖原以颗粒状储存于肝脏和骨骼肌中，分别被称为肝糖原和肌糖原。

纤维素是植物细胞壁的主要成分，也是植物组织中最丰富的多糖，一般占植物有机物质的50%以上。纤维素是水不溶性的结构性多糖，主要由β葡萄糖聚合而成，因此其糖苷键是β-1，4糖苷键。该糖苷键使糖链中每个葡萄糖残基相对于相邻的残基旋转180°，形成一个刚性伸展的构象，因而使糖链呈杆状而不是螺旋状。纤维素的多糖链不含分支，且上千个多糖链分子相互平行排列，它们之间由大量的氢键连接形成纤维束。一般认为，纤维素由8 000～12 000个葡萄糖残基所构成。

人类和大多数动物能够消化利用淀粉和糖原，是因为含有能够催化α-1，4糖苷键水解的α淀粉酶和β淀粉酶，但这两种酶无法催化水解β-1，4糖苷键，因而无法消化纤维素。纤维素酶可以水解β-1，4糖苷键，食草的反刍动物胃中含有能产生纤维素酶的微生物，因而能够消化利用纤维素。

第三节　生命体的基本功能单位——细胞

自然界中几乎所有的生命活动都是在细胞中进行的，即使是非细胞生命，例如病毒，也要借助于宿主细胞才能进行增殖。因此，细胞是生物体基本的结构和功能单位。细胞是由各种化学分子经多级组装而成的，虽然不同类型的细胞在形态、结构和功能上有所差异，但仍具有一些基本共性。

一、细胞学说的建立和发展

1665年英国人胡克（R. Hooke）用自制的显微镜观察栎树软木塞切片，发现其中有许多蜂窝状小室，他将这些小室称为“cella”，这是人类第一次发现细胞结构。但是，胡克发现的只是死细胞的细胞壁。1674年，荷兰的列文虎克（A. van Leeuwenhoek）用自制的高倍显微镜观察了血细胞、水中的原生动物以及人和哺乳动物的精子，这是人类第一次观察到活细胞。1838年德国植物学家施莱登（M. Schleiden）提出植物是由细胞构成的。1839年德国动物学家施旺（T. Schwann）提出一切动物和植物均由细胞组成。至此施莱登和施旺成为细胞学说的创立者。1855年德国医生魏尔肖（R. Virchow）又提出细胞通过分裂产生新细胞的观点，对细胞学说进行了补充和完善。现今的细胞学说包括三方面内容：①细胞是一切多细胞生物的基本结构单位，对单细胞生物来说，一个细胞就是一个个体；②多细胞生物的每个细胞为一个生命活动单位，执行特定的功能；③现存细胞通过分裂产生新细胞。细胞学说揭示了整个生物界在结构上的统一性以及在进化上的共同起源，是人类对生物学的研究进入细胞水平的标志，极大地促进了生命科学和医学的发展。恩格斯曾把细胞学说、能量守恒和转换定律及自然选择学说并誉为19世纪三项最重大的自然科学发现。

从20世纪30年代到70年代，随着电子显微镜的发明以及物理和化学等学科向细胞学的渗透，细胞学研究逐渐从观察描述的显微水平深入到超微水平。人们不仅发现了细胞的各类超微结构，而且揭示了细胞膜、线粒体、叶绿体等细胞器的结构和功能，使细胞学发展为细胞生物学。从20世纪70年代到现在，随着基因重组技术的出现与发展，细胞生物学与分子生物学的结合越来越紧密，研究细胞的分子结构及其在生命活动中的作用成为主要任务，基因调控、信号转导、肿瘤生物学、细胞分化和凋亡成为生命科学领域的研究热点。细胞生物学也成为现代生命科学的基础学科。

二、原核细胞和真核细胞

生物体由各种类型的细胞构成，这些细胞总体上可分为两大类：原核细胞（prokaryotic cell）和真核细胞（eukaryotic cell）。原核细胞的细胞内无明显可见的细胞核，也没有核膜和核仁，但细胞中央含有核物质（遗传物质），通常呈颗粒状或网状，具有核的功能，称拟核。真核细胞的细胞核有明显的核膜、核仁和核基质，称真核。由原核细胞构成的生物称原核生物（prokaryote），例如细菌、放线菌等。原核生物都是单细胞生物，进化地位较低，遗传信息量相对较少，结构也比较简单。由真核细胞构成的生物称真核生物（eukaryote），动物、植物和真菌等都属于真核生物。真核生物即有单细胞生物（例如酵母），也有多细胞生物。真核细胞与原核细胞的异同点见表2.1。

表2.1　真核细胞与原核细胞的异同点

特征	原核细胞	真核细胞
大小	较小（1～10 μm）	较大（>10 μm）
细胞核	拟核：无核膜、核仁	真核：有核膜、核仁
细胞壁	多数有（蛋白质与多糖）	动物细胞无，植物细胞有（纤维素）
细胞器	仅有70S核糖体	动植物细胞共有：80S核糖体、线粒体、内质网、高尔基体 仅动物细胞：中心粒、溶酶体 仅植物细胞：叶绿体、液泡
细胞骨架	无	有
细胞外被	肽聚糖、脂多糖等	动物：糖脂及糖蛋白 植物：纤维素及半纤维素等
分裂方式	二分裂	无丝分裂、有丝分裂和减数分裂
核遗传物质	单个环状裸露DNA分子	两个或两个以上线性染色体
核外遗传物质	质粒DNA	线粒体DNA、叶绿体DNA
基因	无内含子、无或很少重复序列	有内含子和重复序列
转录与翻译	出现在同一时间和区间	出现在不同时间和区间

三、细胞的结构与功能

(一)生物膜

1. 生物膜的结构

无论原核细胞还是真核细胞,都有细胞膜(又称质膜或原生质膜)包被着。真核细胞除细胞膜外,还有分隔各种细胞器的内膜系统,包括核膜、线粒体膜、叶绿体膜、内质网膜、高尔基体膜、溶酶体膜等。这些将细胞和细胞器与其环境分开的膜统称为生物膜。不同的生物膜具有不同的功能。例如,神经元细胞膜在特定的刺激下能够使膜内外产生电位差,从而产生或传导神经冲动;光合细菌膜能将光能转换为化学能;线粒体内膜与呼吸细菌膜则能将氧化还原过程中释放出的能量用于合成 ATP。

各种生物膜虽然功能有所不同,但在结构及化学组成上大同小异,其化学组成主要是脂质、蛋白质和糖类,另外还有微量的核酸、金属离子和水。脂质分子通常为甘油磷脂和少量鞘脂,真核细胞还有少量胆固醇。脂质、蛋白质及糖类所占的比例因膜的种类而异。例如,神经鞘膜中脂类约占 75%,而蛋白质仅占 18%,这是因为脂质含量高的膜在神经冲动传导中有更好的绝缘作用;而线粒体膜蛋白质含量占 75% 以上,脂类则仅约占 20%,这是因为线粒体是有氧呼吸的场所,膜上含有丰富的酶类,以满足大量相关分子进出线粒体的需要。一般来说,生物膜所具有的各种功能,在很大程度上取决于膜内所含的蛋白质,因此膜的功能越复杂,蛋白质含量则越高。细胞膜蛋白质就其功能可分为以下几类:一是作为运输蛋白,在一定条件下有选择性地使特异分子跨膜;二是作为受体参与细胞信号转导;三是作为酶催化特异的生理生化反应。总之,不同细胞都有其特有的膜蛋白质,这是决定细胞在功能上的特异性的重要因素。生物膜上的糖类占 2% ~ 10%,一般与脂类或蛋白质以共价键结合形成糖脂或糖蛋白,可作为抗原决定簇或膜受体的可识别部位。例如,红细胞膜表面决定 ABO 血型的 ABO 抗原就是一种糖脂。

关于生物膜结构的研究从 19 世纪末就开始了。现在普遍为科学界所接受的结构是 1972 年由辛格(S. J. Singer)和尼克森(J. L. Nicolson)提出的流体镶嵌模型(fluid mosaic model)(图 2.14)。其主要内容:①磷脂双分子层构成基本框架。生物膜的基本框架是两层甘油磷脂形成的脂双层。在脂双层中,两层甘油磷脂分子的“非极性尾”相互吸引靠拢,而“极性头”分别朝向两侧,即一层磷脂分子的“极性头”朝向膜外,另一层磷脂分子的“极性头”朝向膜内。②膜蛋白分子以各种形式镶嵌在磷脂双分子层中,有的镶嵌在磷脂双分子层内表面或外表面,有的全部或部分嵌入脂双层中,有的则贯穿整个脂双层。可见脂双层中各种成分的种类和数量不是均匀分布的,因此膜结构内外具有不对称性。③膜具有流动性。磷脂双分子层既有其分子排列的有序性,也有脂类的流动特性。这种流动性表现为膜蛋白和磷脂分子的位置不是固定的,在一定的范围内它们可以在膜的水平方向甚至垂直方向扩散、旋转、摇摆和伸缩。④细胞膜上的糖蛋白与细胞识别、细胞信息交流、免疫等功能相关。

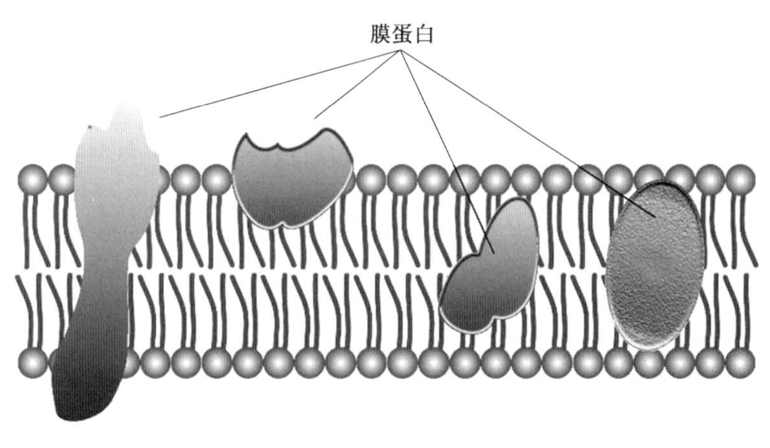

图 2.14　生物膜的流体镶嵌模型

2. 生物膜的功能

生物膜是细胞的重要结构,在细胞的生命活动中具有非常重要的功能,概括如下:①界膜和细胞区室化。细胞膜将细胞内环境与外环境隔离,可以防止有害物质的侵入,同时维持细胞内环境的稳定。细胞的内膜系统在细胞质中划分了许多以膜包被着的区室,从而产生细胞器并行使专一的功能。细胞内环境的区室化使参与同一代谢途径的酶相对集中,甚至有序排列,从而有利于代谢途径的衔接与调控。另外,把分解代谢与合成代谢分开,可以避免无意义的循环,使细胞的生命活动更加有序和高效。②物质的跨膜运输。生物膜具有半通透性,能够为膜两侧的分子交换提供具有高度选择性的通透屏障。膜的选择透性取决于磷脂双分子层对特定分子的阻碍程度和膜上载体蛋白的状态。细胞通过对载体蛋白状态的调节控制特定物质选择性跨膜运输。例如,细胞生长所需要的水、氧及其他营养物质被运进细胞,细胞内产生的激素、某些酶类、废物等被运出细胞。③信息传递。在生命活动过程中,细胞之间、细胞与外界环境之间以及细胞内的各细胞器之间无时无刻不在进行信息的交流,使生命过程得以协调有序地进行,而这是由生物膜实现的。在生物膜上存在各种各样的受体蛋白,这些受体蛋白能识别并结合特异的膜外信号分子,进行信号跨膜传递,从而引起细胞或细胞器内基因表达和代谢反应发生变化。例如,当动物受到惊吓时分泌肾上腺素,肾上腺素与肌细胞上的特异受体结合,使细胞内的糖原迅速分解为葡萄糖,为肌肉活动提供能量。④能量转换。细胞中与能量转换有关的生化反应通常发生在生物膜上。例如,在光合作用过程中,将光能转化为化学能的光反应是发生在叶绿体的类囊体膜上。线粒体是氧化呼吸的场所,通过氧化呼吸作用最终将糖类等有机物的化学能转换成可以直接利用的高能分子 ATP。在此过程中,ATP 的合成反应就是发生在线粒体的内膜上。

（二）细胞核

1. 核被膜

细胞核通常为球形,是真核细胞内最大、最重要的细胞结构,也是细胞遗传与代谢的调控中心。一般来说,一个细胞只有一个细胞核,有些特殊的细胞无细胞核(如动物的红细胞)或有多个细胞核(如动物的骨骼肌细胞)。细胞核由内、外相连的两层生物膜包围而成,表面附有大量的核糖体颗粒,称为核被膜(nuclear envelope)。核被膜上分布着一些小孔，是核质与胞质进行物质交流的开口，称为核孔（nuclear pore）。

2. 遗传物质

真核生物细胞核内的DNA不是裸露的，而是以染色体（或染色质）的形式存在。核小体是染色体的基本结构单位，由DNA和组蛋白组成。4种组蛋白H2A、H2B、H3和H4各两分子组成八聚体，每个核小体由146 bp的DNA缠绕组蛋白八聚体1.75圈，再由一分子的H1与DNA结合，锁住核小体DNA的进出口，稳定核小体的结构。核小体之间通过50 bp左右的DNA相连。当一连串核小体呈螺旋状排列构成纤丝时，DNA的压缩比约为40。在细胞分裂间期，纤丝经过压缩成为常染色质状态时，DNA的压缩比约为1 000。在细胞分裂中期，染色质进一步压缩为染色体，压缩比高达8 400，即只有伸展状态时长度的万分之一。

3. 核仁

核仁（nucleolus）是转录、加工rRNA和装配核糖体亚基的场所，通常表现为单一或多个匀质的球形小体，其大小、形状和数目随生物的种类、细胞类型和细胞代谢状态而变化。核仁的主要成分是蛋白质、rRNA和rDNA。rDNA含有rRNA基因，这部分DNA在染色体上伸出形成DNA袢环，每一个DNA袢环称为一个核仁组织者。

核糖体是细胞内一种核糖核蛋白颗粒，其功能是按照mRNA中三联密码合成氨基酸的多肽链，即核糖体是蛋白质合成的分子机器。真核生物的核糖体的沉降系数为80S，含有一个60S的大亚基和一个40S的小亚基。核仁是核糖体大小亚基装配的场所，装配成熟后通过核孔转运至细胞质中，形成有功能的核糖体。

（三）细胞质和细胞骨架

细胞质（cytoplasm）是细胞膜内、细胞核外一切物质的总称，包括细胞质基质、细胞器和包涵物。细胞质基质又称胞质溶胶（cytosol），是均质而半透明的胶体，其化学组成主要是水和蛋白质。除此之外还有无机盐离子、脂类、糖类、氨基酸、核苷酸等。细胞质基质的主要功能是为各种细胞器维持正常结构和功能提供所需要的离子环境、底物和酶类，同时也是进行某些生化活动的场所。

细胞骨架（cytoskeleton）是真核细胞中的蛋白纤维网架体系，主要成分包括微丝、微管和中间纤维。广义的细胞骨架还包括细胞核骨架、核纤层、细胞膜骨架和细胞外基质中的蛋白纤维，形成贯穿于细胞核、细胞质和细胞外的一体化网络结构。细胞骨架在细胞内发挥着重要的空间组织与机械支撑作用，不仅能够维持细胞形态、承受外力、保持细胞内部结构的有序性，而且还参与几乎所有形式的细胞变形和细胞运动，如：细胞迁移、肌肉收缩等。

包涵物是细胞质中本身没有代谢活性，却有特定形态的结构。有的是细胞产物，如分泌颗粒、黑素颗粒；有的是储存的能源物质，如糖原颗粒、脂滴等。

（四）线粒体

线粒体（mitochondrion）是细胞进行有氧呼吸的场所，由内、外两层彼此平行的生物膜包围而成。线粒体外膜起界膜作用，内膜向内皱褶形成嵴，从而增加内膜面积，使更多的反应能在内膜上进行。在嵴上有许多带柄的小颗粒，称为线粒体基粒，其中富含ATP合成酶，能利用呼吸链产生的能量合成ATP。

线粒体的外膜和内膜将线粒体分成两个不同的空间。由内膜包裹的空间称为线粒体基质,外膜与内膜之间的空隙称为膜间隙。这样,线粒体由外至内可划分为线粒体外膜、线粒体膜间隙、线粒体内膜和线粒体基质四个功能区。不同的功能区负责有氧呼吸不同阶段的代谢反应,因此各功能区的化学成分,特别是酶的种类和含量相差较大。例如线粒体外膜的标志酶是单胺氧化酶,膜间隙的标志酶是腺苷酸激酶,内膜的标志酶是细胞色素氧化酶,基质的标志酶是苹果酸脱氢酶。

线粒体是带有核外遗传物质的细胞器之一,具有自己的 DNA 和核糖体,构成线粒体独有的遗传信息和蛋白质合成系统。线粒体 DNA 一般呈裸露的双链环状,一个细胞通常有多个线粒体,一个线粒体有多个 DNA 分子。线粒体的三联密码子与核基因也不完全相同。虽然在线粒体内能独立地完成线粒体 DNA 的复制、转录和翻译,但参与这些过程的很多蛋白质来自核基因编码,因此线粒体对核基因具有一定的依赖性,属于半自主性的细胞器。

(五)内质网

内质网(Endomembrane System, ER)是由一层生物膜围成的囊状、泡状和管状结构彼此相通而形成的封闭的网状管道系统。内质网通常占细胞膜系统总面积的50%左右,占细胞体积的10%以上。内质网具有一个由生物膜围成的封闭空间,称内质网腔。膜的内表面称腔面,外表面称胞质面。根据胞质面是否附着核糖体颗粒,内质网分为两种类型:糙面内质网和光面内质网。

有核糖体附着的内质网称为糙面内质网,形态上多为排列整齐的扁囊状,其主要功能是合成分泌蛋白和多种膜蛋白,并对合成的蛋白质进行加工和转运。在蛋白质合成时,新合成的肽链穿过膜进入内质网腔,而核糖体仍附着在胞质面。在内腔中的肽链继续延伸直至合成完成,同时还接受特定的共价修饰并折叠成高级结构,最后被转运至细胞基质发挥相应的功能。

无核糖体附着的内质网称为光面内质网,通常为小管和小泡样的网状结构。不同类型的细胞中,光面内质网具有不同的功能。例如,在与脂肪代谢有关的细胞中,光面内质网中主要合成脂类物质;在性腺细胞中,光面内质网合成类固醇激素;在肝脏细胞中,光面内质网参与糖类和脂类代谢,并具有解毒功能;在平滑肌和横纹肌细胞中,光面内质网特化为肌质网,通过储存及释放钙离子调节肌肉收缩。

(六)高尔基体

高尔基体(golgi apparatus)又称高尔基复合体,由意大利细胞学家卡米洛·高尔基(C. Golgi)于1898年首次发现。在结构上,高尔基体由生物膜构成的扁平囊泡平行堆叠而成,包含扁平膜囊、大囊泡和小囊泡三种结构。高尔基体常分布于内质网与细胞膜之间,一般包含3~8个平行的扁平膜囊,整体上呈弓形或半球形。凸出的一面对着内质网称为形成面或顺面,顺面的第一个膜囊称为顺面膜囊;凹进的一面对着细胞膜称为成熟面或反面,反面的第一个膜囊称为反面膜囊。顺面膜囊和反面膜囊之间称为中间膜囊。

高尔基体是完成分泌蛋白最后加工和包装的场所,主要功能是将内质网合成的蛋白质进一步地加工、修饰和分类,然后分门别类地运送到细胞特定的部位或分泌到细胞外。由内质网合成的蛋白质等分子被包含在小泡中,由小泡运送到高尔基体的形成面并与之融合，使小泡的内含物进入顺面膜囊腔内，并由顺面膜囊向反面膜囊及成熟面转运，最后抵达细胞膜。膜囊之间的转运仍然依赖小泡作为运输载体，在转运过程中新合成的蛋白质在各个腔内逐步完成加工和修饰。最后，抵达细胞膜的小泡与细胞膜融合，成为细胞膜的一部分。因此，进行细胞膜的转化也是高尔基体的功能之一。除此之外，高尔基体还有其他功能，包括将蛋白质水解为活性物质、参与溶酶体的形成、参与植物细胞壁的形成、调节细胞的液体平衡等。

（七）溶酶体

溶酶体（lysosome）来自高尔基体，是动物特有的细胞器。其结构是由生物膜围成的大小不一的球状囊泡，内含几十种类型的水解酶。溶酶体分为两种类型：初级溶酶体和次级溶酶体。初级溶酶体是刚刚从高尔基体分泌出来的囊泡，体积相对较小，仅含有水解酶，但无活性，不含相应底物。次级溶酶体是体积相对较大的囊泡，不仅含有活化的水解酶，还含有相应底物。溶酶体的主要功能是吞噬消化作用，包括自体吞噬和异体吞噬两种类型。自体吞噬是指吞噬细胞原有物质，如受损的细胞器、无功能的细胞碎片等。异体吞噬是指吞噬外来物质，如入侵的致病菌、在原生动物中来自食物泡的食物等。无论是自体吞噬还是异体吞噬，被吞噬的大颗粒物质都被消化成生物大分子，最终成为细胞可以利用的营养。

（八）叶绿体

叶绿体（chloroplast）是植物细胞特有的细胞器，是绿色植物进行光合作用的场所，主要存在于高等植物的叶肉细胞和藻类细胞中。叶绿体的形状、数目和大小随不同植物和不同细胞而异，其功能是在可见光的作用下将水和二氧化碳转化为糖类，并产生氧气，从而将光能转化为化学能。

叶绿体有两层膜。内膜包围的空间充满叶绿体基质，还含有许多生物膜构成的扁平的圆盘状类囊体。所以，叶绿体由外膜、内膜和类囊体膜三种不同类型的生物膜分隔成三个不同的空间：叶绿体基质、膜间间隙和类囊体腔。在叶绿体中，圆盘状的类囊体通常堆叠在一起形成圆柱形颗粒，类似一叠硬币，称为基粒。一个叶绿体中含有 40 ~ 80 个基粒，组成基粒的类囊体称为基粒类囊体或基粒片层。在基粒中往往存在一个较大的片状类囊体贯穿于两个或多个基粒之间，从而将两个或多个基粒连通起来，称为基质类囊体或基质片层。几乎所有参与光合作用的色素、酶类、参与电子传递的载体和其他相关蛋白都附着在类囊体膜上。

与线粒体一样，叶绿体也是带有核外遗传物质的细胞器，具有自己的 DNA 和核糖体。依物种或细胞类型不同，一个细胞含有一个或上百个叶绿体，一个叶绿体含有多个叶绿体 DNA 分子。叶绿体能够单独完成 DNA 复制、基因转录和蛋白质合成，其三联密码子与核密码子相同。但参与这些过程的某些蛋白由核基因编码，因此叶绿体也半自主性地受核和叶绿体两套遗传系统的共同控制。

（九）其他细胞器

在真核细胞中，除上述几种细胞器或细胞结构外，还有一些较小的、功能各异的细胞器，例如微体和植物细胞的液泡。

微体（microbody）是一些由单层膜围成的泡状小体，直径约 0.5 μm，内含各种功能相关的酶类，并根据酶的功能进行命名。例如过氧化物酶体就是微体的一种，含有黄素氧化酶-过氧化氢酶系统，可氧化尿酸、乙醇酸和脂肪酸等，同时可防止过氧化物对细胞的毒害作用。此外，还有糖酵解酶体和乙醛酸循环体等。

液泡主要存在于植物细胞中，也是由单层生物膜围成的泡状结构。低等单细胞动物的食物泡、收缩泡等也属于液泡。植物细胞的液泡中充满水状细胞液，内含无机盐、氨基酸、糖类和一些色素分子。植物的花、叶和果实的颜色，除绿色之外，大多由液泡内的色素分子所产生。液泡的主要功能是使细胞保持一定的渗透压，贮藏各种物质，例如甜菜中的蔗糖就是贮藏在液泡中，另外液泡中含有水解酶，和溶酶体相似，具有吞噬消化功能。

四、细胞分裂

细胞分裂是生命体生长与繁殖的基础。随着细胞的生长，虽然细胞表面积和体积同时增大，但表面积增加的倍数小于体积增加的倍数，即表面积与体积之比逐渐缩小（表2.2），单位表面积的细胞膜所负担的物质运输量逐渐增加直至“不堪重负”，细胞代谢必将受阻。因而生物体的生长只能依赖细胞分裂使细胞数量增加，而不是简单的体积增大。所以，细胞经过一段时间的代谢和生长，细胞表面积与体积比超过一定数值时即可引起细胞分裂。不同类型的细胞进行分裂的方式也不同，原核细胞的分裂方式为二分裂，大部分原生动物和某些藻类细胞的分裂方式也属于二分裂。真核细胞为有无丝分裂、有丝分裂和减数分裂三种分裂方式。

表2.2　细胞表面积与体积之比

半径/μm	10	12	14	16	18	20
表面积/μm^2	1 256	1 809	2 462	3 215	4 069	5 024
体积/μm^3	4 187	7 235	11 488	17 149	24 416	33 493
表面积/体积	0.300	0.250	0.214	0.187	0.167	0.150

原核细胞二分裂时首先进行DNA复制，然后拟核分裂一次形成两个拟核，新核分别向两侧移动，同时原生质也向新核周围移动，细胞壁连同细胞膜向内生长并最终形成隔膜，而细胞纵向或横向一分为二，形成两个新的个体。通常把纵向分裂称为纵分裂，横向分裂称为横分裂。无丝分裂是最早被发现的一种细胞分裂方式，仅发生在真核生物的特定细胞，例如蛙的红细胞。无丝分裂因在分裂过程中无纺锤丝的出现而命名。无丝分裂的早期，球形的细胞核和核仁都伸长呈哑铃形，中央部分向内凹陷。最终细胞核分裂为两个新核，这时细胞质也随之分裂，并且在滑面型内质网的参与下形成细胞膜。无丝分裂与二分裂的区别主要在于核的变化及新细胞膜的形成方式不同。与有丝分裂的区别，除不出现染色体和纺锤丝外，核膜和核仁也不消失，而且分裂过程相对简单、快速。

五、细胞分化

多细胞生物是由种类繁多且功能各异的细胞组成的。例如，成人体内约有10^{14}个细胞，这些细胞大约有200多种不同的类型，根据分化程度的不同，又可分为600多种。这些细胞都是由一个受精卵经细胞分化而来的。细胞分化（cell differentiation）是指同一来源的细胞通过细胞分裂逐渐产生形态结构和生理功能具有稳定性差异的细胞类群的过程。细胞分化的本质是基因组在时间和空间上的选择性表达,即通过开启或关闭特定基因的表达,从而产生特定功能的蛋白质,使细胞具有特定的形态和功能。例如,在骨骼肌中肌动蛋白基因大量表达而血红蛋白基因表达关闭,从而使骨骼肌具有收缩功能;而在红细胞中则是血红蛋白基因大量表达而肌动蛋白基因表达关闭,从而使红细胞具有载氧能力。细胞分化通常具有稳定性和不可逆性,一旦细胞沿一定方向分化,分化终端的细胞便不再分裂,也不可能逆转到未分化状态或者成为其他类型的分化细胞,而是稳定地具有一定的形态特征和执行一定的生理功能,并逐渐地走向衰老与死亡。细胞分化的不可逆性突出表现在随着个体发育过程的向前推进,细胞分化的潜能或可塑性逐渐受限变窄,直至失去分化为其他细胞类型的能力。细胞的分化潜能分为三种类型:①全能性(totipotency),是指细胞具有生物个体生长和发育所需的全部遗传信息,具有发育成完整个体的潜能。具有全能性的细胞称为全能干细胞,例如受精卵、某些早期还未分化的胚胎细胞等。②多能性(pluripoeency),是指细胞能够分化出多种类型的细胞或组织,但已经不能发育成完整的个体。具有多能性的细胞称为多能干细胞,例如骨髓多能造血干细胞、间充质干细胞等。③单能性(monopotency),是指细胞只能分化产生一种类型的细胞或功能密切相关的两种类型的细胞。具有单能性的细胞称为单能干细胞,例如神经干细胞。

六、细胞衰老

细胞的生命历程都要经过未分化、分化、生长、成熟、衰老和死亡几个阶段。细胞衰老(cell aging)是指细胞在执行生命活动过程中,随着时间的推移,细胞增殖与分化能力和生理功能逐渐发生衰退的变化过程。衰老死亡的细胞或者被机体清除,或者成为机体结构的一部分,同时新生的细胞不断地从相应的组织器官中生成,以弥补衰老死亡的细胞。细胞衰老死亡与重新生成之间的动态平衡是维持机体正常生命活动的基础。而生物体衰老所表现出的特征则是细胞衰老在整个机体上的反应。细胞衰老表现出以下特征:①细胞内的水分减少,使细胞萎缩,体积变小,例如老人的皮肤干燥、皱褶;②细胞核体积增大,核膜内折,染色体凝集固缩,细胞分裂受阻,例如老年人受伤后难愈合;③线粒体数量减少,体积增大,导致细胞内有氧呼吸速率降低,例如老年人相对怕冷、无力;④细胞膜结构变为凝胶状或固体状,通透性降低,物质运输功能减弱,例如老年人饮食减少,吸收能力下降;⑤蛋白质合成速率下降,大多数酶的活性降低,新陈代谢速率减慢,例如老年人头发变白;⑥细胞内色素沉积,例如老年人皮肤上的老年斑。

细胞衰老的原因非常复杂,许多研究至今还是停留在假说阶段,目前主要有以下几种学说或理论。

(1)遗传决定学说。

遗传决定学说认为衰老是遗传上的程序化过程,其决定因素是核基因组的遗传控制,即控制生长发育和衰老的基因都在特定时期有序地开启或关闭。衰老细胞与年轻细胞的细胞融合试验强有力地支持了这一理论。当去核的衰老细胞与有核的年轻细胞融合时,融合细胞的分裂能力与年轻细胞相近;而去核的年轻细胞与有核的衰老细胞融合时,融合细胞的分裂能力与衰老细胞相近。

（2）自由基学说（氧化损伤学说）。

自由基是生物氧化过程中产生的中间产物，因其带有不配对电子或基团，所以具有高度反应活泼性。化学性质活泼的自由基攻击 DNA 分子可导致 DNA 链断裂、交联和氧化性损伤；攻击蛋白质分子导致蛋白质功能丧失或减弱；攻击生物膜上的脂质分子时，使脂肪酸长链断裂，损伤生物膜。自由基对细胞内生物大分子的损伤逐渐积累，使细胞功能日益衰退，最终引发细胞衰老。

（3）端粒学说。

端粒是染色体末端的一种特殊结构，其作用是保持染色体的完整性和控制细胞分裂周期。端粒是由一段简单重复的 DNA 序列和端粒结合蛋白构成的 DNA-蛋白质复合体。细胞分裂时伴随着 DNA 的复制，而端粒 DNA 是 DNA 复制的起点。由于 DNA 复制时最前端的 RNA 引物被切掉，因此复制后端粒的序列就会缩短。然而在大多数的胚胎组织、生殖细胞、炎性细胞、干细胞、更新组织的增生细胞以及肿瘤细胞中，产生一种 RNA-蛋白质复合体，称为端粒酶。端粒酶具有反转录功能，能够以自身 RNA 为模板，合成端粒重复序列，加到新合成的 DNA 链末端，以修补被截短的 DNA 序列。然而在成熟的体细胞中，端粒酶没有活性或活性减弱，因此细胞有丝分裂一次，就有一段端粒序列丢失。随着细胞分裂次数的增加，当端粒长度缩短到一定程度，发生正常基因的损伤和缺失时，细胞则停止分裂，进入衰老和死亡程序。

七、细胞死亡

细胞死亡是指细胞在内因或外因的作用下遭受严重损伤并累及细胞核内的遗传物质时，呈现代谢停止、结构破坏和功能丧失等不可逆变化。对于单细胞生物来说，细胞死亡也就意味着个体死亡，但对于多细胞生物来说，细胞死亡并不等于个体生命的终结。在多细胞生物的正常组织中经常发生细胞死亡，同时又有许多新细胞产生，细胞的死亡与新生是维持组织机能和形态所必需的。细胞死亡主要有三种方式，包括细胞被动死亡即细胞坏死，以及细胞主动死亡即细胞凋亡和细胞自噬。

1. 细胞坏死

细胞坏死是指由于比较强烈的有害刺激（如微生物、毒物、高温或低温、缺氧、辐射、机械损伤等）或细胞内环境的严重紊乱而导致的细胞被动死亡的病理过程。细胞坏死的形态学特征首先是细胞器膨胀变大、细胞核固缩及胞质大泡形成；随之发生 DNA 水解、大泡破裂、细胞骨架和核纤层解体，以及溶酶体破裂后各种酶类释放导致细胞自溶；最后核膜和细胞膜破裂，细胞质溢出并影响周围细胞，发生炎症反应。

2. 细胞凋亡

细胞凋亡是指为维持内环境稳定或机体发育的需要，一部分细胞在规定的时间内由基因控制的自主有序地死亡。细胞凋亡的特征是细胞变小、变圆并与周围细胞脱离，内质网扩张呈泡状并与细胞膜融合；核内染色体质凝缩并聚集在核模附近，随后断裂为大小不等的片段；细胞膜内陷将细胞分割为多个包膜完整、内涵物不外溢的凋亡小体；最后凋亡小体被吞噬细胞或周围细胞吞噬并消化。因在凋亡过程中细胞膜不破裂，细胞内容物不外泄，从而不产生炎症反应。细胞凋亡是生命的基本现象，是清除衰老病变和已完成使命的细胞以维持机体细胞数量动态平衡及形态发育的基本措施。例如，在人类胚胎发育阶段，手部最初的形态是一团包裹指骨的“肉团”，在随后的发育过程中，通过细胞凋亡清除手指之间的细胞从而发育出五指分开的手部形态。

3. 细胞自噬

细胞自噬是指一些损伤的细胞器或蛋白质被双层膜结构的自噬小泡包裹后，运送至溶酶体（动物）或液泡（酵母和植物）中进行降解，降解产生的氨基酸和其他生物小分子得以循环利用或产生能量，用以维持细胞的生长代谢，同时清除细胞内过剩或有缺陷的细胞器和蛋白质。自噬是细胞正常的生理活动，在正常生长条件下，细胞通常进行低水平的基础自噬，以维持细胞生长代谢的稳态。此外，当细胞遭受各种来自胞内或胞外的刺激时（例如微生物入侵、异常蛋白的积累、细胞器的损伤、饥饿等），自噬也可作为应激反应而被激活。但是过度活跃的自噬活动也可导致细胞死亡，即自噬性细胞死亡（autophagic cell death）。

思 考 题

1. 生物大分子主要包括哪些？它们的共性是什么？
2. 细胞质内主要包括哪些细胞器？这些细胞器的主要功能是什么？
3. 细胞有哪些死亡方式？这些死亡方式的特点是什么？

参 考 文 献

[1] 张惟杰. 生命科学导论［M］. 3 版. 北京：高等教育出版社，2016.
[2] 刘广发. 现代生命科学概论［M］. 3 版. 北京：科学出版社，2014.
[3] 焦炳华. 现代生命科学概论［M］. 2 版. 北京：科学出版社，2014.
[4] 闫云君. 生命科学导论（医学版）［M］. 3 版. 武汉：华中科技大学出版社，2020.
[5] 朱圣庚，徐长法. 生物化学［M］. 4 版. 北京：高等教育出版社，2017.
[6] 周春燕，药立波. 生物化学与分子生物学［M］. 9 版. 北京：人民卫生出版社，2017.
[7] 杨荣武. 生物化学原理［M］. 3 版. 北京：高等教育出版社，2018.
[8] 陈钧辉，张冬梅. 普通生物化学［M］. 5 版. 北京：高等教育出版社，2015.
[9] 丁明孝，翟中和，张传茂，等. 细胞生物学［M］. 5 版. 北京：高等教育出版社，2020.
[10] 王金发. 细胞生物学［M］. 2 版. 北京：科学出版社，2020.
[11] WATSON J D, GANN A, BAKER T A, et al. Molecular biology of the gene［M］. 7th ed . New York：Cold Spring Harbor Laboratory Press, 2013.

第三章　生命科学中的组学

构成生物体生命活动的基本功能单位是细胞，形状多种多样。主要由细胞核与细胞质构成，表面有薄膜。动植物细胞结构大致相同。植物细胞质膜外有细胞壁，细胞壁中常有质体，动物细胞质中常有中心体，而高等植物细胞中则没有。细胞有运动、营养和繁殖等机能。通常研究细胞核的领域称基因组学，研究细胞质的领域称蛋白质组学和转录组学，研究细胞膜的领域称多糖组学等。近 30 年来，基于飞速发展的高通量分析技术，在生命科学领域，以组学结尾的名词不断出现，这些组学研究围绕着核酸、蛋白质、代谢产物等展开，对现代生命科学、医学和农学等发展具有举足轻重的作用。

第一节　基因组学

基因组学（genomics）是阐明生物体基因组的组成、基因组的结构、基因的结构与功能的关系以及基因表达调控的科学。基因组学、转录组学、蛋白质组学、代谢组学、糖组学、宏基因组学和表观基因组学等一同构成了系统生物学的组学主要技术平台。基因组学是以分子生物学技术、计算机技术和信息网络技术为手段，以生物体内基因组的全部基因信息为研究对象，从整体水平上探索全基因组在生命活动过程中的作用及其内在规律和内外环境影响机制的一门科学。基因组学从全基因组的整体水平而不是单个基因水平，研究生命这个具有自身组织和自装配特性的复杂系统，认识生命活动的规律，更接近生物的本质和全貌，为解决生物、医学和工业领域的重大问题奠定基础。

一、基因组学的研究内容

基因组学的研究内容包括两个方面：以全基因组测序为目标的结构基因组学（structural genomics）和以基因功能鉴定为目标的功能基因组学（functional genomics），后者又被称为后基因组（postgenome）研究。

结构基因组学是继人类基因组之后又一个国际性科学热点，是以全基因组测序为目标，确定基因组的组织结构、基因组成及基因定位的基因组学的一个分支。结构基因组学以建立高分辨率的生物体基因组的遗传图谱、物理图谱及转录图谱为主要内容，是研究蛋白质组成和结构的一门学科，分为三个部分，包括克隆和生产用于结构研究的蛋白质、试验方法、计算方法和数据分析。

通过获得完整的、能够在细胞中定位以及在各种生物学代谢途径、生理途径、信号转导途径中的全部蛋白质的三维结构全息图，对疾病机理的阐明和防治有重要应用意义。如癌症基因组图谱（TCGA），已经揭示了多种致癌改变，救治了许多不同类型的癌症患者。

基因组测序是人类对自身基因组认识的第一步。随着测序的完成，功能基因组学成为研究的主流，它从基因组信息与外界环境相互作用方面高度阐明基因组的功能。功能基因组学研究内容包括:动植物基因组 DNA 序列变异性的研究、基因组表达调控的研究、模式生物体的研究和生物信息学的研究等。功能基因组学利用结构基因组所提供的数据信息,采用新的试验技术,在基因组或系统水平上全面分析基因的功能,使得生物学研究从对单一基因或蛋白质的研究转向多个基因或蛋白质同时进行系统的研究。功能基因组学研究内容包括基因功能发现、基因表达分析及突变检测,重点研究基因转录、翻译和蛋白质与蛋白质的相互作用。

二、基因组学的研究方法

基因组学出现于20世纪80年代。1980年,噬菌体 Φ-X174 成为第一个测定的基因组(5 368 个碱基对)。1995年,嗜血流感菌(*Haemophilus influenzae*,1.8 Mb)测序完成,是第一个测定的自由生活物种。随后,基因组测序工作迅速展开。20世纪90年代随着人类包括大肠杆菌、酵母、线虫、果蝇和小鼠几个物种基因组计划的启动,基因组学取得长足发展,为基因组学研究揭开了新的一页。基因组的研究方法主要包括以下几个方面。

1. 基因组表达及调控的研究

在全细胞的水平,识别所有基因组表达产物 mRNA 和蛋白质,以及两者的相互作用,阐明基因组表达在发育过程和疾病等条件下的时间、空间的整体调控网络。

2. 基因信息的识别和鉴定

基因识别需采用生物信息学、计算生物学技术和分子生物学等试验手段,并将理论方法和试验结合起来。

3. 基因功能信息的提取和鉴定

基因功能信息的提取和鉴定包括:基因突变体的系统鉴定;基因表达谱的绘制;基因改变—功能改变的鉴定;蛋白质水平、修饰状态和相互作用的检测。

4. 基因测序和基因多样性分析

基因组的差异反映在表型上就形成个体的差异,如黑人与白人的差异、高个与矮个的差异、健康人与遗传病人的差异等。出现最多基因多态性就是单核苷酸多态性(SNPs)。

5. 比较基因组学

将人类基因组与模式生物基因组进行比较,这一方面有助于根据同源性方法分析人类基因的功能,另一方面有助于发现人类和其他生物的本质差异,探索遗传语言的奥秘。

三、热门类基因组计划

人类基因组计划(HGP)是历史上最伟大的探索壮举之一, 人类基因组计划和曼哈顿原子弹计划、阿波罗计划并称为三大科学计划。人类基因组计划由美国于1990年10月正式启动,然后德国、日本、英国、法国、中国5个国家的科学家先后正式加入,先后有16个实验室及1 100名生物学家、计算机专家和技术人员参与。这是一项改变世界、影响每一个人的科学计划,其宗旨是测定组成人类染色体中所包含的30亿个碱基对组成的核苷酸序列,从而绘制人类基因组图谱,并且辨识其载有的基因及序列,达到破译人类遗传信息的最终目的,从而阐明人类基因组及所有基因的结构与功能,解读人类的全部遗传信息,揭开人体奥秘的基础。HGP于2003年4月完成,使人们第一次有能力阅读大自然构建的完整基因蓝图。在 HGP 中,还包括对五种生物基因组的研究:大肠杆菌、酵母、线虫、果蝇和小鼠,称为人类的五种模式生物。

2017 年 12 月 28 日,我国启动了“中国十万人基因组计划”,覆盖地域包含我国主要地区,涉及人群除汉族外,还包括壮族、回族等 9 个少数民族。此次基因组计划,旨在绘制我国民族的基因图谱。按照计划,整个项目将在四年内完成全部的测序与分析任务。此次基因组计划主要研究中国人从健康到疾病的转化,为我国的医学研究或临床诊断、疾病治疗提供参考。

细胞是人体的核心单元,是理解健康生物学和分子功能障碍导致疾病发生途径的关键。然而,对人体中数百种类型和亚型细胞的描述是有限的,部分是基于分辨率有限的技术和分类,这些技术和分类并不总是精确地相互对应。基因组学提供了一种系统的方法,但它在很大程度上已被大量应用于许多细胞类型,这些细胞类型曾经掩盖了细胞之间的关键差异,并且与其他有价值的数据来源隔离。随着单细胞测序技术的突破,国际人类细胞图谱项目(International Human Cell Atlas)于 2016 年 10 月 13 日至 14 日启动,在伦敦举行的一次国际会议上,科学家们讨论了一项全球倡议,即创建人类细胞图谱。该图谱描述了人体中的每一个细胞,作为加速生物医学进步的参考图谱。最终,人类细胞图谱将彻底改变医生和研究人员理解、诊断和治疗疾病的方式。

细胞是理解健康和疾病生物学的关键,但目前人们对细胞在每个器官间的差异,甚至对人体中细胞类型的了解都很有限。人类细胞图谱计划是细胞理解新时代的开端,因为人们将发现新的细胞类型,发现细胞在发育和疾病过程中如何随时间变化,并获得对生物学更好的理解。

第二节　转录组学

一、转录组学概述

转录组测序通常对用多聚胸腺嘧啶(oligo-dT)进行亲和纯化的 RNA 聚合酶Ⅱ转录生成的成熟 mRNA 和 ncRNA 进行高通量测序,然后采用生物信息学方法进行数据分析。理解转录组对于解释基因组的功能元素、揭示细胞和组织的分子成分以及理解发育和疾病都是至关重要的。转录组学(transcriptomics)的主要目标是对包括 mRNA、非编码 RNA 和小 RNA 在内的所有转录产物进行分类,确定基因的转录结构,根据其起始位点、5′端和 3′端、剪接模式等转录后修饰,并量化每个转录本在发育过程和不同条件下表达水平的变化。分析一个生物体的转录组将产生一个表达基因的概述,为使用蛋白质组学和代谢组学等其他方法理解发育和疾病提供信息。

转录组分析始于一种称为 EST 的原始技术,然后是另一种称为 SAGE 的技术,即基于 Sanger 测序的基因表达序列分析。EST 和 SAGE 非常费力,以随机的方式测定了一小组转录本,得到了转录组的一半信息。20 世纪 90 年代是转录组学的革命性十年,产生的技术创新被称为微阵列。用微阵列分析大型哺乳动物转录组非常快速,通过分析多个样本中的数千个基因,已在药物开发和临床研究中得到应用。该技术的主要缺点是只分析已知的序列,因此无法检测到新的转录本。最新的转录组分析是基于深度测序技术的 RNA-Seq,可以记录多达 109 个转录本。它识别基因组中的基因和基因的时间活动。原位 RNA-Seq 是一种先进的形式,它提供了一个固定组织中单个细胞的概述。因此,RNA-Seq是一种提供复杂转录组详细信息的先进技术。

二、转录组学的研究技术

转录组学研究的初始材料都是富含 mRNA 的 RNA。使用 TRIzol 试剂从细胞和组织中提取 RNA,最后使用 polyA 亲和柱进行洗脱以富集 mRNA。在 RNA 分离过程中应注意避免 RNA 酶的污染。

基于杂交的方法通常包括用定制的微阵列或商用高密度寡聚微阵列孵育荧光标记的 cDNA 以及设计专门的微阵列;例如,带有跨外显子连接探针的阵列可用于检测和量化不同的剪接异构体。已经构建了以高密度表示基因组的基因组平铺微阵列,并允许将转录区域映射到非常高的分辨率,从几个碱基对到大约 100 bp。基于杂交的方法是高通量和相对便宜的。然而,这些方法有一些局限性,包括:依赖于现有的基因组序列知识;高本底水平,由于杂交,并且由于信号的背景和饱和,检测的动态范围有限。此外,比较不同试验之间的表达水平通常是困难的,可能需要复杂的标准化方法。

RNA-Seq 是一种新的转录组定位和定量方法,是利用深度测序方法分析转录组的一项先进技术。与微阵列相比,RNA-Seq 的主要优势在于发现了新的 RNA 物种。RNA 定量是在单碱基分辨率下进行的,是一种性价比高的转录组分析方法。RNA-Seq 具有更高的灵敏度和动态范围,其中广泛的表达范围被捕获;微阵列显示饱和,而极值的 RNA-Seq 呈线性尺度。RNA 剪接事件可以用 RNA-Seq 检测,而不可以用微阵列检测(Wang 等,2009; Wolf,2013)。

最近,另一种被称为标记的方法也基于转座子开发出来,其中 Tn5 转座子将 cDNA 片段化,同时在两端连接适配器寡核苷酸。片段全长 cDNA 或由片段 RNA 生成的 cDNA 与适配器连接。适配器的结扎导致链特异性的缺乏,从而使 RNA 链的方向性难以预测。已经开发了几种方法来提供方向性;在两端使用不同的适配器就是这样一种方法。另一种方法是在第二链 cDNA 中加入 dUTP,在扩增步骤之前可以用尿嘧啶- dna 糖基酶(UDG)降解。因此,只有具有定义适配器的第一个链被放大。测序前,cDNA 文库必须通过 PCR 扩增 8 ~ 12 个周期。由于 cDNA 的大小和组成不同,扩增结果不均匀,这个问题是通过使用独特的分子标识符(UMIs)来解决的,该标识符将 PCR 产物与伪制品区分开来。这些分子标签可以在 RT 或适配器序列中引入 RNA,也可以在 cDNA 片段化过程中引入 Tn5 转座酶。UMIs 分子标记在输入 RNA 量极低的单细胞 RNA-Seq 中具有重要意义(Hrdlickova 等,2017;Lowe 等,2017)。

对于 RNA-Seq 数据的分析,一个简单的流程就是首先进行数据的比对,将测序产生的 reads 进行过滤后比对到参考基因组或者转录组。目前已有很多比对分析软件,例如,Bowtie(http://bowtie-bio.sourceforge.net/index.shtml)、TopHat(http://ccb.jhu.edu/software/tophat/index.shtml)和 BWA(http://bio-bwa.sourceforge.net/)等。接下来进行转录组的重建,方法上主要分为两类:基因组引导法和基因组独立法。软件包括基于基因组引导法的 Cufflinks(http://cole-trapnell-lab.github.io/cufflinks/)和基于基因组独立法的 Trinity(https://github.com/trinityrnaseq/trinityrnaseq/wiki)等。然后对转录本的表达水平定量,常用的测度是 RPKM(reads per kilo bases of transcript for per million mapped reads),它的计算公式如下:

$$\text{RPKM}=\frac{\text{外显子上的 reads 个数}\times 10^9}{\text{reads 总数}\times\text{外显子长度}}$$

式中,外显子上的 reads 个数表示比对到该转录本所有外显子上的 reads 个数;reads 总数表示该样本中比对到基因组上的 reads 总数;外显子长度表示该转录本上所有外显子的总长度。

最后进行基因的差异表达分析,目前常用的软件包括 DESeq(http://bioconductor.org/packages/release/bioc/html/DESeq.html)、Cuffdiff(http://cole-trapnell-lab.github.io/cufflinks/cuffdiff/)和 edgeR(http://www.bioconductor.org/packages/release/bioc/html/edgeR.html)等。这几个软件都是基于负二项分布的统计学模型,Cuffdiff 是基于 *T* 检验方法,其他两个是基于 Fisher 精确检验方法来进行差异表达检验。

(一)可变剪接分析

基因转录生成的前体 mRNA(pre-mRNA)有多种剪接方式,选择不同的外显子,产生不同的成熟 mRNA,从而翻译为不同的蛋白质,构成生物性状的多样性。这种转录后的 mRNA 加工过程称为可变剪接或选择性剪接(alternative splicing,图3.1)。可变剪接类型包括:①外显子跳跃;②可变转录起始位点;③可变转录终止位点;④可变外显子;⑤内含子保留。

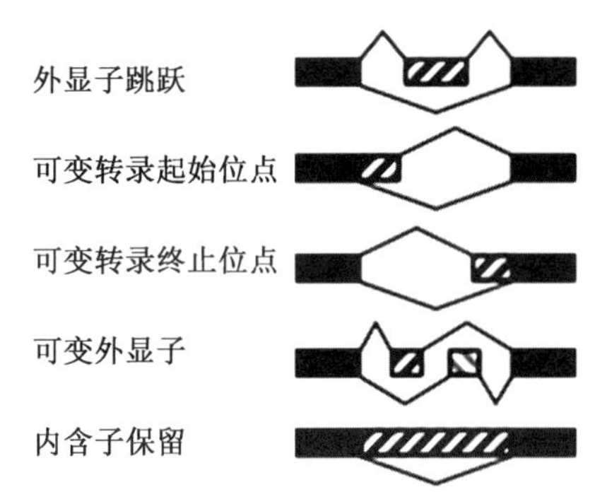

图3.1　可变剪接事件(引自费城儿童医院转录剪接(MATS)Xing 实验室)

MATS 是一种计算工具,用于从 RNA-Seq 数据中检测差异的可选剪接事件。MATS 的统计模型计算了两种情况下基因同工异构体比率的差异超过给定的用户定义阈值的 *P* 值和错误发现率。从 RNA-Seq 数据中,MATS 可以自动检测和分析与所有主要类型的可选剪接模式相对应的可选剪接事件。MATS 处理从配对和非配对研究设计中复制 RNA-Seq 数据。

(二)转录本 GO 注释

GO 数据库是 GO 组织(gene ontology consortium)于2000年构建的一个结构化的标准生物学注释系统,旨在建立基因及其产物知识的标准词汇体系,适用于各个物种。GO 注释系统是一个有向无环图,包含三个主要分支,即生物学过程(biological process)、分子功能(molecular function)和细胞组分(cellular component)。

(三)转录本 KEGG 注释

在生物体内,不同的基因产物相互协调来行使生物学功能,对表达基因的通路(pathway)注释分析有助于进一步解读基因的功能。KEGG(Kyoto Encyclopedia of Genes and Genomes)是系统分析基因功能、基因组信息的数据库,它有助于研究者把基因及表达信息作为一个整体网络进行研究。

第三节 蛋白质组学

蛋白质组学(proteomics),又译作蛋白质体学,是以蛋白质组为研究对象研究细胞、组织或生物体蛋白质组成及其变化规律的科学。Marc Wikins 在 1994 年首先提出蛋白组学概念。蛋白质组(proteome)一词源于蛋白质(protein)与基因组(genome)两个词的组合,意指"一种基因组所表达的全套蛋白质",即包括一种细胞乃至一种生物所表达的全部蛋白质。蛋白质组学本质上指的是在大规模水平上研究蛋白质的特征,包括蛋白质的表达水平、翻译后的修饰、蛋白与蛋白相互作用等,由此获得蛋白质水平上的关于发育、疾病发生、细胞代谢等过程的整体而全面的认识。

一、蛋白质组学的研究内容

蛋白质组学的研究不仅能为生命活动规律提供物质基础,也能为众多种疾病机理的阐明及攻克提供理论依据和解决途径。对正常个体及病理个体间的蛋白质组比较分析,可以获得某些疾病"特异性的蛋白质分子",它们有可能成为新药物设计的潜在分子靶点,也会为疾病的早期诊断提供分子标志。因此,蛋白质组学研究不仅是探索生命奥秘的必需工作,而且能为人类健康事业带来巨大的利益。蛋白质组学的研究是生命科学进入后基因时代的特征。蛋白质组学是系统地研究生物学规律和机制的成熟并且有效的工具。

二、蛋白质组学技术及发展

在蛋白质组学研究领域,基于液相色谱-质谱联用(LC-MS/MS)技术的蛋白质组学可在生物样本中检测和相对定量上千个蛋白,在过去的十几至二十年中已得到广泛的应用,并且发展出了标记定量(iTRAQ/TMT、SILAC)和非标记定量(label free)两种主流方法,这些方法都是基于数据依赖采集模式(Data-Dependent Acquisition, DDA)来采集蛋白质谱数据的,该方法也称为鸟枪法(shot gun)。

(一)iTRAQ/TMT 技术

iTRAQ(Isobaric Tag for Relative Absolute Quantitation)和 TMT(Tandem Mass Tags)技术是生物学领域应用广泛的两种蛋白质同位素标记定量技术。该技术分别通过与多肽氨基末端以及赖氨酸残基伯氨基结合,实现对多肽的标记。iTRAQ/TMT 技术利用 DDA 扫描模式,其扫描的方式是将一级质谱信号最强的 20 个多肽进行二级打碎,然后进入二级质谱进行检测。其优势是二级谱图采集的肽段信息都来源于同一条多肽,有利于后续的定性分析;但是对于大样本量的组学试验,iTRAQ/TMT 技术也存在一定的通量限制。

（二）DIA 技术

DIA（Data-Independent Acquisition，数据非依赖采集）技术是先利用常规 DDA 质谱检测技术分析建立图谱库，之后采用 DIA 方法进行质谱数据采集，从而实现对样品中蛋白质的定性及定量。不同于传统的 DDA 技术，DIA 技术将质谱整个全扫描范围分为若干个窗口，高速、循环地对每个窗口中的所有离子进行选择、碎裂、检测，因此可以无遗漏地获得样本中所有离子的全部碎片信息，数据利用度大大提高，缺失值更少。因此，DIA 技术更适合于大样本量、复杂体系的蛋白质检测。

（三）PRM 技术

PRM（Parallel Reaction Monitoring，平行反应监测）技术是一种基于高分辨、高精度质谱的离子监视技术，能够对目标蛋白质、目标肽段（如发生翻译后修饰的肽段）进行选择性检测，从而实现对目标蛋白质/肽段进行绝对定量，因此也被称为基于液相色谱-质谱联用技术的 Western Blot（LC-MSMS based Western Blot，L-WB）。PRM 技术通常在 Q-TOF 或者 Q-Orbitrap 类型的质谱仪上实现。其基本原理是：四级杆（Q）首先选出的目标肽段离子进入碰撞室中打碎后，所有的碎片离子经过质量分析器产生一张高分辨的二级质谱图，通过提取其中的碎片离子信息即可实现目标肽段的定量。

三、蛋白质研究技术应用

目前蛋白质研究技术主要包括以下几个方面的应用。

（一）蛋白质鉴定

可以利用一维电泳和二维电泳并结合 Western Blot 等技术，利用蛋白质芯片和抗体芯片及免疫共沉淀等技术对蛋白质进行鉴定研究。质谱分析支持蛋白质和肽的鉴定，使凝胶制备过程不再烦琐。

（二）翻译后修饰

很多 mRNA 表达产生的蛋白质要经历（PTMs），如磷酸化、糖基化、酶原激活等。翻译后修饰是蛋白质调节功能的重要方式，因此蛋白质翻译后修饰的研究对阐明蛋白质的功能具有重要作用。

（三）蛋白质功能确定

蛋白质功能确定如分析酶活性和确定酶底物，细胞因子的生物分析/配基-受体结合分析等，可以利用基因敲除和反义技术分析基因表达产物——蛋白质的功能。另外，对蛋白质表达出来后在细胞内的定位研究也在一定程度上有助于蛋白质功能的了解。Clontech 的荧光蛋白表达系统就是研究蛋白质在细胞内定位的一个很好的工具。

迄今为止，科学家认为人类蛋白质组比人类基因组复杂得多。基因组由 2 万～2.5 万个基因组成，而蛋白质组估计有超过 100 万个蛋白质。蛋白质 PTMs 进一步增加了蛋白质组多样性。PTMs 是指蛋白质合成过程中或合成后，蛋白质的共价和酶修饰。它表示多肽链由于向氨基酸残基中添加不同的化学基团而发生的变化。PTMs 是调控细胞分裂、生长、分化、信号和调控等复杂细胞过程的基础。此外，PTMs 还参与许多细胞过程，包括蛋白质结构和完整性的维持、代谢和防御过程的调节、细胞识别和形态学的改变。因此，蛋白质翻译后修饰的分析，包括修饰的种类和修饰的位点，对于细胞生物学的研究、疾病诊断和预防尤为重要。

四、Bottom up 自下而上蛋白质组学

在 Bottom up 自下而上蛋白质组学中，蛋白质在进入质谱分析之前需要先被消化成肽段，而 Top down 自上而下的蛋白质组学则通过分离技术(例如液相色谱或 2-D 凝胶电泳)从复杂的生物样品中分离完整的蛋白质，然后进行 MS 分析。通过电喷雾电离(ESI)或基质辅助激光解吸电离(MALDI)等软电离方法，产生碎片后会产生离子分子，再进行质谱分析。Bottom up 自下而上蛋白质组学分析是一种非常有前景的蛋白质鉴定、分析、测序和翻译后修饰(PTM)表征策略，自上而下的方法允许对未进行酶解的完整蛋白质进行 MS 分析，这意味着可以保留自下而上分析策略中大部分被破坏的具有不稳定结构蛋白质的特征。因此，在一次光谱分析中可以同时获得修饰位点和修饰模式的数据，从而获得这些修饰位点和修饰模式之间的关系数据。同时，与自下而上的方法相比，无蛋白质消化过程也减少了试验过程中的时间消耗。

五、亚细胞蛋白质组学

亚细胞蛋白质组学(subcellular proteomics)是近年来随着细胞器分离技术和蛋白质组学技术发展而产生的新领域，也是现在蛋白质组学研究的新方向。亚细胞蛋白质组学充分利用细胞器分离技术的优势，引入蛋白质组学研究中的蛋白定量技术、定位技术和差异分析技术，致力于亚细胞结构的蛋白组成、功能分析以及在某些生理或病理条件下的变化研究。

简言之，亚细胞蛋白质组学是针对细胞内不同区域结构功能单位的蛋白质组学研究。亚细胞蛋白质组学降低了蛋白质组学发现的复杂性。以典型的包膜层代表 500 ~ 4 000 种蛋白质，凝胶和质谱技术辅助达到高水平的分析分辨率。相比之下，由 12 000 ~ 40 000 个蛋白质组成的整个细胞蛋白质组远远超出了蛋白质组学工具的能力所解决的范畴，使得这些研究只是“冰山一角”。亚细胞蛋白质组学建立在几十年生化研究的基础上，这些研究已经发展出了分离亚细胞器的方法。广泛的实验室工作包括修补密度、大小和电荷分离技术，使一系列亚细胞结构的分离能够逐步限制污染。基于 LC-MS/MS 对亚细胞分馏和蛋白质鉴定的强大结合似乎是一种有效的方法，可以简化细胞或组织中的复杂蛋白质提取物，从而促进低丰度蛋白质的检测。研究表明，要充分利用亚细胞蛋白质组学的潜力，需要包括样品制备、分析和验证步骤在内的复杂策略。

六、蛋白组学和转录组学联合分析

蛋白质组学和转录组学都是系统地研究生物学规律和机制的成熟并且有效的工具，由于生命体是一个多层次、多功能的复杂结构体，所以单一组学技术不能全面地揭示生命活动的本质规律。采用蛋白质组学和转录组学技术同步检测蛋白质及 RNA 的整体状态，并且将这两个组学的数据整合起来分析，不仅能在蛋白质水平及转录水平两个不同层次上揭示生命活动的规律与本质，还能揭示二者之间的相互调控作用或者关联。

第四节 微生物组学(宏基因组学)

宏基因组（metagenome）也称微生物环境基因组(microbial environmental genome)，是由 Handelsman 等于 1998 年提出的，其定义为“the genomes of the total microbiota found in nature”，即自然界中总微生物群的基因组。它包含了可培养的和不可培养的微生物的基因，目前主要指环境样品中的细菌和真菌的基因组总和。之后 Kevin 等对宏基因组学（metagenomics）进行了定义，即绕过对微生物个体进行分离培养，应用基因组学技术对自然环境中的微生物群落进行研究的科学。它规避了对样品中的微生物进行分离培养，提供了对无法分离培养的微生物进行研究的途径，避免了试验过程中由环境改变引起的微生物序列变化所带来的偏差。而所谓宏基因组学（或元基因组学，metagenomics）是一种以环境样品中的微生物群体基因组为研究对象，以功能基因筛选和/或测序分析为研究手段，以微生物多样性、种群结构、进化关系、功能活性、相互协作关系及与环境之间的关系为研究目的的新的微生物研究方法。宏基因组学直接研究环境样品作为遗传学材料，广义来说其包括环境基因组学、生态基因组学和群体基因组学。传统的微生物学和微生物基因测序依赖于单克隆的培养，早期环境基因测序克隆 16S rRNA 基因等特定基因来确定自然样品中的生物多样性。此方法会漏掉大量未被培养的微生物。最近研究采用鸟枪法或 PCR 直接测序方法来获得样品群体中所有成员无偏好的基因。因为这类方法可以展现从前无法发现的微生物多样性，因此宏基因组方法提供了有利的工具去理解人们生活的世界。随着测序价格的下降，宏基因组允许微生物生态研究比之前具有更大的尺度和更多细节。

近年来，随着测序技术和信息技术的快速发展，利用新一代测序技术(next generation sequencing)研究宏基因组学能快速准确地获得大量生物数据和丰富的微生物研究信息，从而成为研究微生物多样性和群落特征的重要手段。短短几年来，宏基因组学的研究已经渗透到各个领域，从海洋到陆地，再到空气；从白蚁到小鼠，再到人体；从发酵工艺到生物能源，再到环境治理等。

一、宏基因组测序

自然界中约有 99% 的微生物是不能在实验室条件下进行纯化培养的。宏基因组学研究不要求对每个微生物进行分离纯化培养，而是直接从样品中提取基因组 DNA 后进行测序分析。通过宏基因组测序(metagenome sequencing)，能够解释微生物群落多样性、种群结构、进化关系、功能活性及环境之间的相互协作关系，极大地扩展了微生物学的研究范围。目前宏基因组测序可以分为环境微生物多样性检测和宏基因组测序。其中，环境微生物多样性检测是指通过对环境中微生物 16S rDNA 高变区/ITS 的 PCR 扩增产物进行高通量测序，分析该环境下微生物群落的多样性和分布规律。宏基因组测序是指对环境样品中所有微生物基因组 DNA 片段化后进行高通量测序，然后进行序列组装和基因注释，获得部分不可纯培养微生物的基因组序列，分析该环境下所有微生物的基因集信息。

二、宏基因组测序的应用

人类微生物组学计划是继人类基因组计划之后开始的又一重大国际基因组测序计划,其目标是把人体内共生微生物群的基因组序列信息测定出来,而且研究与人体发育和健康有关的基因功能。2005 年 10 月,美国、巴西、法国、德国、英国、日本和中国等国家的代表参加了人类微生物组学计划第一次协调会议。2006 年,中国与法国启动了中法人体肠道元基因组合作。随着欧洲其他国家的加入,该合作已上升为中欧人类微生物组合作。2007 年 12 月,国际人类微生物组联盟成立大会在美国华盛顿举行,中国成为人类微生物组学计划的发起方之一。

微生物组学计划(iHMP)第 1 阶段的成果曾带给人们很多前所未见的新知:在正常情况下,原来每个人的身体都是多样性丰富的生态环境,种类繁多、数量达上百万亿的微生物与人体共存,并且它们的组成因个体、群体和环境而异。人体微生物组会影响人的健康状态,也在炎症、代谢障碍等疾病状态下受到干扰。第 2 阶段从 2013 年启动,科学家们踏上新的征途,开始采用新的多组学研究方法探寻人体微生物组在疾病过程中的变化。这个项目历时 10 年带来了三项成果,来自多个研究机构的科学家团队分别探寻了炎症性肠病、糖尿病前期、怀孕和早产人体微生物组出现的变化。这些新发现将有助于人们理解疾病特征,并有望促进疾病治疗。通过人类微生物组的前期研究人们在最近十多年认识到,微生物组是人们重要的“终身伴侣”。现在,通过生态学、微生物学、生物医学、计算机生物学等多学科跨领域的合作,可以更好地了解如何让人们和这些“终身伴侣”保持良好的关系。

人体内微生物的数量远多于细胞数,其中肠道菌群是目前系统生物学和代谢组学研究的重点内容之一。定殖在宿主肠道中的微生物是胃肠道生态系统的重要部分,其功能和代谢与宿主的健康和疾病密切相关,不仅能够预防病原体的感染,而且能够通过自身代谢为宿主提供能量,增强机体免疫力以及与宿主相互作用调节代谢表型等。正常情况下,肠道菌群结构对疾病的预防与控制有着重要的作用,但是肠道菌群失调以及微生物生物多样性改变都会对宿主产生一系列的不利影响,导致各类胃肠道疾病、代谢疾病和免疫类疾病的发生。很多研究人员已经运用代谢组学技术对肠道菌群与宿主代谢产物进行了研究,以探寻肠道菌群对宿主健康和疾病的作用,并取得很多重要成果。

第五节 糖组学

一、糖组学的研究内容

糖类物质与蛋白质、脂类和核酸一样,是组成细胞的重要成分,通过分子生物学的研究可知,糖类物质不但是细胞能量的主要来源,而且在细胞构建、细胞生物合成和细胞生命活动的调控中均扮演着重要的角色。糖组学是研究糖基在生物体生长发育、功能和生存中的作用。糖在基础研究、生物医学和生物技术的许多领域被广泛应用,糖相关过程变得越来越重要。糖组学(glycomics)类似于基因组学和蛋白质组学,是对特定细胞类型或有机体的所有糖基结构的系统研究。与基因组学和蛋白质组学研究相比,糖组学的研究还处于起步阶段。阻碍糖组学迅速发展的主要因素是研究技术的限制和糖类物质本身结构的复杂性，且难以找到其规律性。不同生物体的糖组无法统一，更无法由基因组推测。糖链的结构具有多样性、复杂性和微观不均一性，其一级结构的内容不仅包括糖基的排列顺序，还包括各糖基的环化形式、本身异头体的构型、连接方式以及分支结构的位点和分支糖链的结构。糖链结构的复杂性给其结构表征带来了巨大的困难，人们已经认识到，生物体内的糖链，特别是功能性糖链的合成过程，往往在蛋白质合成的同时在内质网上进行，其合成速度不仅与基因表达有关，也与催化糖链形成的糖基转移酶和糖苷酶的活性有关，由此合成的糖链存在着明显的种间特异性、组织特异性和发育特异性，因此天然糖链结构的研究重点目前主要是催化糖链形成的糖酶及其基因的研究方面。糖链特别是糖蛋白糖链的功能多种多样，如从空间上调节蛋白质的空间结构、正确折叠、保护多肽链不被蛋白酶水解、防止与抗体识别、细胞内定位、抗原性、细胞—细胞黏附和结合病原体等。在糖脂中人们已经证明了血型的决定物质是糖链，在神经组织及大脑中更是存在大量的糖脂，但其生理意义仍了解不多。细胞表面糖蛋白和糖脂上的糖链是信息功能的承担者，发挥着细胞—细胞和细胞—胞外基质信息传递的作用。近年来的研究表明：糖链作为信息分子涉及多细胞生命的全部空间和时间过程，如精卵识别、组织器官形态形成和老化以及癌症等疾病的发生。糖组学是对糖链组成及其功能研究的一门学科，是继基因组学和蛋白质组学后的新兴研究领域，主要研究聚糖结构与功能，通过与蛋白质组数据库结合，糖捕捉法能系统鉴定糖蛋白和糖基化位点。糖微阵列技术可以对生物个体产生的全部蛋白聚糖结构进行鉴定与表征，提高了聚糖分析通量。而化学选择糖印迹技术简化了聚糖纯化步骤并提高了糖基化分析的灵敏度。双消化并串联柱法通过双酶消化双柱分离，在分析聚糖结构的同时也鉴定蛋白质的序列，并与蛋白质组学研究兼容。

糖组学是从分析和破解一个生物或一个细胞全部糖类物质所含信息的角度入手，研究糖类物质的分子结构、表达调控、功能多样性以及糖类物质与疾病之间关系的科学。糖组（glycome）和糖组学是两个不同的概念。糖组的研究只是了解一个生物体在某一时期或某一情况下所具有的整套糖链。仅仅研究糖组不能了解糖组各组分是如何产生的以及它们的生物学意义，因此进行糖组学研究时要考虑糖链产生和糖链作用的对象，即考虑同一生物体（细胞）中糖酶（糖基化转移酶、糖苷酶和磺基转移酶）和糖结合蛋白（glycan-binding proteins）及与其相关基因在不同情况下的表达调控，即将糖组学研究与有关基因组学和蛋白质组学研究内容结合起来。糖组学研究内容涉及解析糖蛋白和糖脂上的糖组，了解哪些糖类基因（糖基化转移酶、糖苷酶和磺基转移酶基因）编码糖链和糖类基因（glycogenes），如何调控糖链的合成以及糖基化通路，鉴定蛋白质的糖基化位点及每个位点上的糖链结构，研究与这些糖链相互作用的糖结合蛋白，分析糖类基因、糖蛋白糖链和与糖结合蛋白相互作用的关联性以及建立糖组学生物信息数据库。

二、糖组学的研究进展

将糖组学推向生命科学前沿的重大事件发生于1990年，有3家实验室几乎同时发现血管内皮细胞——白细胞黏附分子1（ELAM-1），后来改名为E-选凝素（E-selectin）。这一位于内皮细胞表面的分子能识别白细胞表面的四糖Sia-LeX。当组织受到损伤时，白细胞和内皮细胞穿过血管壁，进入受损组织，以便杀灭入侵的异物。然而，过多白细胞的进入则可能导致炎症的产生。这一发现首次阐明了炎症过程有糖类和相关的糖结合蛋白参与。更令人吃惊的是,进入血液循环系统的癌细胞可能借助类似于上述的机制穿过血管,进而导致癌症的转移。随后又出现了以这一基础研究成果为依据的开发和生产抗炎和抗肿瘤药物的热潮。

1989 年,日本《糖科学与糖工程动态》杂志创刊。同年,日本政府科学技术厅提出关于“糖工程基础与应用研究推进战略”,经过专家评议后成为详尽的战略方案,于 1991 年由日本科学技术厅、厚生劳动省、农林水产省和通商产业省联合实施糖工程前沿计划,总投资百亿日元,为期 15 年。该计划包括糖工程和糖组学,后者又分为糖分子生物学、糖细胞生物学。同时,成立了糖工程研究协议会作为协调机构。

美国能源部于 1986 年资助佐治亚大学创建了复合糖类研究中心,建立复合糖类数据库,相关的计划也称为糖库计划。1990 年底已收集了 6 000 份糖结构数据,1992 年增加到 9 200 份,1992 年底有关的记录增加到 22 000 份,1996 年增加到 42 000 份。

欧洲也不甘落后。欧盟 1994—1998 年的研究计划中有一项欧洲糖类研究开发网络计划。其目的是促进欧洲各国的糖类研究和开发,以强化欧洲在糖类基础研究以及将研究成果转化为商品方面与美国、日本的竞争能力。

近年来在糖类研究方面已取得不少进展。研究结果已证实,糖类作为信息分子在受精、发生、发育、分化、神经系统和免疫系统稳态的维持等方面起着重要作用;炎症和自身免疫疾病、老化、癌细胞的异常增殖和转换、病原体感染等生理和病理过程都有糖类的参与。

三、糖组学研究技术

从 21 世纪初糖组学的相关研究在国际上启动以来,糖组学研究已经取得了多项成果,尤其是在糖类基因的发现和糖链新结构的阐明等方面。虽然糖组学研究在这些领域取得了显著的成绩,但在糖类基因和糖链之间以及糖链与糖结合蛋白之间存在着大量的未知中间环节,并普遍缺少对结构和功能之间关系的详尽研究。由于上述领域不仅涉及糖组学本身的进展,而且直接关系到蛋白质组计划的进程,因而已成为生命科学发展的一大瓶颈。

在糖组学发展过程中,分析技术的进步始终是直接的推动力。正是由于现代仪器分析技术的突飞猛进式发展和广泛应用才最终导致了糖组学研究的全面繁荣,为包括糖组学在内的许多学科的发展注入了新的活力。糖组学相关技术和方法,用于疾病相关糖类基因、糖蛋白和糖结合蛋白的研究,寻找疾病相关蛋白糖基化修饰规律(糖基化位点和糖链结构),分析糖蛋白糖链和糖结合蛋白相互作用的关联性,探讨糖类相关基因和糖结合蛋白基因调控糖蛋白糖链和糖结合蛋白合成的机制。糖组学主要研究技术如下。

(一)糖蛋白/糖肽分离纯化技术

基于磁性微粒的凝集素分离纯化糖蛋白技术对糖蛋白及其上糖链进行分离纯化;酰肼化学分离纯化糖蛋白/糖肽技术分析糖蛋白及其糖基化位点;亲水亲和分离技术应用于 N- 型和 O- 型糖蛋白的分离纯化及质谱鉴定。

(二)糖蛋白 N-连接糖链解析方法

分离纯化出样本糖蛋白,然后利用 PNGase F 进行糖链释放。再利用亲水色谱柱进行糖链分离，并对其进行甲基化修饰。修饰后糖链经质谱分析，通过数据分析获取糖链结构信息。

（三）糖蛋白 O－连接糖链解析方法

分离纯化出样本糖蛋白，然后利用硼氢化钠－NaOH 溶液对 O－糖肽进行 β－消除反应释放 O－糖链，再利用亲水色谱柱进行糖链分离，并对其进行甲基化修饰，修饰后糖链经质谱分析，通过数据分析获取糖链结构信息。

（四）用于糖组学研究的生物信息学技术

糖组学研究领域产生的大量数据主要来自芯片数据分析以及质谱数据分析，因此用于糖组学研究的数据分析软件可分为两部分：一是从蛋白质组学衍生发展而来的质谱数据分析平台，包括糖基化位点鉴定和糖链结构解析软件；二是与基因芯片数据分析方法通用，主要涉及数据提取、归一化和差异分析。目前，Mascot、Sequest、Trans－Proteomic Pipeline（TPP）、OMSSA、Scaffold 等数据库搜索软件均可结合质量标记糖基化位点的方法鉴定糖基化位点。应用一系列生物信息学工具，可以对病毒演化过程中糖基化位点改变的方式、规律和作用进行全面分析和深入探讨。通过对病毒中潜在的 N－糖基化位点预测，糖基化位点的进化和保守性进行分析，蛋白质 3D 结构同源建模和计算机模拟蛋白糖基化，可以分析不同病毒的蛋白糖基化变化过程。

四、糖组学的应用

（一）疾病诊治

各国的医学研究人员正研究糖是如何影响帕金森病、早老性痴呆症和像艾滋病那样的传染病的发展。最近的研究结果表明，糖复合物表面糖链结构的改变和很多疾病的发生是相伴随的。病毒、细菌、真菌、寄生虫等病原体为了能进入细胞内，首先必须和细胞表面的糖类结合。最常见的流感病毒的感染就是先和宿主细胞表面的带有唾液酸的糖链结合。此外，一些病原体还能分泌一些外毒素作为攻击宿主的武器，如霍乱毒素、白喉毒素等。在植物中也有类似的毒素，如蓖麻毒素。这些毒素也能和糖脂或糖蛋白表面的糖链结合，然后转运进入细胞，并干扰细胞内的不同类型的生化反应。

1975 年，美国科学家米勒斯汀等创建了单克隆抗体技术，不仅对免疫学研究做出了众多贡献，而且也被越来越广泛地应用于糖链的检测和鉴定，以及相关疾病的诊断。1985 年，美国科学家费兹应用单克隆抗体技术确认，糖蛋白和糖脂组成的糖链可以对抗癌症。目前，科学家用单克隆抗体技术确认糖链可抵抗的疾病有自身免疫性甲状腺炎、红斑狼疮等。

目前这种糖组学检测的方法单独应用较甲胎蛋白（AFP）并没有明显优势，但是该检测与其他检测（如肝功能常用指标等）联用，将有望提高肝癌早期诊断的准确率。

（二）生物制药

抵抗疾病的糖药物来源很广，其中大多数是天然存在的化合物，例如多糖类的糖苷类。这和当前回归自然的潮流相一致，而且可以和开发中草药相结合。由于多数以糖类为基础的药物的作用位点是在细胞表面，这类药物对整个细胞和机体的干扰比进入细胞内的药物要小得多。科学家认为，糖类药物是副反应相对较小的药物之一，它们不仅可以作为治疗疾病的药物，也可作为保健食品。这些以糖类为基础的药物，不仅可用于人类，还可以用作农药，相比传统的化学农药，以糖类为基础的生化农药对环境的污染更小。

第六节　代谢组学

代谢组学(metabonomics)是继基因组学和蛋白质组学之后新近发展起来的一门学科，已经成为系统生物学的重要组成部分之一。代谢组学已经渗透到很多领域，在疾病诊断、医药研制开发、营养食品科学、毒理学、环境学、植物学等与人类健康护理密切相关的领域发挥重要的作用。基因组学和蛋白质组学分别从基因和蛋白质层面探寻生命的活动，然而细胞内许多生命活动是发生在代谢物层面的，如细胞信号释放(cell signaling)、能量传递、细胞间通信等都是受代谢产物调控的。代谢组学正是研究代谢组(metabolome)在某一特定时间内细胞所有代谢物集合的一门学科。基因与蛋白质的表达紧密相连，而代谢物则更多地反映了细胞所处的环境，这又与细胞的营养状态，药物和环境污染物的作用，以及其他外界因素的影响密切相关。因此有人认为："基因组学和蛋白质组学告诉你什么可能会发生，而代谢组学则告诉你确实发生了什么。"

代谢组学的概念来源于代谢组，代谢组是指某一生物或细胞在特定生理时期内所有的低分子量代谢产物；代谢组学则是对某一生物或细胞在特定生理时期内所有低分子量代谢产物同时进行定性和定量分析的一门学科(Goodacre，2004)。它是以组群指标分析为基础，以高通量检测和数据处理为手段，以信息建模与系统整合为目标的系统生物学的一个分支。

代谢组学是分析低分子量代谢物的一个非常有用的工具，它可以反映生物化学网络的状态。众所周知，代谢物是由体内复杂的生化系统产生的一组内源性化合物，在病理条件下或药物干预下可观察到这些物质的显著变化。近年来分析技术的发展使得在短时间内准确检测出大量的代谢物，通过多元统计分析可以很容易地从生物样品中获得代谢组的全面信息。

一、代谢组学的研究范围

代谢组学主要研究的是作为各种代谢路径的底物和产物的小分子代谢物(MW<1 000)。在食品安全领域，利用代谢组学工具发现农兽药等在动植物体内的相关生物标志物也是一个热点领域。其样品主要是动植物的细胞和组织的提取液。主要技术手段是磁共振(NMR)、质谱(MS)、色谱(HPLC、GC)及色谱-质谱联用技术。通过检测一系列样品的 NMR 谱图，再结合模式识别方法，可以判断出生物体的病理生理状态，并有可能找出与之相关的生物标志物(biomarker)，为相关预警信号提供一个预知平台。

二、代谢组学的发展历史

代谢组学的出现是生命科学研究的必然。在 20 世纪 90 年代中期发展起来的代谢组学，是对某一生物或细胞中相对分子量小于 1 000 的小分子代谢产物进行定性和定量分析的一门新学科。代谢组学作为系统生物学的重要组成部分，在临床医学领域具有广泛的应用前景。

代谢产物是基因表达的最终产物,在代谢酶的作用下生成。虽然与基因或蛋白质相比代谢产物较小,但是不能形成代谢产物的细胞是死细胞,因此不能忽视代谢产物的重要性。

研究人员通过对机体代谢产物的深入研究,可以判断机体是否处于正常状态,而对基因和蛋白质的研究都无法得出这样的结论。事实上,代谢组学研究已经能诊断出一些代谢类疾病,如糖尿病、肥胖症、代谢综合征等。目前,已经研究清楚的普通代谢途径包括三羧酸循环(TCA)、糖酵解、花生四烯酸 (AA)/炎症途径。

三、代谢组学的研究方法

代谢组学的研究方法与蛋白质组学的研究方法类似,通常有两种方法:一种方法称为代谢物指纹分析(metabolomic fingerprinting),采用液相色谱-质谱联用(LC-MS)的方法,比较不同血样中各自的代谢产物以确定其中所有的代谢产物。从本质上来说,代谢指纹分析是比较不同个体中代谢产物的质谱峰,最终了解不同化合物的结构,建立一套完备的识别这些不同化合物特征的分析方法。另一种方法是代谢轮廓分析(metabolomic profiling),即研究人员假定了一条特定的代谢途径,并对此进行更深入的研究。

对于代谢产物来说,不仅只有质谱峰这个特征。更进一步,质谱并不能检测出所有的代谢产物,并不是因为质谱的灵敏度不够,而是由于质谱只能检测离子化的物质,但有些代谢产物在质谱仪中不能被离子化。采用磁共振的方法,可以弥补色谱的不足。剑桥大学的 Jules Griffin 博士使用质谱与磁共振结合的方法,试图建立机体中的完整代谢途径图谱,他用磁共振检测高丰度的代谢产物,由于磁共振检测的灵敏度不高,所以只用于分析低丰度代谢产物。

过去,只有毒理学方面的研究使用磁共振,而质谱只在植物代谢研究中采用。如今,这两种方法在代谢组学研究中已经普遍使用。为在不同样品间进行有意义的比较,研究人员必须结合使用这两种方法获得的大量数据进行分析。此外,还需要结合基因组学研究获得的数据。

四、代谢组学的发展前景及应用

代谢组学是继基因组学、蛋白质组学、转录组学后出现的新兴组学,自 1999 年以来,每年发表的代谢组学研究的文章数量都在不断增加。从表面上看,代谢组学的发展很迅速,但是仍然远远落后于基因组学和蛋白质组学。人们还在期待着重大发现,在 *Nature* 上发表的那些文章,让人们对代谢组学充满了期待:寻找一种新的生物标记物,发现一条新的代谢途径,或更深入地了解目前已知的这些途径。

尽管还没有经典论文出现,但是研究人员相信,与基因组学和蛋白质组学相比,代谢组学将在临床上发挥更大的作用。许多公司通过市场研究发现,健康人并不希望进行基因型分析,所以对于这些人群来说,基因组学研究在临床上的应用很有限。而代谢组学与临床化学较为相似,且相对于基因组学来说,提供的个人信息更少,故其在临床上的应用有可能产生一定的影响。较低的费用,是促使代谢组学在临床上易于接受的另一个原因。Griffin 指出,与其他组学研究相比,代谢组学的费用更低,研究人员可以通过代谢组学研究筛检出代谢产物,然后采用更昂贵的基因组学和蛋白质组学的方法对有意义的代谢产物进一步加以研究。首先,必须识别出代谢产物,这并不是简单的工作。Siuzak 认为,代谢组学研究最大的挑战就在于对代谢产物的识别,这也是最有趣的方面,而更具挑战性的工作,是进一步确认所有代谢物的功能。此外,质谱分析发现,代谢产物的同质性不高,由于缺乏均匀性,使色谱分析变得更加困难,无法识别出样品中的未知物质。

(一)疾病诊断

与基因组学和蛋白质组学相比,代谢组学的研究侧重于相关特定组分的共性,最终涉及研究每一个代谢组分的共性、特性和规律,目前据此目标相距甚远。尽管充满了挑战,研究人员仍然坚信,与基因组学和蛋白质组学相比,代谢组学与生理学的联系更加紧密。疾病导致机体病理生理过程变化,最终引起代谢产物发生相应的改变,通过对某些代谢产物进行分析,并与正常人的代谢产物比较,寻找疾病的生物标记物,将提供一种较好的疾病诊断方法。

(二)医疗应用

研究人员已经对代谢组学在医疗方面的应用进行了研究。新生儿是否缺失酶基因,可以在出生时就检测出来。可检测出包括涉及合成途径中的基本成分(如氨基酸)的酶。酶缺失的结果就是相应的代谢产物过少或过多。苯丙酮尿症(PKU)是一种常见的婴儿疾病,这种疾病是由于缺失将苯丙氨酸水解成酪氨酸所必需的苯丙氨酸水解酶基因,导致血液中苯丙氨酸累积造成的。若不能及时检测出这种天生的代谢缺乏,在婴儿出生后 9 个月内,就会引起无法挽救的大脑损伤,而这种疾病通过简单的血样和尿素化验就可以确诊。血样和尿素化验也将成为代谢指纹研究方法的一部分。像苯丙酮尿症那样的疾病,研究人员正试图从疾病的生物化学基础着手,而不是仅仅检测生物标记物。他们希望通过代谢组学,可以找到更好的方法去治疗这些疾病。

酒精性肝病(Alcoholic Liver Disease,ALD)的临床诊断主要依赖于血清化学参数的测定和组织病理学分析。但常规的以血清为基础的肝功能检查,如 ALT、AST 等,对早期诊断不敏感、滞后。只有在发生实质性肝损伤后,血清化学参数才会显著升高。然而,代谢组学方法的应用在疾病诊断和药物疗效评价领域引起了广泛的关注,因为它可以快速识别内源性代谢物,直接反映其在体内的生物状态。ALD 发展过程中产生的代谢产物进入尿道并被分泌到尿液中。因此,尿液是一种理想的生物样本来源,可以无创地描述肝脏的状况。ALD 特异性生物标志物在临床应用中具有较好的检测能力;此外,这些生物标志物可能与其他不良结果有额外的联系,深入分析它们在发病过程中的内源性产物,可以全面了解机体对刺激的综合代谢反应,也有助于克服传统诊断和治疗系统的局限性。

第七节 表观基因组学

表观遗传就是不基于 DNA 差异的核酸遗传,即细胞分裂过程中,在 DNA 序列不变的前提下,全基因组的基因表达调控所决定的表型遗传,涉及染色质重编程和整体的基因表达调控,包括 DNA 甲基化、组蛋白修饰、隔离子、增强子、弱化子等功能。在全基因组范围研究表观遗传的组学称表观基因组学(epigenomics)。表观基因组学是在基因组的水平上通过高通量数据研究表观遗传修饰的一门科学。表观遗传修饰作用于细胞内的 DNA 和组蛋白，用来调节基因组功能，表现为DNA甲基化和组蛋白的翻译后修饰。表观遗传修饰影响染色体的架构、完整性和装配，同时也影响DNA的调控元件，以及染色质与功能型核复合物的相互作用能力。虽然一个多细胞个体只有一个基因组，但是它可以具有多种表观基因组，反映为生命个体在不同发育阶段，健康或者受损的情况下，个体的细胞类型及其属性的多样性。DNA序列之间的关系、后天状态的动态变化这些综合手段与全基因组研究手段是相辅相成的，旨在描述不同时期、不同细胞类型中的表观遗传修饰的位置，找到它们的功能相关性。表观基因参与基因表达、个体发育、组织分化和转座子的抑制过程。不同于一些管家基因，表观基因对于个体而言并不是基本静态不变的，而是受环境因素影响而动态变化的。

一、表观基因组学近年来的发展

2008年，美国国家卫生研究院(NIH)宣布了一项涉及1.9亿美元、时间长达5年的表观遗传学项目。该项目旨在产生人类表观基因组数据的公共资源，以催化基础生物学和疾病的导向研究。该项目利用围绕下一代测序技术构建的试验管道，将DNA甲基化、组蛋白修饰、染色质可塑性和小RNA转录本在干细胞和初级体外组织中选择，以代表常常参与人类疾病的组织和器官系统的正常对应物。该项目提供了一系列正常的表观基因组，这些基因组将为广泛的未来研究提供一个比较和整合的框架或参考。

2010年9月6日全球最大的表观遗传学研究项目正式启动。由华大基因与伦敦国王学院的双胞胎研究团队(Twins UK)共同发起，对5 000对双胞胎进行深入研究。主要探索细胞内随时发生的化学变化如何影响基因的活动。这个项目计划在双胞胎中对2 000万个位点的甲基化模式进行研究，并且在同卵双胞胎间进行比较。与以往研究不同的是，此次研究不是寻找相似之处，而是寻找那些能够解释同卵双胞胎不患同样疾病的差异。这个项目首先以肥胖、糖尿病、过敏反应、心脏病、骨质疏松症和寿命等为主要研究对象，但研究方法可应用于各种常见性状和疾病。寻找双胞胎间那些至关重要的表观差异，将引导人们发现那些可以打开和关闭的关键性基因，从而进一步寻找致病原因，这些基因本身也非常可能成为药物治疗的关键靶点。

二、表观遗传学研究内容

表观遗传学研究的核心是试图解答中心法则中从基因组向转录组传递遗传信息的调控方法。主要包括两类研究内容：一类为基因选择性转录表达的调控，有DNA甲基化、基因印记、组蛋白共价修饰和染色质重塑；另一类为基因转录后的调控，包括基因组中非编码RNA、微小RNA、反义RNA、内含子及核糖开关等。测序技术方面的进步使得人们现在得以通过一系列分子方法对表观基因状态进行基因级别的测序。

(一)DNA甲基化

全基因组亚硫酸氢盐测序，包括亚硫酸氢盐测序(RRBS)、甲基化DNA免疫沉淀测序(MeDIP-Seq)、与甲基化-敏感限制性酶测序(MRE-Seq)等，可以从不同分辨率鉴定DNA在基因组上甲基化的位点，分辨率最佳可达碱基等级。DNA甲基化在人和小鼠发育过程中发生动态变化，在胚胎发生、细胞谱系鉴定和基因组印迹等方面发挥着重要作用。亚硫酸氢盐测序能够在前所未有的规模上对人和小鼠发育的甲基化体进行分析；然而，对试验生物学家来说，整合和挖掘这些数据是一项挑战。DevMouse（URL：http://www.devmouse.org/）是一个在线工具，主要研究 DNA 甲基化体在时间顺序上的高效存储以及在小鼠发育过程中甲基化动力学的定量分析。DevMouse 的最新版本包含了 32 个标准化和时间顺序的甲基化体，跨越 15 个发育阶段和相关的基因组信息，开发了一种灵活的查询引擎，用于获取特定发育阶段的基因、微小 RNA（microRNA）、长非编码 RNA 和感兴趣的基因组间隔的甲基化特征。为了便于深入挖掘这些图谱，DevMouse 提供了在线分析工具，用于甲基化变异的量化、差异甲基化基因的识别、层次聚类、基因功能注释和富集。此外，DevMouse 还提供了一个可配置的 MethyBrowser 来查看基因组上下文中的基本分辨率甲基化。总之，DevMouse 拥有全面的小鼠发育甲基化数据，并提供在线工具来探索 DNA 甲基化与发育的关系。染色体可塑性（DNase Ⅰ hypersensitive sites Sequencing，DNase-Seq）可鉴定染色质开放的区域。ATAC-Seq（Assay for Transposase-Accessible Chromatin with highthroughput Sequencing），基于高通量测序的染色质转座酶可接近性试验。在核小体连接致密的地方，转座酶不能进入，而在松散的区域，转座酶能够进入并切割下暴露的 DNA 区域，同时连接特异性的接头，有接头的 DNA 片段被分离出来，用于高通量测序。因此，ATAC-Seq 可以获得全基因组尺度上处于开放状态的染色质区域，并且通过分析染色质开放区域的 motif 获得潜在的活跃转录因子及其靶基因。

目前，对基因表达调控的研究主要是以基因及其调控元件的线性关系为基础，然而，基因不仅仅以简单的线性形式存在，越来越多的证据表明染色质空间互作在基因表达调节方面也起重要作用，即基因的表达调控存在三维空间网络，基因表达可被远程调控元件所调控。染色质的空间结构，即染色质的三维高级结构与功能，是表观遗传学的一个新兴的重要研究领域。Hi-C（High-Throughput Chromosome Conformation Capture）是染色质构象捕获结合高通量测序衍生的一种技术，实现了全基因组范围内的染色体片段间相互作用的捕获。Hi-C 互作主要是将空间结构邻近的 DNA 片段进行交联，并富集交联的 DNA 片段，然后进行高通量测序，对测序数据进行分析即可揭示染色体片段间的交互作用，阐述染色体三维构象，广泛应用于肿瘤/疾病发生发展机制、分化发育机制、畸变机制等研究。

（二）基因印迹

基因印迹是一种复杂的遗传和表观遗传现象，在哺乳动物的发育和疾病中起着重要作用。哺乳动物的印迹基因已被广泛地应用于试验策略或计算方法的预测中，这些基因的系统信息对于鉴定新的印迹基因及其调控机制和功能的分析是必要的。在这里，介绍一个设计良好的信息存储库 MetaImprint（http://bio info. hrbmu. edu. cn/metaimprint），它主要收集有关哺乳动物印迹基因的信息。MetaImprint 的最新版本包含了 539 个印迹基因，其中 255 个是经过试验验证的基因。MetaImprint 还承载着印迹基因的全基因组遗传和表观遗传信息，包括印迹控制区域、单核苷酸多态性、非编码 RNA、DNA 甲基化和组蛋白修饰。MetaImprint 还集成了与人类疾病相关的信息和功能注释。为了方便数据提取，MetaImprint 支持多种搜索选项，例如根据基因 ID 和疾病名称进行搜索。此外，还开发了一种可配置的印迹基因浏览器，以便在基因组上下文中可视化有关印迹基因的信息；提供了一种表观遗传变化分析工具，用于在线分析不同组织和细胞类型的印迹基因的 DNA 甲基化和组蛋白修饰差异；提供了一个完整的印迹基因信息库，使研究人员能够系统地研究印迹基因的遗传和表观遗传调控机制及其在发育和疾病中的功能。

(三)非编码 RNA

非编码 RNA(non-coding RNA)通常因不能编码蛋白质而被认为是“垃圾 RNA”。然而,近年来随着基因组学和生物信息学的发展,尤其是高通量测序技术的大量应用,人们发现越来越多的非编码 RNA 的突变或表达异常与许多疾病的发生密切相关。因此,非编码 RNA 越来越受到人们的关注,非编码 RNA 是指不编码蛋白质的 RNA,包括 rRNA、tRNA、snRNA、snoRNA 和 microRNA 等多种已知功能的 RNA,还包括一些未知功能的 RNA。这些 RNA 的共同特点是都能从基因组上转录而来,但是不翻译成蛋白,在 RNA 水平上就能行使各自的生物学功能。非编码 RNA 从长度上来划分可以分为 3 类:①小于 50 nt,包括 microRNA、siRNA、piRNA;②50 ~ 500 nt,包括 rRNA、tRNA、snRNA、snoRNA、slRNA、srpRNA 等;③大于 500 nt,包括长的 mRNA-like 的非编码 RNA、长的不带 polyA 尾巴的非编码 RNA 等。本节着重介绍 lncRNA (long non- coding RNA)。

近年来,科学家们已经发现非编码 RNA 常常在调节细胞中基因开启与关闭中发挥着作用。但是,目前为止,关于数千种已经被发现的 lncRNA 的特定作用仍然所知不多。通常被认为是那些大于 200 核苷酸长度,在 200 nt ~ 100 kb 之间的一类非蛋白质编码 RNA,几乎没有可编码大于 100 氨基酸开放读框的 RNA 分子。在真核生物内被普遍转录,保守性较低。根据它们与编码蛋白基因的相对位置可以分为 5 类:①正义链中;②负义链中;③双向表达区;④内含子区域;⑤基因间隔区。近年来的研究表明,lncRNA 参与了 X 染色体沉默、基因印迹以及染色质修饰、转录激活、转录干扰、核内运输等多种重要的调控过程。哺乳动物基因组序列中 4% ~9% 的序列产生的转录本是 lncRNA(相应的蛋白编码 RNA 的比例是 1%),虽然近年来关于 lncRNA 的研究进展迅猛,但是绝大部分 lncRNA 的功能仍然是不清楚的,随着研究的推进及各类 lncRNA 的大量发现,lncRNA 的研究将是 RNA 基因组研究非常吸引人的一个方向,使人们逐渐认识到基因组存在人类知之甚少的“暗物质”。大多数真核生物的基因组都是转录的,产生一个复杂的转录网络,其中包括成千上万的长链非编码 RNA,它们的蛋白质编码能力很少,甚至没有。尽管绝大多数长链非编码 RNA 还没有被完全鉴定出来,但是这些转录本中的许多不太可能代表转录的“噪声”,因为大量的转录本已经显示出细胞类型特异性表达、亚细胞间隔的定位以及与人类疾病的关联。最近的工作已经确定了大量的长非编码 RNA 的分子功能。在某些情况下,似乎只要有非编码 RNA 转录的行为就足以对附近基因的表达产生积极或消极的影响。然而,在许多情况下,长链非编码 RNA 本身发挥着以前被认为是为蛋白质保留的关键调控作用,例如调节蛋白质的活性或定位,以及作为亚细胞结构的组织框架。此外,许多长非编码 RNA 被加工成小 RNA,或者反过来调节其他 RNA 的加工方式。因此,越来越清楚的是,长链非编码 RNA 可以通过多种形式发挥作用,是细胞中的关键调控分子。

三、表观遗传学的应用

开发基于易获取组织样本(如血液、皮肤、唾液和尿液)的表观基因组修饰检测方法。基因组测序只需要从一种组织中获取一个时间点样本即可,而表观基因组测定则需要获取组织不同时间点的多个样本。这带来了两方面的需求:第一,开发利用血液、皮肤、唾液和尿液等易获取组织类型检测其他组织类型(如大脑组织)表观基因组特征的方法;第二,跟踪调查参与者的表观基因组长期的变化情况。为了对健康参与者跟踪研究,使得表观基因组学发挥其最大潜力,无创收样必须能获得所有组织类型的表观基因组信息。最终目标是通过快速和多次收集替代组织样本,获得大脑、胰腺癌等组织细胞特异性的表观基因组特征,实现组织溯源。一般情况,健康人群不会去医院进行组织检查,无创采样就显得尤为重要。通过检测血液中游离 DNA(cell-free DNA)的突变特征、性染色体特征和遗传多态性特征确定其肿瘤或胎儿来源。相关癌症研究已经证实,来自某种已知肿瘤具有共同突变特征的循环 DNA 的量与肿瘤大小和肿瘤细胞凋亡情况相关。对于不涉及 DNA 序列改变的情况,利用替代组织检测表观基因组特征标志物具有非常大的价值。检测与健康情况相关的表观基因组特征,鉴定损伤组织释放的 DNA 来源。如上述患有自身免疫性疾病的双胞胎患者,可能会由于免疫系统的自我攻击而出现相关并发症。医生可以通过检测血液中游离 DNA 的表观基因组特征,确诊异常的组织器官,进而进行特异性治疗。基于液体活检的表观基因组检测技术已经广泛应用于临床方面,学术和产业界的研究人员应努力开发更广泛的生化和分析方法,利用血液、皮肤、唾液和尿液样本溯源多种细胞类型的表观基因组特征。

随着生命科学和医学技术的发展,组学的研究范围逐年扩大,除了以上提到的组学技术,近年还有脂类组学(lipidomics)、免疫组学(immunomics)、影像组学(radiomics)和超声组学(ultrasomics)等。自基因组和基因组学两个名词诞生至今,现在已有成千上万的“组(omes)”和“组学(omics)”出现。它们中的一部分已经被牢固地确立为一个重要的知识体系和研究领域,但有些却并非如此,并且遭到各种各样的谴责。相信随着其方法的不断完善和优化,组学研究必将成为人类更高效、准确地诊断疾病的一种有力手段。

思 考 题

1. 试述基因组学的概念及研究内容。
2. 转录组学的主要目标是什么?
3. 蛋白质组学的研究对象是什么?
4. 试述宏基因组学与代谢组学的概念?
5. 表观基因组学的研究内容大体包括哪些?

参考文献

[1] CHACKO E, RANGANATHAN S. Comprehensive splicing graph analysis of alternative splicing patterns in chicken, compared to human and mouse[J]. BMC Genomics, 2009, 10(Suppl 1):S5.

[2] DING F, CUI P, WANG Z, et al. Genome-wide analysis of alternative splicing of pre-mRNA under salt stress in Arabidopsis [J]. BMC Genomics, 2014, 15(1):431.

[3] DUTTA S, AOKI K, DOUNGKAMCHAN K, et al. Sulfated Lewis A trisaccharide on oviduct membrane glycoproteins binds bovine sperm and lengthens sperm lifespan[J]. Journal of Biological Chemistry, 2019, 294(36):007695.

[4] TARBELL E D, HMMRATAC L T. The hidden markov modeler for ATAC-Seq[J]. Nuclc Acids Research, 2018,16:16.

[5] YANG G L, CUI T, CHEN Q L, et al. Isolation and identification of native membrane glycoproteins from living cell by concanavalin a-magnetic particle conjugates [J]. Analytical Biochemistry, 2012, 421(1):339-341.

[6] YANG L, TANG K, QI Y, et al. Potential metabolic mechanism of girls' central precocious puberty: a network analysis on urine metabonomics data[J]. Bmc Systems Biology, 2012, 6(S3):1-9.

[7] LIU H, ZHU R, LV J, et al. DevMouse, the mouse developmental methylome database and analysis tools [J]. Database, 2014,350(12):121-136.

[8] MIGUEL-ESCALADA I , BONÀS-GUARCH S, CEBOLA I , et al. Human pancreatic islet three-dimensional chromatin architecture provides insights into the genetics of type 2 diabetes [J]. Nature Genetics, 2019, 51(7):1137-1148.

[9] WANG Z, GERSTEIN M, SNYDER M. RNA-Seq: a revolutionary tool for transcriptomics [J]. Nature Reviews Genetics, 2009, 10(1):57- 63.

[10] WOLF J B. Principles of transcriptome analysis and gene expression quantification: an RNA-Seq tutorial[J]. Molecular Ecology Resources, 2013, 13(4):559-72.

[11] WU R Q, ZHAO X F, WANG Z Y, et al. Novel molecular events in oral carcinogenesis via integrative approaches [J]. Journal of Dental Research, 2011, 90(5):561-572.

[12] WILUSZ J E, SUNWOO H, SPECTOR D L. Long noncoding RNAs: functional surprises from the RNA world [J]. Genes & Development, 2009, 23(13): 1494-1504.

[13] WEI Y, SU J, LIU H, et al. MetaImprint: an information repository of mammalian imprinted genes[J]. Development, 2014, 141(12): 2516-2523.

[14] YAN F, YU X, DUAN Z, et al. Discovery and characterization of the evolution, variation and functions of diversity-generating retroelements using thousands of genomes and metagenomes[J]. BMC Genomics, 2019, 20(1):565-595.

第四章　生命体的新陈代谢

生命体具有高度有序性，在生命活动中它们又不可避免地耗散一定量的热能。为了维持自身高度有序的状态，生命体必须作为一个开放系统不断地从外界摄取负熵。这一过程通过不断摄入高度有序、低熵“食物”，将其所释放的能量一大部分以热的形式散失，一小部分用于创造并维持自身的有序生命活动，并将高熵的代谢废物排出体外。万物生长，生命体获得能量的最终来源是太阳能；生命逝去，生命体回归自然的最终途径是微生物分解。生命周期的每时每刻都伴随着一些物质的合成和另一些物质的分解，而物质的合成、分解与能量的储存、释放偶联。新陈代谢是生命体内所有生物化学反应和能量变化的总称。通过新陈代谢，生命体可以完成与外界环境的物质和能量交换，实现物质和能量沿食物链的传递，进行小分子单体到生物大分子装配以及生物大分子到小分子代谢废物降解，也可以实现生物分子之间的转换，比如糖和氨基酸之间、糖和脂类之间等。新陈代谢过程遵循热力学定律，对于绝大多数生物来说，新陈代谢的基本单位是细胞。

第一节　新陈代谢遵守热力学定律

一、新陈代谢遵守热力学第一定律

热力学第一定律即能量守恒定律，自然界中的一切物质都具有能量，能量有多种不同的形式，能量能够从一种形式转化为另一种形式，但是在转化的过程中能量的总值保持不变。如果系统经历能量变化，那么环境也必然发生一个等值的反变化。能量可从一种形式转换为另一种形式，系统中失去的能量可能被另一个系统以某种方式获得。比如，植物油通过燃烧失去的能量最终可转化为电能、热能、光能等。将生物及其所处环境视为一个孤立系统，其物质和能量始终是守恒的。生命体可以从环境中获得能量并在体内进行转换和传递，也可以将能量以热的形式释放到环境中去。

热力学第一定律关注的是变化过程两端的能量守恒，也就是能量不能产生或消灭，只能从一种形式转化为另一种形式。热力学第一定律无法解决的问题是判断一定条件下某一过程能否进行及进行的最大程度。

二、新陈代谢遵守热力学第二定律

热力学第二定律指出，系统的各种过程总是向着熵值增大的方向进行。例如，将等量的不同颜色的豆子混在一起摇晃，几种豆子随机分开，混合后的豆子整齐分布的可能性极小，说明有序是一种高度不稳定的状态（图 4.1）。早上刚开放的图书馆书库处于高度有序的状态，经过一天的阅览后书库轻易地就处于无序状态，如果没有外来的干预（严格按照顺序摆放回书架），书库不可能自动回归有序。热力学将系统不能做功的随机和无序状态定义为熵。熵是系统的状态函数，是系统无序度的度量，一个系统越有序，熵值越低，反之则越高。

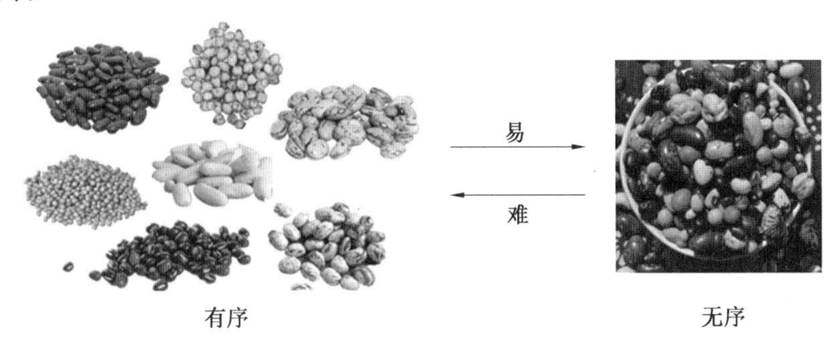

图 4.1　有序是一种不稳定状态

有序状态可轻易地转变为无序状态,而无序状态转变为有序状态需要施加较多的能量,热力学第一定律关注的是变化过程两端的能量守恒。热力学将总能量中可以用来做功的那部分称为自由能。可以把自由能理解为蓄势待发亟待补充的有用的能,把熵理解为焚烧殆尽必然释放的无用的能。如果一个反应朝着自由能降低,也就是熵增的方向进行,该反应就可以自发进行,此反应为放能反应或下坡反应。如果自由能增加,则意味着反应不能自发进行,除非向此反应提供能量,则此反应称为需能反应,又称为上坡反应。生命体的发生和发展是从无序到有序,生命过程一直进行着逆热力学第二定律的斗争。一旦这种逆熵增的活动停止,就意味着机体的死亡。生命活动的维系依靠外界能量的不断输入,“生命以负熵为食”。在生命体中,将生物分为能够从自然界捕获能量合成有机物的自养型生物(如绿色植物、自养型细菌)及异养型生物,也就是必须依靠消耗食物中的有机质来补充能量的生物(动物)。自养型生物有机质的合成依赖于光能推动的光合作用,异养型生物的食物来源于自养型生物。

对于生命体来说,生存的第一任务就是从外界环境摄取能量抵抗熵增,推动生命活动所需要的一切反应的进行,维持生物分子、生命活动的有序性。由 C、H、O 元素构成的糖类是生命体最主要的能源物质,由这三种元素构成的脂肪是生命体能量储备的主要物质,从某种程度上可以说生命体的能量”附着”于 C、H、O 元素构成的生物分子。因此,本章的内容主要围绕着生命体如何从外界获取能量,以及在体内如何释放能量,也就是糖类和脂类的代谢。

第二节　细胞是新陈代谢的基本单位

一、细胞膜结构与物质进出细胞

代谢反应的反应物和产物出入细胞都要通过细胞膜这一屏障,由于细胞膜的选择通透性,使得物质进出细胞的途径和难度不尽相同。

(一)小分子进入细胞的方式

(1) 简单扩撒。

直径小于 0.1 nm 的水溶性小分子在浓度梯度推动下,穿过细胞膜上的小孔自发扩散,不耗能。

(2)协助扩散。

类似葡萄糖这类大分子,无法通过细胞膜上小孔,仍然在浓度梯度的推动下,通过专一的载体蛋白进入细胞。

(3)主动运输。

物质逆浓度梯度运输,需要载体蛋白并且耗能运输。

(4)基团转移。

逆浓度梯度耗能运输,除载体蛋白外,还需胞内其他蛋白或酶的参与。在被运输过程中,被运输的化学分子发生共价修饰。

(二)大分子和颗粒进入细胞的方式

蛋白质等生物大分子在水溶液中以胶体形式存在,更大一些的不溶性颗粒进入细胞需要细胞膜局部形成一个囊泡结构,称为胞吞。胞吞可摄入可溶或悬浮颗粒(图4.2)。

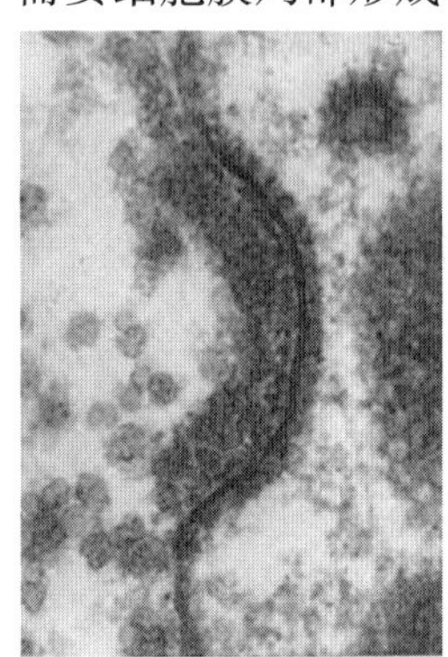
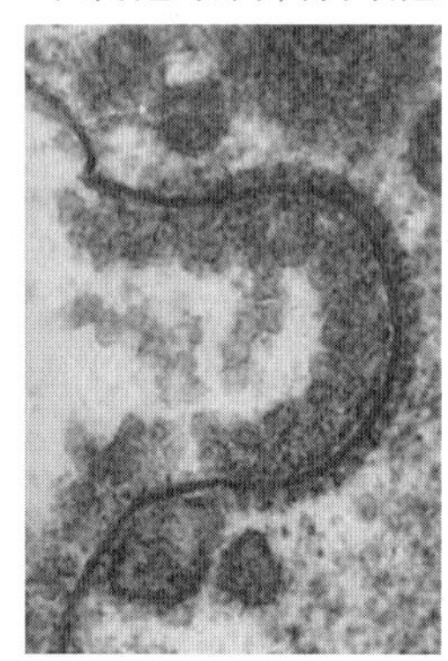
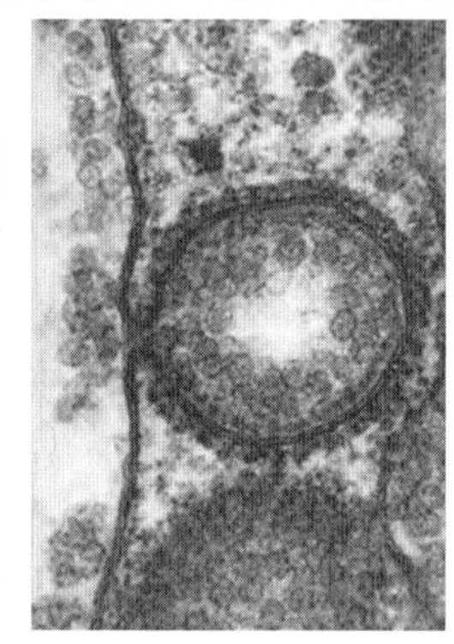
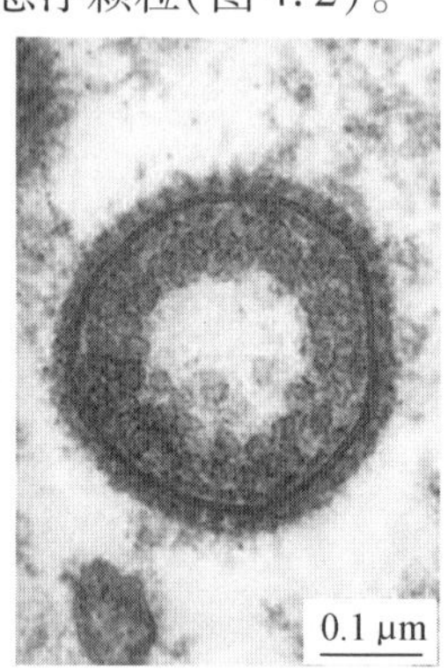

图4.2 生物大分子透过细胞膜

(三)物质排出细胞的方式

物质排出细胞主要是通过胞吐,将需排除物质包在膜泡内,膜泡和细胞膜融合,释放其中物质。一些小分子可以通过小分子物质进入细胞的四种方式的反向过程排出胞外。

二、新陈代谢的调控者——酶

绝大多数的酶是指细胞产生的具有催化能力的蛋白质,如果没有酶的存在,消化一顿午餐的时间是40年。正是由于酶的催化作用,使得生物化学反应能够在常温、常压下迅速进行。酶通过与代谢反应的反应物(底物)结合成中间产物,降低化学反应的活化能以提高反应效率。酶催化化学反应能力的大小称为酶的活力。酶的合成与分解、酶活力的高低直接控制着代谢反应的速率。

酶催化化学反应具有高效、专一、可以调节的特点。由于是生物大分子,外界影响其三维结构的理化因素都可能会影响酶的活性。影响酶活性的因素包括:温度、pH和抑制剂等。除外界环境的变化外,对酶分子本身进行共价或非共价修饰也可以调节酶的活性。酶活性还接受一种特殊的调节——反馈抑制,即一个代谢反应的终产物(或某些中间产物)对生化反应关键酶起抑制作用。酶促反应往往不是独立发生的,一个酶促反应的产物往往同时是另一个酶促反应的反应物。多步反应的最终产物有时可以抑制第一步反应的酶活性,这是细胞自行调节代谢的一种机制,以防细胞生成过剩的某种产物,达到节约反应物和自由能的目的，也是维持细胞稳态的重要机制。由于基因转录与表达直接控制着蛋白质合成的效率，因此酶对代谢的调节很大程度上取决于信号转导对基因的调控作用。

三、细胞内能量的转化和传递——生物氧化和电子传递

自然界中的能量有光能、电能、热能、机械能和化学能等形式，一般来说能直接供给生命体做功的能量只有化学能，其他形式的能量仅起到唤起生命体做功的作用，如激发动物的视觉、温觉、痛觉等。细胞中的化学能来自化学键的断裂或离子浓度梯度的变化等。从光能到生物所能利用的化学能需要一系列的转化和传递过程，在细胞实现这一目的中所发生的反应主要是氧化还原反应。简单地说，加氢去氧/获得电子的反应是还原反应，去氢加氧/失去电子的过程是氧化反应。细胞中的氢及其电子在化合物之间传递即发生了氧化还原反应，被转移的电子所携带的能量则储存在新的化学键中。传递氢和电子的系列分子被称为氢或电子传递体，它们共同构成电子传递链，氢最终和氧结合生成水。电子传递在沿着呼吸链传递的过程中释放的自由能先转化为质子梯度，随后质子梯度中的化学势能被直接用来驱动 ATP 合成（图 4.3）。储存在 ATP 高能磷酸键中的化学能经水解释放推动生命体内的耗能反应。

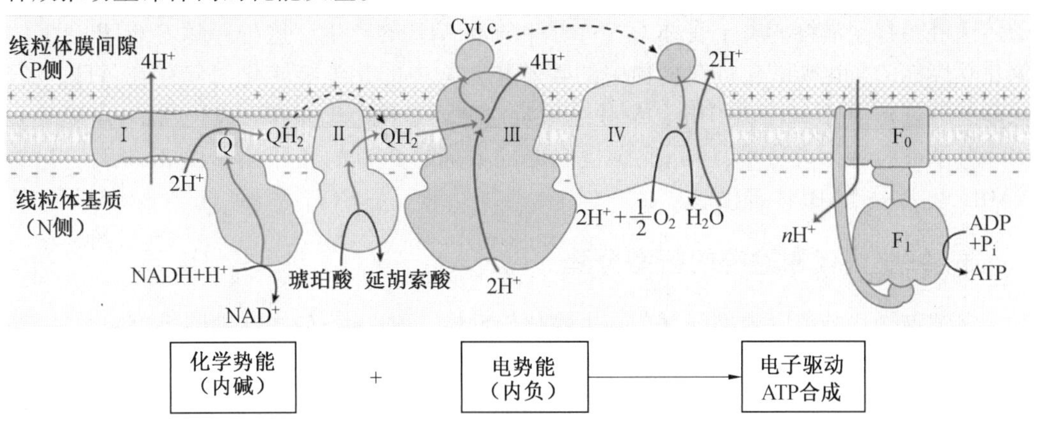

图 4.3　电子传递链中 ATP 的合成

四、细胞能量代谢的“中介”——ATP、NAD^+、NAPH

物体利用光能合成有机物转化为化学能，蕴含在有机物中的化学能又可以在机体需要时释放出来，比如在肌肉收缩时转化为机械能，在神经冲动下转化为神经电信号，在核酸复制和蛋白质翻译时驱动生物信息分子的合成。生命体是一个环境温和的大型能量转化器，其中最勤奋的是 ATP，其次是氧化型辅酶 NAD^+ 和还原型辅酶 NAPH。ATP 是生命体能量代谢的生物分子，是将能量释放过程与能量需要过程偶联起来的贮能化合物。ATP 是腺苷连接三个磷酸基团构成的磷酸酯，按照离腺苷分子从远到近三个磷酸酐（酯）键逐个水解，自由能分别为-30.5 kJ/mol、-32.8 kJ/mol、-14.2 kJ/mol。历史上曾经把水解时能释放出大量自由能（大于 25 kJ/mol）的化合物定义为高能化合物，将这类化学键称为高能磷酸键。实际上所有化学键的断裂都需要输入能量，磷酸化合物水解释放的自由能并不是由于断裂特殊的化学键，而是由于反应产物含有的自由能比反应物低。ATP 水

解的标准自由能大且负的原因包括:ATP 磷酸基团的解离减少了分子内负电的静电排斥。释放的 Pi(HPO_4^{2-})可以形成较为稳定的共振杂化体,Pi 和 ADP 的水化程度更高、更稳定,以及熵因素,即水解和随后产物的电离产生的质点数(ATP、Pi、ADP 和 H^+)比反应物(ATP 和 H_2O)更多。在生命体内相当一部分磷酸化合物的水解释放自由能多于 25 kJ/mol,甚至多于 ATP 的第三个磷酸基团水解释放的自由能(30.5 kJ/mol),比如磷酸烯醇式丙酮酸磷酸基团水解的自由能为-61.9 kJ/mol;还有一些磷酸化合物水解的自由能很低,比如 6-磷酸-葡萄糖水解自由能为-13.8 kJ/mol,可见磷酸化合物具有或高或低的磷酸基团转移势能。ATP 具有处于中间位置的磷酸转移势,可以接受某些来自分解代谢中的化合物的能量,并把它们转化为更活泼的化合物。因此 ATP 可以成为活细胞中各种生命活动的通用能量。此外,ATP 水解磷酸基团的可能性是存在的,但是具体操作方式是困难的。ATP 无法自发地将磷酸基团转移到水中或其潜在受体上,必须有特定的酶降低 ATP 水解自由能,磷酸基团才可以水解或转移到其他分子。细胞可以通过调控各种催化 ATP 反应的酶来调节 ATP 所携带的能量的分配。

分解代谢的底物如糖类、脂类,都处于部分或者高度还原态,因此许多分解代谢的过程本质上是氧化性。还原当量以质子和电子的形式从底物中释放出来,结合于脱氢酶的辅酶 NAD^+,将其从氧化型转化为还原型 NADH。NADH 则作为还原当量通过线粒体的电子传递链转移至最终的电子受体 O_2,同时伴随着 ATP 的产生。这种伴随着 ATP 产生的氧化反应称为氧化磷酸化。在食物中的碳基化合物中的化学能转化为储存在 ATP 中的化学能的过程中,NAD^+-NADH 的氧化还原反应循环是核心。而在合成代谢中,高度氧化的小分子被合称为大分子,还原反应是主要的方向。此时的还原当量由 3′端磷酸化的 NADH,也就是 NADPH 提供。

五、细胞内代谢途径的区室分隔

在细胞微小的范围内进行复杂的生物化学反应,若这些反应混在细胞质溶液中进行,各种底物、产物、酶的随机碰撞机会将增多,会导致反应的有序性被破坏,进而导致代谢反应速率降低。如果把反应相关的酶定位在细胞的指定位置,相当于整合一条生产线来进行多步骤的、具有序列性的反应,可以提高这些反应的效率。细胞中许多代谢反应都是由一系列整合在细胞膜上的酶分子催化的,细胞代谢产生的电子或质子氢也是通过整合在膜上的系列传递体转移的。同时,膜形成的区室能把分解代谢和合成代谢分隔开,避免互相抵消形成无意义循环。由于物质进出细胞膜本身是受到浓度、载体、能量以及外界刺激调控的过程,所以细胞膜还通过调控物质进出的途径调控新陈代谢。因此,细胞的新陈代谢是在生物膜功能的主导下在空间上具有区室内分布的过程。与新陈代谢关系最密切的细胞器是捕获光能的叶绿体,以及释放有机化学能的线粒体。

第三节 细胞从外界环境捕获能量合成有机物——光合作用

从整个生命界看,能量的最终来源是太阳能。绿色植物和一些光合细菌利用太阳能来固定 CO_2,生成糖类等有机物。光合作用是一个很复杂的过程,它至少包含几十个步骤,大体上可分为原初反应、同化力形成和碳同化三大阶段。原初反应包括光能的吸收、传递和电荷的分离；同化力形成是原初反应所引起的电荷分离，通过一系列电子传递和反应转变成生物代谢中的高能物质——腺苷三磷酸（ATP）和还原型辅酶Ⅱ（NADPH）；碳同化是以同化力（ATP 和 NADPH）固定和还原 CO_2形成有机物质。按照反应发生的位置以及是否需要光，光合作用分为光反应和暗反应两个阶段。

一、光反应阶段

光合作用第一个阶段中的化学反应必须有光能才能进行，这个阶段称为光反应阶段。光反应阶段的化学反应是在叶绿体内的类囊体上进行的。在这一阶段叶绿体一方面利用吸收的光能将 H_2O 分解成[H]和 O_2，同时促成 ADP 和 Pi 发生化学反应，形成 ATP；另一方面把电子传递给辅酶Ⅱ（$NADP^+$），将它还原成 NADPH。叶绿素是深绿色集光色素或吸光色素的总称。高等植物和藻类中存在 5 种结构上差别很小的叶绿素 a、b、c、d 和 e。光系统由 100 ~ 300 个叶绿素和其他色素分子组成的天线系统加上一个由一对特殊的叶绿素 a 分子组成的光化学反应中心构成。

一个光系统中所有的色素都能吸收光子，而只有少数几个叶绿素分子参与反应中心，将汇集的光能转化为化学能。绿色植物中，光合电子传递由两个光反应系统相互配合完成。按照中心叶绿素的不同称为光系统Ⅰ和光系统Ⅱ，光系统Ⅰ由吸收远红光的高度特化的叶绿素 a 分子（最大吸收峰在 700 nm 处，称为 P700）和其他辅助复合物组成；光系统Ⅱ由吸收红光的高度特化的叶绿素 a 分子（最大吸收峰在 680 nm 处，称为 P680）和其他辅助复合物组成。两个光系统之间由细胞色素 b6-f 和铁硫蛋白组成的复合物连接。叶绿素通过共振传递把吸收来的光能汇集到反应中心，使中心叶绿素 a 成为处于激发态的电子供体。光驱动的电子传递在内囊体膜中的多酶系统中完成，电子由 H_2O 流向 $NADP^+$；光合电子传递形成的跨类囊体膜的质子梯度驱动了 ATP 的合成，如图 4.4 所示。

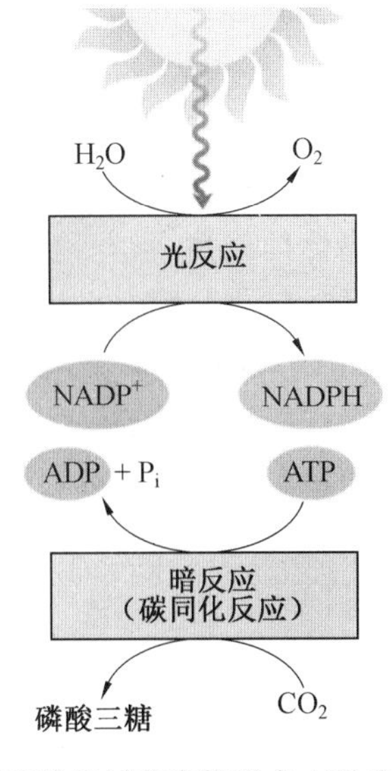

图 4.4　光反应阶段捕获光能形成 ATP 和还原力 NADH

二、暗反应阶段

光合作用的第二个阶段没有光也可以进行，这个阶段称为暗反应阶段。绿色植物的暗反应是在叶绿体内的基质中进行的。这一阶段涉及将空气中的CO_2转化为植物体内的含碳有机物，称为CO_2的固定。CO_2的固定是通过循环途径进行的，途径中间物不断地再生，称为卡尔文(Cavlin)循环。该循环分为三个阶段：①CO_2的固定，CO_2与植物体内的C5结合，形成C3；②C3的还原，在有关酶的催化作用下，C3接受ATP水解释放的能量并且被还原；③C5的再生，从C3经过一系列的变化，形成葡萄糖和C5。在这个阶段ATP中活跃的化学能转变为有机物中稳定的化学能储存起来。此外热带禾本植物以及景天科植物具有特殊的CO_2固定方式，分别为C4途径和景天酸代谢。

三、光合作用的总化学方程式

光合作用的化学方程式

$$6CO_2+6H_2O(\text{光照、酶、叶绿体})\longrightarrow C_6H_{12}O_6(CH_2O)+6O_2$$

各步分反应公式：

$$H_2O\longrightarrow H+O_2(\text{水的光解})$$

$$NADP^++2e^-+H^+\longrightarrow NADPH(\text{递氢})$$

$$ADP\longrightarrow ATP(\text{递能})$$

$$CO_2+C5\text{化合物}\longrightarrow C3\text{化合物}(\text{二氧化碳的固定})$$

$$C3\text{化合物}\longrightarrow(CH_2O)+C5\text{化合物}(\text{有机物的生成})$$

第四节 细胞分解有机物利用其释放的自由能——呼吸作用

生命体内的有机物在细胞内经过一系列的氧化分解，最终生成二氧化碳或其他产物，并且释放出能量的总过程，称为呼吸作用。呼吸作用是生命体在细胞内将有机物氧化分解并产生能量的化学过程，是所有动物和植物都具有的一项生命活动。生物的生命活动都需要消耗能量，这些能量来自生命体内糖类、脂类和蛋白质等有机物的氧化分解。细胞呼吸是生物界最基本的异化作用，通过氧化分解有机物释放能量，为生命体生命活动提供直接能源物质——ATP。细胞呼吸按是否需要氧气的参与分为有氧呼吸和无氧呼吸两种方式，但有的生物或组织可进行有氧呼吸，也可进行无氧呼吸，还可同时进行有氧呼吸和无氧呼吸，如酵母菌等。糖类是生命体最主要的能源物质，同时其代谢中间产物还能为其他物质代谢提供碳骨架。因此，一般情况下研究的呼吸作用是指糖类物质的呼吸作用。

一、有氧呼吸

有氧呼吸第一个阶段(称为糖酵解)，1分子的葡萄糖分解成2分子的丙酮酸，在分解的过程中产生少量的氢，同时释放出少量的能量。这个阶段不需要氧气，在细胞质基质中进行，整个糖酵解包括由10个酶催化的11步反应。首先葡萄糖C-6的羟基被磷酸化形成6-磷酸-葡萄糖，6-磷酸-葡萄糖被异构化为6-磷酸果糖，之后在C-1位置上被继续磷酸化为1,6-二磷酸果糖；这两次磷酸化反应的磷酸基团的供体都是ATP。1,6-二磷酸果糖被裂解为磷酸二羟丙酮和 3-磷酸甘油醛，随后磷酸二羟丙酮被异构化为 3-磷酸甘油醛。来自一个葡萄糖分子的 2 个三碳化 3-磷酸-甘油醛在无机磷酸参与下氧化为 2 分子 1,3-二磷酸-磷酸甘油酸。1,3-二磷酸-磷酸甘油酸分别脱去 1 个磷酸转化为 3-磷酸甘油酸，同时产生1 分子 ATP。3-磷酸甘油酸转变为2-磷酸甘油酸，2 磷酸甘油酸脱水形成磷酸烯醇式丙酮酸，磷酸烯醇式丙酮酸脱去磷酸成为烯醇式丙酮酸，伴随 1 分子 ATP 生成，最后烯醇式丙酮酸转变为丙酮酸。由于 1 分子葡萄糖可以形成 2 分子的 3-磷酸甘油醛，所以后续一共产生了 4 分子的 ATP。1 个葡萄糖分子经过糖酵解，净生成 2 分子 ATP。

总反应式：

$$C_6H_{12}O_6+2NAD^++2ADP+2Pi \longrightarrow 2C_3H_4O_3+2NADH+2H^++2ATP+2H_2O$$

为了获得持续而稳定的 ATP 流，细胞中的糖酵解速率是受到精细调控的，这种调控主要体现在 ATP 消耗、NADH 再生和糖酵解途径中的别构调节酶（磷酸果糖激酶、己糖激酶、丙酮酸激酶）之间的复杂相互作用。尤其是磷酸果糖激酶（PFK-1）在糖酵解的调控中至关重要，PFK-1 催化 6-磷酸-果糖转化为 1,6-二磷酸-果糖，使得有机会进入其他代谢途径的6-磷酸-葡萄糖不可逆地进入糖酵解。胞内 ATP 合成大于消耗，ATP 通过别构抑制作用降低 PFK-1 与 6-磷酸-果糖的亲和力，进而抑制该酶的活力。当细胞 ATP 合成低于降解，AMP、ADP 通过别构调节减弱 ATP 造成的抑制，高浓度的 6-磷酸-果糖累积结合高浓度 AMP、ADP 会进一步增加 PFK-1 活性。此外，糖酵解能为物质合成提供碳骨架，碳骨架情况也影响着糖酵解速度。足够的柠檬酸意味着物质合成具备足够的前体，因此细胞无须为了提供碳骨架而进行糖酵解。柠檬酸通过加强 ATP 的抑制效应来抑制 PFK-1，降低糖酵解速度。

在一些病理状态下糖代谢处于紊乱的状态，比如肿瘤组织中具有很高的糖酵解速率，主要原因一是供氧不足，快速生长的肿瘤组织细胞缺乏足够的毛细血管网络支持，处于有限供氧状态，无法进行有氧呼吸；二是肿瘤细胞和正常细胞相比具有较少数目的线粒体，导致线粒体氧化磷酸化产生 ATP 不足，必须通过糖酵解供能；还可能是因为一些肿瘤细胞过度表达糖酵解酶，包括线粒体己糖激酶，该酶对 6-磷酸-葡萄糖的反馈抑制不敏感，推动肿瘤细胞糖代谢向糖酵解途径进行。

有氧呼吸第二个阶段（称为三羧酸循环或柠檬酸循环），首先需要丙酮酸从细胞质基质进入线粒体，在丙酮酸脱氢酶系的作用下生成乙酰辅酶 A；乙酰辅酶 A 经过三羧酸循环，分解成二氧化碳和氢（氢进入呼吸链，和氧结合成水），同时释放出少量的能量。三羧酸循环共 8 步反应，由 7 个酶催化。糖酵解产生的丙酮酸首先通过线粒体外膜上的非特异性通道进入内外膜间隙，随后由线粒体内膜上转移的丙酮酸转位酶转运进入线粒体基质，同时伴有 H^+的同向转运。丙酮酸进入线粒体基质后首先在丙酮酸脱氢酶复合体的作用下再转化为乙酰辅酶 A。三羧酸循环起始于四碳化合物草酰乙酸与乙酰辅酶 A 缩合为 6 碳化合物柠檬酸，柠檬酸异构化为异柠檬酸，异柠檬酸氧化脱氢为草酰琥珀酸，草酰琥珀酸氧化脱羧生成五碳化合物 α-酮戊二酸和 CO_2，α-酮戊二酸继续氧化脱羧生成琥珀酰辅酶 A 同时释放 CO_2，至此，来自乙酰辅酶 A 的两个碳原子均已被氧化为 CO_2，氧化脱羧产生的 H^+形成 NADH。之后琥珀酰辅酶 A 转化为琥珀酸，同时产生 1 分子 GTP；琥珀酸氧化脱氢为延胡索酸，同时产生 1 分子 $FADH_2$；延胡索酸加水形成苹果酸；苹果酸氧化脱氢回到草酰乙酸，氢受体为 NAD^+。1 分子乙酰辅酶 A 经 TCA 循环，释放 2 分子 ATP，产生 1 个 GTP，形成 3 个 NADH 和 1 个 $FADH_2$ 以及 3 个 H^+。

柠檬酸循环是为生命活动提供能量的过程，因此是受到严格调控的。调控的位点包括丙酮酸脱氢酶复合体、柠檬酸合酶、异柠檬酸脱氢酶及 α-酮戊二酸这几种酶。它们的活性一方面被高底物浓度激活，另一方面受产物浓度累积抑制；同时 ATP 作为最终产物也能抑制柠檬酸合酶、异柠檬酸脱氢酶，这种抑制作用可以被 ADP 解除。另外，神经化学信号导致的 Ca^{2+} 浓度提高，意味着 ATP 需求增高，也会激活丙酮酸脱氢酶复合体、异柠檬酸脱氢酶和 α-酮戊二酸。

总反应式：

$$乙酰\ CoA+3NA^++FAD+GDP+Pi+2H_2O \longrightarrow 2CO_2+CoASH+3NADH+3H^++FADH_2+GTP$$

有氧呼吸第三个阶段（呼吸电子传递链），NADH 和 $FADH_2$ 进入呼吸链，与氧结合而形成水，同时释放出大量的能量，并储存在 ATP 中（图 4.4）。在 TCA 循环的系列反应中并没有直接产生大量的 ATP，也没有 O_2 直接参与到任何一步反应。然而，三羧酸循环产生的还原型辅酶（NADH、$FADH_2$）将通过电子传递链被重新氧化，这个阶段是在线粒体内膜中进行的。除糖代谢之外，需氧细胞中的脂类、氨基酸等通过各自的分解途径形成的还原型辅酶均是通过这一途径被重新氧化。呼吸链是整合在线粒体内膜上的一系列相邻的电子载体。还原形辅酶的氢原子以质子形式被脱下，其电子沿着电子载体按氧化还原电势从低到高传递，最终传递给分子氧。电子传递过程中伴随着自由能的释放，这些能量足以推动 H^+ 从线粒体基质"泵"出线粒体内膜，形成跨膜的质子浓度梯度。质子从线粒体内外膜间隙通过 ATP 合酶泵回线粒体内膜，同时推动 ATP 产生。一般情况下，电子传递与 ATP 是强制性偶联的，只有当 ATP 被合成时电子才可以经呼吸链传递到氧。1 分子 NADH 经呼吸链氧化可以形成 2.5 个 ATP，1 分子 $FADH_2$ 经呼吸链氧化可以形成 1.5 个 ATP。在生命体内，1 mol 的葡萄糖在彻底氧化分解以后，共释放出 2 870 kJ 的能量，其中有 977 kJ 左右的能量储存在 ATP 中（每分子葡萄糖彻底氧化产生 30～32 个 ATP），其余的能量都以热能的形式散失。

由于细胞内电子传递和 ATP 合成的强制偶联，导致只有当无机磷酸、ADP 都充分时电子传递才能以最高速度运行。ATP/ADP 对胞内电子传递速度至关重要，简单说就是 ATP 消耗、ADP 增加、电子传递加速；ATP 累积、ADP 下降、电子传递减慢。细胞通过 ADP 的受体控制作用实现产能供需平衡。

二、无氧呼吸

无氧呼吸一般是指细胞在无氧条件下，通过酶的催化作用，把葡萄糖等有机物质分解成不彻底的氧化产物，同时释放出少量能量的过程。这个过程对于高等植物、高等动物和人来说，称为无氧呼吸。如果用于微生物（如乳酸菌、酵母菌），则习惯上称为发酵。

无氧呼吸或发酵分为两个阶段。第一个阶段与有氧呼吸的第一个阶段（糖酵解）相同；第二个阶段是丙酮酸在不同酶的催化下，分解成乙醇和二氧化碳，或者转化成乳酸。以上两个阶段中的各个化学反应是由不同的酶来催化的。比如在动物呼吸供氧不足的情况下，缺氧的细胞必须用糖酵解产生的 ATP 暂时维持细胞的能量需求。为了使 2-磷酸甘油醛持续被氧化，必须提供氧化型的 NAD^+。在这种情况下，丙酮酸的羰基被还原生成乳酸，使糖酵解中3-磷酸甘油醛氧化消耗的NAD^+再生，同时还产生2分子ATP。这一过程是由乳酸脱氢酶催化的。酵母在无氧条件下，丙酮酸的去路是丙酮酸和CO_2。首先丙酮酸脱去羧基形成乙醛和CO_2，之后乙醛由NADH和H^+还原生成乙醇同时产生NAD^+；这两个反应分别由丙酮酸脱氢酶和乙醇脱氢酶催化。在无氧呼吸中，葡萄糖氧化分解时所释放出的能量，比有氧呼吸释放出的能量要少得多。例如，1 mol的葡萄糖在分解成乳酸以后，共释放出196.65 kJ的能量，其中有61.08 kJ的能量储存在ATP中。

第五节　以三羧酸循环为中心的细胞代谢

细胞内具有结构和活性的主要生物分子是糖、脂质、蛋白质、核酸，这些物质不仅可以各自单独地合成和降解，还可以在特定的条件下互相转化。细胞内有数百种小分子在代谢中具有关键作用，由它们构成了各种不同的生物大分子。活细胞的高度有序性的一个重要体现就是这些物质之间的相关性，它们并不是单独代谢互不关联，而是将各类物质分别纳入各自的共同代谢途径，通过少数化学反应在繁多的分子之间进行转化。不同的代谢途径之间有共同的交叉点，不同物质可以在转化的过程中通过交叉进入其他代谢途径，实现生物分子之间的相互转化。代谢交叉点上，各种代谢途径的共同物质是关键的中间代谢产物，其中最重要的三种中间代谢产物是6-磷酸葡萄糖、丙酮酸和乙酰辅酶A，在代谢网络中处于中心地位的代谢途径是三羧酸（TCA）循环。

一、脂类的分解

除了糖类以外与生命体能量供应关系密切的生物分子是脂类。脂类的主要生物学功能是储存能量和构成生物膜，以及承担一些生物活性物质的调节功能。膳食中的脂质主要是甘油三酯，其甘油部分被血液转运到肝、肾，转化为磷酸二羟基丙酮酸进入糖代谢。脂肪酸被肌肉和脂肪族吸收进入细胞，在长链脂肪酸需肉碱的协助和系列酶作用下穿过线粒体双层膜，进入线粒体基质，经β-氧化以乙酰辅酶A的形式进入TCA循环；ATP形成的方式是通过线粒体电子传递链偶联的氧化磷酸化。天然脂肪酸绝大多数都是偶数个碳原子，β-氧化刚好每次从主链上拿掉2个碳原子，可以“物尽其用”地逐个形成乙酰辅酶A。当然这些乙酰辅酶A的去路也不仅仅是进入TCA循环，还可以作为类固醇合成的前体，进入逆方向扮演脂肪酸合成的前体，转化为酮体（乙酰乙酸、D-β-羟丁酸和丙酮）。

二、氨基酸和核苷酸的分解

两种生物大分子蛋白质和核酸的主要生物学功能并不是作为生命体的能源物质，而是功能物质和遗传物质。作为生命活动的重要体现者，这两种生物大分子在细胞内不断地合成和降解，以完成生命体的自我更新、损伤修复、刺激响应、遗传变异等。它们的分解代谢是通过特定机制在相关酶（系）作用下降解为构成单位，基本构成单位的碳骨架的降解代谢主要是切入TCA循环进行的。由于这两种生物大分子分别含有大量的N元素和磷元素，在进入TCA循环之前，需要从碳骨架上将这两种元素移除。氨基酸代谢要经历脱氨；脱去的氨基在不同的生物中会以尿素的形式排出体外回归环境；碳骨架会形成不同的产物进入柠檬酸循环，主要为以下五种物质：乙酰辅酶A、琥珀酰辅酶A、草酰乙酸、α-

酮戊二酸、延胡索酸。动物和异样型生物可以分泌消化酶来分解外源核酸获得各种核苷酸,核苷酸通过广泛存在的磷酸单酯酶水解为磷酸和核苷,核苷经核苷酶分解为碱基和戊糖。碱基包括嘌呤碱和嘧啶碱,这两种碱基的分解途径是不同的。腺嘌呤脱氨转化为次黄嘌呤,鸟嘌呤脱氨转化为黄嘌呤,之后被氧化为尿酸。尿酸的分解和排泄因物种而异,对于鸟类等排尿酸动物来说,尿酸是体内含氮化合物的排泄形式;人类和猿类不具有彻底的尿酸分解能力,在这类动物体内尿酸在尿酸氧化酶的作用下脱掉 CO_2,生成尿囊素;其余大多数生物含有尿囊素酶,可以进一步分解尿囊素为尿酸和乙醛酸。嘧啶碱的分解代谢也是在 NAD(P)H 参与下进行的,生成 NH_3、CO_2 和 β-丙氨酸,β-丙氨酸经过转氨基作用再脱去氨基之后参与有机酸代谢。

在细胞内除了可以分解生物大分子获取能量,在能量充足的情况下还可以进行燃料生物分子的合成,比如糖异生、糖原的合成、脂肪酸合成、脂肪合成。合成代谢并不是相应分解代谢的逆反应途径,多个物质的转化是通过其他途径在另外的酶的催化下进行的。这些非可逆反应的步骤,往往是新陈代谢的调控点,调节催化这些步骤的酶的活性可以调控物质进入不同代谢途径。此外,活细胞无时无刻不在进行着蛋白质和核酸的合成与降解,它们不仅仅是生命存在的需要也是生命存在的体现。蛋白质和核酸的合成与降解是生物化学和分子生物学关注的重点内容;它们的调控过程和机制涵盖了目前生物学研究的大部分热点问题。除了从能量角度,还可以从化学角度去关注各种元素在生物体内的变化,新陈代谢同样遵守物质守恒定律。构成生命体的主要元素包括 C、H、O,其次是 N、P,此外还有 S、Na、K、Ca、Mg、Fe 和 Cu 等,这些在生命体内构成生物大分子及其单体小分子,以及具有活性的小分子活性物质,形成了高度有序的生命体。生命体和其所处的环境构成了生态系统,物质在生态系统中循环往复。生命体从环境获得生物元素,生物元素在生命体中被传递和利用,最终全部或部分回归环境。物质循环是一个复杂的过程,可以分为三个不同层次:①生物个体层次,即生物系个体物质的吸收、利用和排泄;②生态系统层次,即在物质从初级生产者进入生命体,再通过各级消费者和分解者把营养物质回归环境;③生物圈层次,即物质在整个生物圈各个层次之间的循环,也称为地球化学循环。新陈代谢主要指第一层次的物质循环,第二、第三层次的循环是生态学研究的重要课题。

思 考 题

1. 除碳以外的其他主要生物元素如何从环境进入生命体?
2. 三羧酸循环为什么在需氧情况下进行?
3. 生命体如何在温和条件(生理条件)下,完成一系列新陈代谢活动?

参考文献

[1] 朱圣庚,徐长法. 生物化学(下册)[M]. 北京:高等教育出版社,2015.
[2] 高崇明. 生命科学导论[M]. 北京:高等教育出版社,2016.
[3] 河杰. 物理化学[M]. 北京:化学工业出版社,2018.
[4] 田福平,方志刚,林青松. 物理化学教程[M]. 大连:大连理工大学出版社,2013.

[5] 吴庆余. 生命科学与工程[M]. 北京: 高等教育出版社, 2009.
[6] SYLVIA S. Mader michael windelspecht[M]. NewYork: McGraw-Hill, 2012.
[7] DAVID L, NELSON, MICHAEL M. Cox. principles of biochemistry[M]. New York: W. H. Freeman, 2017.
[8] GARETT R H, CHARLES M. Grisham. biochemistry[M]. Boston: Brooks/Cole, 2010.
[9] ALBERTS B, JOHNSON A, LEWIS J, et al. Molecular biology of the cell[M]. New York: Taylor & Francis Group, 2014.

第五章　生命体的衰老与死亡

衰老和死亡是所有生物都存在的一种生命现象，也是重要的生命过程。生物体的衰老和死亡可以发生于分子、细胞、组织乃至器官、系统和整体的各个层面。

衰老有两种不同的情况，一种是正常情况下出现的生理性衰老，另一种是疾病引起的病理性衰老。衰老具有多层含义，个体衰老可以具体表现为整体衰老、细胞衰老、细胞内的细胞器衰老、细胞内生物大分子衰老等不同层次。个体的衰老与死亡在一定程度上和细胞的衰老与死亡有关，但细胞的衰老与死亡和机体的衰老与死亡并不同步，它们贯穿于整个生命过程。细胞衰老是组织衰老的基础，也是机体清除受损细胞的重要途径。同样，组织中经常发生正常的细胞死亡，它具有广泛的生物学意义，是维持组织机能和形态所必需的。

近几十年，人们对细胞衰老与死亡的研究取得了突破性进展，因此，本章的内容以细胞衰老与死亡为基础，探讨这一重要生物学过程的现象和本质。值得注意的是，对于多细胞生物，特别是哺乳动物细胞，细胞衰老模型尚不能解释个体衰老。研究发现，在人体或其他哺乳动物衰老的过程中，至少某些器官或组织中的细胞确实发生了变化，但这些变化却各不相同，难以与体外细胞衰老的特征统一起来。迄今为止，还未有试验证据表明体外培养细胞的复制性衰老或其他诱导性衰老与体内组织或个体的衰老有直接的关联。目前更倾向于将细胞衰老看作是有机体在长期演化过程中形成的，防止细胞过度生长或癌变的一种保护性机制，体内细胞衰老的机制是什么，以及如何在体外研究体内的细胞衰老，对研究者而言仍然是一个巨大的挑战。

第一节　细胞衰老

衰老是一种重要的生命现象，也是一个复杂的生物学过程。细胞衰老（cell aging，cell senescence）是发生在二倍体细胞中的一种稳定的细胞周期阻滞，即在正常的生理条件下或异常的病理情况下，细胞的正常生理功能和增殖能力发生衰退，细胞对生长因子的刺激产生耐受，进而脱离细胞周期。对这一现象的首次描述可以追溯到20世纪60年代，当时美国生物学家Leonard Hayflick首先描述了这一现象。他发现在体外培养的正常人成纤维细胞，即使给予细胞生长所需的适宜条件，细胞分裂至一定代数后仍然会发生衰竭，进入一种细胞周期停滞的状态，说明体外培养的成纤维细胞，其分裂次数是有限的，后来Moorhead将其称为“Hayflick极限”。Hayflick极限的生物钟是由每次细胞分裂时端粒的逐渐缩短引起的，它代表了一种生理反应，以防止基因组不稳定，从而防止DNA损伤的积累。这种现象目前被定义为复制性衰老，迄今为止，除了具有干细胞样特性的细胞类型，如胚胎干细胞或诱导多能干细胞外，只有转化的恶性细胞会无限增殖，而非转化细胞则不会。

衰老细胞会随着年龄的增长而积聚在病理部位，导致正常的老化过程以及与年龄相关疾病(包括癌症、神经退行性疾病、组织退化和炎症性病变以及代谢性疾病和心血管疾病),并会对组织的正常生理功能产生影响,导致渐进性功能退化。然而,二倍体细胞也可以经历加速衰老反应,与端粒缩短无关,称为早衰。尽管衰老细胞参与各种病理条件,却在胚胎发生、组织重塑和组织修复等生理过程中发挥着关键作用。衰老能够阻止含有受损 DNA 的细胞复制,代表一种重要的抗肿瘤功能。尽管衰老的发生可能会导致许多年龄相关病变,但细胞衰老不同于老化,老化是随时间推移发生的进行性衰退,而衰老在整个生命周期中均可发生,包括胚胎发生的过程中。

一、衰老细胞的特征

衰老细胞的特征是稳定的细胞周期停滞、形态学和代谢变化、染色质重构、基因表达改变以及出现老化相关分泌表型。并非所有的衰老细胞都表现出全部的衰老生物标志物,此外,衰老生物标志物也不一定为衰老细胞所特有,例如某些标志物也可在凋亡细胞或休眠细胞中观察到。因此,衰老细胞的鉴别有赖于对多种生物标志物的观察。

(一)稳定的细胞周期阻滞

细胞周期阻滞是识别所有类型衰老的关键特征,但由于多种细胞机制可以驱动稳定的复制衰老,因此不能将其视为唯一的标志。与休眠细胞不同,衰老细胞不会因任何已知生理刺激重新进入细胞周期,即使在促分裂环境中也无法重新进入细胞周期。在衰老细胞中,细胞周期阻滞与细胞周期抑制剂(包括 $p16^{INK4a}$、$p21^{CIP1}$ 和 p27)水平的增加相关。$p16^{INK4a}$蛋白又称细胞周期依赖性蛋白激酶抑制因子 2A (Cyclin - Dependent Kinase Inhibitor 2A, CDKN2A),由 INK4a 基因位点编码而成,分子量约为 16 ku,由 3 个外显子编码的 156 个氨基酸残基组成,在大约 75% 的癌细胞株中存在缺失或突变,并且在细胞衰老过程中参与下调 CDK4 和 CDK6,阻止细胞周期的进行,因而可以作为细胞衰老的标志之一。利用转基因技术构建 INK4a 位点的报告小鼠(Ink4a-Luc)发现,通常情况下,$p16^{INK4a}$蛋白在年轻动物的健康、无压力应激的组织和细胞中很少表达,随着小鼠年龄的增加,开始在衰老受损组织中高表达。但需要注意的是,$p16^{INK4a}$有时会在一些非衰老状态的细胞如部分免疫细胞和肿瘤细胞中表达。多次复制的 T 细胞会累积大量 $p16^{INK4a}$蛋白,但不表达其他衰老标志物。

此外,在衰老细胞中还观察到 $p19^{ARF}$、p53 和 PAI-1 的高表达,并被视为各种衰老的生物标记物。

(二)溶酶体含量增加

衰老细胞中还可观察到溶酶体内容物增加和溶酶体活性的改变。衰老相关的 β-半乳糖苷酶(Senescence-Associated B-Galactosidase, SA-β-Gal)活性可用作衰老细胞溶酶体含量增加的替代标记,SA-β-Gal 是目前应用最为广泛的细胞衰老的标志物之一,可以与处于静止期及终末分化状态的细胞区分开来。当细胞处于衰老状态时,其本身的蛋白表达谱通常会发生较大变化,由 GLβ1 基因编码的 SA-β-Gal 在正常人体细胞中主要表达在溶酶体中,最适 pH 为 4.0 ~ 4.5,由于 SA-β-Gal 在衰老过程中上调,其活性可在 6.0 的次优 pH 下表现出来,该酶的底物主要有神经节甘酯、硫酸角质和各种糖蛋白等。因此,细胞衰老表现为 pH 为 6.0 时 SA-β-Gal 活性增加。SA-β-Gal 是最常见的溶酶体活性标志物,也是最早用于评估衰老的标记物之一。尽管如此,高溶酶体活性并不是一种特异的衰老标志物,SA-β-Gal 的组成性表达在非衰老细胞中也已被鉴定。

(三)持续的 DNA 损伤应答

在 DNA 受损,如 DNA 双链断裂(Double Strand Break,DSB)的情况下,细胞会激活一种强大的反应,即 DNA 损伤应答(DNA Damage Response,DDR),在 DNA 损伤未得到修复时触发细胞周期停滞,最终导致细胞衰老。DSB 促进 ATM 激酶被募集于 DNA 损伤位点,这种募集驱动组蛋白 H2AX 的磷酸化,从而促进特定 DNA 修复复合物的组装。因此,DNA 损伤的一个指标是 γ-H2AX,即磷酸化的 H2AX,是双链 DNA 断裂后检查点介导的细胞周期停滞和 DNA 修复所需的组蛋白变异体。DDR 的持续存在诱导 p53 在多个丝氨酸残基处的磷酸化,从而增强 p53 诱导基因转录的能力。

因此,γ-H2AX 或磷酸化 p53 的诱导通常被用作衰老的标志物。需要注意的是,DDR 被多种 DNA 损伤刺激物激活,某些刺激物并不会导致细胞进入衰老状态。此外,并非所有的衰老程序都是 DDR 的结果。

(四)衰老相关分泌表型

衰老细胞的特征之一是与衰老相关的大量因子的分泌,包括生长因子、细胞因子、趋化因子和蛋白酶,称为衰老相关分泌表型(Senescence-Associated Secretory Phenotype,SASP)或衰老信息分泌组。这些分泌因子可以以不同的方式影响组织微环境,促进与相邻细胞和免疫系统的通信,最终影响衰老细胞的命运。

SASP 因子,如白细胞介素(Interleukelin, IL)-1 和 IL-6,可以通过自分泌方式增强自身细胞的衰老状态。但许多 SASP 因子以旁分泌的作用方式改变相邻细胞的行为。SASP 因子已被证明可促进胚胎结构的重组,参与组织重塑和修复,并增强免疫监测。相比之下,一些促炎症和组织重塑因子的长期存在,如白细胞介素和基质金属蛋白酶,与疾病状态和衰老表型相关。

许多 SASP 成员是以可溶性蛋白质的形式产生的,可直接运输到细胞外环境,但一些 SASP 因子最初是以跨膜蛋白的形式表达的,需要通过切割胞外功能域才能脱落释放到细胞外空间。ADAM17 是一种切割酶,负责几种 SASP 因子胞外功能域的切割释放。此外,一些 SASP 成员通过细胞外小泡的分泌(包括外泌体),在更远的组织细胞中发挥功能。

SASP 通常具有双重作用,一方面可以促进机体启动免疫系统清除衰老细胞,加快衰老细胞的生长停滞,参与肿瘤的抑制,将免疫细胞募集至衰老细胞,从而促进其清除,发挥肿瘤抑制功能;另一方面,SASP 可通过分泌促进血管生成、细胞外基质重塑或上皮-间质转化(EMT)的因子来促进肿瘤细胞的发展。此外,衰老诱导的慢性炎症可引起系统性免疫抑制,可能导致包括癌症在内的疾病发生,这种慢性炎症还可能导致衰老相关的组织损伤和变性。

(五)其他形态与代谢变化

与增殖细胞相比,衰老细胞通常表现细胞大小的改变、形状更扁平,并表现出与衰老相关的异染色质灶的形成、脂褐素积累、层黏连蛋白 B1(lamin B1)丢失。衰老细胞的核标志之一是广泛的染色质重构,表现为衰老相关异染色质簇集(Senescence-Associated Heterochromatic Foci, SAHF)的形成。经 DAPI 染色后,在衰老细胞的细胞核内观察到较暗的 SAHF 区域,并富含异染色质标记,如 H3K9me3 和 HP1γ。尽管 SAHF 在衰老时经常观察到,但也有一些细胞出现衰老时并不形成 SAHF。衰老细胞出现广泛空泡化,有时为多核,并出现核膜内折。由于层黏连蛋白 B1 表达丧失,导致核膜完整性被破坏,最终可观察到核膜崩解,而 lamin B1 水平下调已成为一种常见的细胞衰老标志。衰老细胞积累功能失调的线粒体,并表现出活性氧(ROS)水平升高。衰老表型的一个关键特征是细胞代谢的改变,这是完成衰老程序所必需的。越来越多关于细胞衰老代谢的文献报道,在衰老过程中葡萄糖的消耗和乳酸的产生都会增加。细胞中一种分解代谢酶——糖原磷酸化酶的消耗导致糖原的积累,使得细胞增殖活动减少并发生衰老。

二、细胞衰老的机制

衰老是一个复杂的过程,目前关于衰老的机制有多种学说,包括端粒缩短(端粒复制衰老)、DNA 损伤(DNA 损伤诱导衰老)和致癌信号转导(癌基因诱导衰老)。

(一)端粒和复制衰老

细胞衰老是由许多不同的原因在生理和病理环境中诱导的。其中,端粒缩短是最重要的因素之一。端粒(telomere)是由染色体末端的重复核苷酸序列及其相关的蛋白质组成的作为防止染色体降解和末端融合的保护帽。端粒包含数百到数千个富含 GT 的短串联重复序列,然后是富含 GT 的单链突出。

在 DNA 合成期间,DNA 聚合酶无法完全复制后随链上的末端序列,因此,这些未复制的序列被截短,导致进展性端粒损耗。每次细胞分裂都会导致 3′端 50～200 bp 的未复制 DNA 丢失。端粒酶(也称为末端转移酶)负责向端粒末端添加碱基以补偿端粒侵蚀。然而,端粒酶活性不足以平衡导致端粒缩短和细胞老化的快速细胞增殖速率。一旦端粒达到临界长度,具有保护作用的端粒帽状结构被破坏,并被细胞识别为 DNA 双链断裂,从而触发持续的 DNA 损伤应答并阻止进一步的细胞分裂。

此外,端粒侵蚀触发 DNA 损伤反应(DDR),ATM 或 ATR 激酶通过稳定 p53 蛋白和细胞周期蛋白依赖激酶(CDK)的抑制剂 p21 的转录激活阻断细胞周期进程。事实上,如果细胞不能修复 DNA 损伤,这些分子事件可以导致短暂的增殖停滞,从而促进衰老过程。

(二)DNA 损伤诱导衰老

DNA 损伤会触发 DNA 修复机制、凋亡或衰老,具体取决于损伤程度和生理环境。衰老细胞的特征是持续的 DNA 损伤应答,包括慢性 ATM 和 ATR 激酶信号转导,最终通过激活 p53/p21 和 p16/pRb 通路诱导细胞周期停滞和衰老。持续的 DNA 损伤应答由自由基引起。自由基是一个高活性分子家族,包括自由氧自由基(如超氧阴离子(O_2^-·))、羟基自由基(OH·)和非自由基氧衍生物(如稳定的过氧化氢(H_2O_2))。自由氧自由基反应形成其他活性氧,即过氧化氢和羟基自由基,并与活性氮物种相互转化,产生类似于活性氧的效果。

电子呼吸链中低效的电子转移被认为是各种可能的酶和非酶来源中的主要活性氧来源。作为有氧生活的必然结果,所有利用氧的细胞中的氧代谢(即细胞呼吸)产生 ROS,这些内源性自由基是人体自由基的主要来源。此外,外源性金属、辐射、化疗剂、致癌物(雌激素分子)以及饮食和环境也是 ROS 的来源。在生理条件下,氧化剂与抗氧化机制之间存在良好的平衡。内源性抗氧化剂,如过氧化氢酶家族的酶、谷胱甘肽基团、硫氧还蛋白相关基团和超氧化物歧化酶,以及外源性抗氧化剂,如还原型谷胱甘肽、类胡萝卜素和维生素 C、维生素 E,构成了不可或缺的活性氧解毒系统。当氧化还原稳态失衡,向有利于氧化的方向倾斜,活性氧就会从生理水平过渡到潜在的有害水平,形成氧化应激,过量的自由基会触发持续的 DNA 损伤和后续的细胞衰老。

此外,线粒体是体内氧自由基产生的主要场所,且线粒体膜含有丰富的不饱和脂肪酸,因此更易受到自由基的攻击。线粒体 mt DNA 无组蛋白的保护,并且缺乏有效的修复系统。因此呼吸链产生的氧自由基的不断堆积,会引起 mtDNA 的突变不断累积,当其达到一定程度后会导致 mt DNA 重要功能的丧失。有报道 mt DNA 的突变率比核 DNA 高 10 ~ 20 倍。mt DNA 氧化损伤后使其编码的呼吸链复合物的结构和功能发生变化,电子传递效率降低,导致 ROS 进一步增多,从而形成恶性循环,最后引起细胞衰老。

(三) 癌基因诱导衰老

哺乳动物细胞中的癌基因激活可导致增殖应激并进一步诱导细胞衰老,由癌基因激活引起的衰老被称为癌基因诱导的细胞衰老。作为一种强效的细胞自主抗癌机制,在出现致癌信号转导的细胞中发生衰老,是一种防止其转化为恶性细胞的应答,因此,衰老是一种抑制良性肿瘤病变向恶性肿瘤发展的生理性肿瘤抑制机制。关于癌基因诱导的衰老,第一个试验证据来自致癌基因 $HRAS^{G12V}$ 在人类成纤维细胞中的过度表达导致永久性细胞周期停滞的试验。RAS 癌基因突变在许多人类癌症中很常见,然而,其单独激活不足以驱动细胞的恶性转化,在没有额外的原癌基因或抑癌基因突变的情况下,$HRAS^{G12V}$ 的过度表达伴随着 $p19^{ARF}$ 和 p53 及 $p16^{INK4a}$ 的表达上调,并导致细胞衰老,而这种机制是阻止体内肿瘤生长的屏障。其他的癌基因如 *HER2*、*EGFR* 和 *PI3K* 的过度表达也可以导致原代细胞和肿瘤细胞的衰老,促进 SASP 表型特征的形成。此外,BRAF 突变是人类黑色素瘤患者的共同特征,BRAF 突变导致其组成性激活,在体外促进癌基因诱导的细胞衰老,并导致体内黑素细胞痣的形成,这是一种具有衰老细胞的良性皮肤肿瘤。神经纤维蛋白 1(*NF*1)基因的突变或功能丧失导致了一种称为Ⅰ型神经纤维瘤的人类疾病,其特征是周围神经系统和中枢神经系统均发生良性肿瘤。在这些病变中,*NF*1 的突变或失活导致 NRAS 途径的激活和以 SA-β-Gal 和 $p16^{INK4a}$ 高表达为特征的衰老的诱导。除此之外,*NF*1 的失活也被证明可以促进人类黑素细胞的衰老。

三、衰老对人体健康的影响

衰老在机体中产生的效应在特定环境中是多效性的,在生理和疾病方面,衰老细胞的影响可以被认为是有益的或有害的。

一方面,衰老参与机体的胚胎发育、创伤修复以及抑制癌症的发生等重要过程。发育衰老在器官形成中发挥作用。在发育的胚胎组织中发现具有衰老特征的细胞,这些细胞复制能力低,表达 SA-β-Gal,但与 DNA 损伤无关,不依赖 p53 和 $p16^{INK4a}$ 表达来阻止增殖,也不分泌典型的 SASP 细胞因子。相反,胚胎衰老是发育程序化的,由旁分泌信号诱导,并由细胞周期抑制剂 $p21^{CIP1}$ 介导。

在成年动物的各种创伤模型中可以观察到衰老细胞的存在。使用 $p16^{INK4a}$ 报告小鼠,

$p16^{INK4a}$启动子的激活在组织损伤后2～3天内出现，在4～7天内达到峰值，然后在2～3周内消失。在创伤部位还观察到具有其他衰老特征的细胞，如NF-kB激活和SASP细胞因子的表达，SASP细胞因子有助于伤口组织的重塑。

细胞衰老是防止肿瘤转化的一种细胞内在机制。衰老在癌症预防中的作用是众所周知的，许多非巨噬细胞类型（如黑素细胞、胰腺β细胞、脂肪细胞、T细胞）会经历衰老，以防止恶性转化。并且，对于哺乳动物的肿瘤抑制，细胞衰老比细胞死亡形式更重要。

另外，衰老促进机体产生年龄相关的表型，如头发变灰、肌肉减少、肥胖等。在正常的健康衰老过程中，维持组织内稳态所需的过程（如DNA损伤应答和氧化应激）不可避免地会导致衰老细胞的产生。随着时间的推移，这些细胞会在各种组织中积累，甚至导致组织功能障碍。如衰老细胞分泌的SASP，其中的金属蛋白酶可以破坏周围的细胞外基质，导致皮肤或肺弹性的丧失。这些慢性衰老细胞能够持续存在可能是由于老化的免疫系统的缺陷造成，或者是因为孤立的衰老细胞缺乏足够的信号来吸引免疫细胞。类似地，伤口修复等过程产生的急性衰老细胞可能因老化的免疫系统处理不完全而持续存在。总体来说，由多种机制引起的衰老细胞持续存在会使老化的组织功能降低，并且在面对其他应激源时更容易进一步恶化。所有个体都会在健康的衰老过程中出现组织功能障碍，而与年龄相关的特定疾病只会侵袭一些个体。

第二节　细胞死亡

细胞死亡在个体发育、疾病预防和癌症治疗中发挥重要作用。程序性细胞死亡（Programmed Cell Death, PCD）是指细胞接受某种信号或受到某些因素刺激后，为了维持内环境稳定而发生的一种主动性消亡过程。它既出现在个体正常的发育过程中，也出现在非正常生理状态或疾病中。程序性细胞死亡在清除无用的、多余的或癌变的细胞，维持机体内环境稳态方面发挥重要作用。程序性细胞死亡调控机制的失调与多种疾病的发生发展相关，如神经退行性疾病、自身免疫病、恶性肿瘤、衰老、病原微生物感染、肌细胞功能失调等。

一、凋亡性程序性细胞死亡

1972年，Kerr等首次提出细胞凋亡的概念，也称为Ⅰ型程序性细胞死亡，是一种严格受控的细胞死亡模式，对于多细胞生物的正常生长和发育不可或缺，凋亡缺陷会导致异常发育与发病。

（一）凋亡细胞的形态特征

凋亡细胞的典型形态学特点表现为：细胞皱缩、体积缩小；磷脂酰丝氨酸外翻；细胞核染色质浓缩、边缘化、染色质DNA断裂；部分细胞器、核糖体和核碎片被细胞膜包裹形成凋亡小体，从细胞表面出芽脱落，最后被具有吞噬功能的细胞如巨噬细胞、上皮细胞等吞噬。

（二）细胞凋亡的分子机制

所有动物细胞具有类似的凋亡机制，半胱-天冬氨酸蛋白酶（caspase）家族在其中发挥了重要作用。但近年的研究发现,凋亡形式的程序性细胞死亡也可以 caspase 非依赖的方式进行。

1. caspase

哺乳动物的 caspase 家族具有十几个成员,可根据其结构、分子功能和底物偏好进行分类。caspase-2、caspase-8、caspase-9、caspase-10 以及 caspase-12 被称为起始 caspase。起始 caspase 剪切并激活下游效应或者执行 caspase（caspase-3、caspase-6 和 caspase-7),这些执行 caspase 导致最终凋亡的发生。凋亡信号通过细胞膜受体途径或线粒体途径转导,依次激活起始 caspases（caspase-8 或 caspase-9)和下游信号转导通路的关键执行 caspase（caspase-3),启动凋亡。凋亡信号触发 caspase 活化,包括 caspase 大、小亚基结构域的剪切及随后的再连接,以及一个氨基末端前结构域的去除。在程序性蛋白水解级联过程中, caspase 在靶标蛋白的特定氨基酸残基进行剪切,如 PARP 和核纤层蛋白 A/C（lamin A/C）等靶蛋白均可被执行型 caspase 剪切,而后成为凋亡的标记。caspase 受到凋亡抑制因子（IAP）蛋白(c-IAP1/2、XIAP、livin、survivin)的抑制。这些蛋白通过直接结合或者作为泛素连接酶,靶定 caspase,通过泛素化降解来限制 caspase 活性。IAP 蛋白与 IAP 抑制剂之间的相互作用消除了 IAP 介导的 caspase 抑制,从而促进凋亡。

2. 死亡受体介导的细胞凋亡

死亡受体介导的细胞凋亡始于配体与受体的结合。死亡配体主要是肿瘤坏死因子(Tumor Necrosis Factor, TNF)家族成员,包括 TNF 和 FasL。Fas, 也命名为 Apo-1 CD 95, 是典型的死亡受体。Fas 等死亡受体被配体激活后,可诱发凋亡外源性通路。死亡配体通过受体寡聚化,启动信号转导,从而导致特异的接头蛋白的募集,以及 caspase 级联反应的激活。下面以 Fas 为例说明死亡受体介导的细胞凋亡途径。Fas 为 I 型跨膜蛋白,胞内含有一段 80 个氨基酸序列的片段,称死亡结构域（Death Domain, DD）。Fas 配体(FasL)以同源三聚体的形式存在, Fas 与 FasL 结合后形成三聚体, 负责招募 Fas 死亡结构域相关蛋白（Fas Associated Death Domain , FADD),此蛋白的末端也有一 DD ,与 Fas DD 同源, Fas 与 FADD 通过 DD 形成二聚体而相互作用。FADD 末端称为死亡效应结构域(Death Effector Domain, DED）,该结构负责将凋亡信号传递至 caspase-8。激活的 caspase-8 作用于不同的底物产生不同的效应,于是细胞发生凋亡。

3. 内部控制凋亡

凋亡的内部信号通路需要通过释放线粒体的细胞色素 c(cytochrome c)来激活胞质 caspase,而且需要通过 Bcl-2 家族蛋白来调控线粒体外膜通透性。Bcl-2、Bcl-xL 和 Bcl-w 含有多重 BH 结构域,能够促进细胞存活。能够促进细胞死亡的 Bcl-2 蛋白包括那些含有多重 BH 结构域(Bax、Bak)或者含有单个 BH3 序列(Bad、Bik、Bid、Puma、Bim、Bmf 和 Noxa)的蛋白。BH3 蛋白是凋亡的重要调节分子,能够通过抑制抗凋亡蛋白以及促进 Bax 和 Bak 嵌入线粒体外膜来促进细胞死亡。促凋亡的 Bax 和 Bak 在线粒体上形成寡聚体,从而改变膜通透性并允许细胞色素 c 释放至胞浆中。抗凋亡的 Bcl-xL 与膜结合的 Bax 竞争结合,促进其从线粒体膜上的去除过程。Bcl-2 家族蛋白活性常常通过磷酸化进行调控。Bad 的磷酸化能够防止 Bad 与抗凋亡的 Bcl-2 和 Bcl-xL 蛋白之间的相互作用。促凋亡的 Bim 磷酸化会导致 Bim 的泛素介导降解,减少对抗凋亡的 Bcl-2 和 Bcl-xL 蛋白的抑制。对 DNA 损伤做出反应的 Bid 磷酸化能够防止其活化,并促进 DNA

修复与细胞存活通路。死亡受体介导的细胞凋亡与凋亡的内部途径亦存在交叉。FasL 的结合通过接头蛋白 FADD 募集启动型 caspase-8，激活的 caspase-8 可通过 2 条并行的级联反应诱发凋亡：它既可以直接剪切并激活 caspase-3，也可以剪切 Bcl-2 家族的促凋亡蛋白 Bid。切短的 Bid（tBid）转位到线粒体中，诱导细胞色素 c 释放，从而激活 caspase-9 和 caspase-3。

（三）细胞凋亡对机体的影响

在生物的生长发育过程中，细胞凋亡是不可或缺的一个重要方面。细胞凋亡是机体自我保护的机制，是长期遗传进化的结果，其对于多细胞生物个体发育的正常进行、自稳平衡的保持以及抵御外界各种因素的干扰都起着非常关键的作用。通过细胞凋亡，有机体得以清除机体内部不断衰老、畸变、过剩或不再需要的细胞，而不引起炎症反应，另外又通过细胞增殖加以补充。在发育过程中，手和足的成形过程就伴随着细胞凋亡。在胚胎时期，它们呈现铲状，随着指或趾之间的细胞凋亡才逐渐发育为成形的手和足。在胚胎发育过程中也产生过量的神经细胞，它们竞争靶细胞所分泌的生长因子，只有接受了足够的生长因子的神经细胞才能存活，其他的神经细胞则发生凋亡。在发育过程中，幼体器官的缩小与退化，如两栖类蝌蚪尾的消失，都是通过细胞凋亡实现的。在成熟的个体组织中，细胞的自然更新和清除被病原体感染的细胞也是通过细胞凋亡完成的。在发育过程中和成熟组织中，细胞发生凋亡的数量是惊人的。例如，在健康的成人体内骨髓和肠中每小时约有 10 亿个细胞发生凋亡。脊椎动物的神经系统在发育过程中，约有 50% 的细胞发生凋亡，通过细胞凋亡来调节神经细胞的数量，使之与需要神经细胞支配的靶细胞的数量相适应。此外，各种免疫细胞对靶细胞的攻击并引起其死亡，也是基于细胞凋亡。细胞凋亡的失调，包括不恰当的激活或者抑制均会导致疾病，如阿尔兹海默症（Alzheimer）、各种肿瘤、艾滋病以及自身免疫疾病。

（四）细胞凋亡的检测方法

1. 显微镜观察

对于体外培养的细胞，用倒置显微镜观察可见凋亡细胞体积变小、形态改变，贴壁细胞出现皱缩、变圆、脱落。用姬姆萨、瑞氏染色后，高倍光学显微镜下可见凋亡细胞出现染色质浓缩、致密、深染、边缘化。对于一般组织切片，光学显微镜很难观察到凋亡小体等典型的凋亡形态，本方法可用于凋亡现象的初步观察。

以荧光染料对细胞核染色质进行染色，通过荧光显微镜观察其荧光变化即可判定正常、凋亡和死亡细胞。常用的凋亡细胞 DNA 特异性染料有 Hoechst 33342 和 Hoechst 33258 等。Hoechst 33342 与 DNA 的结合是嵌入式的，主要结合在 DNA 的 A、T 碱基区，它可进入完整的细胞膜。正常细胞和凋亡细胞均可被 Hoechst 33342 染色，紫外光激发显示蓝色荧光，凋亡细胞由于细胞膜的通透性增强、染色质凝集等现象表现为亮蓝色荧光，并可见亮蓝色凋亡小体。PI 是一种核酸染料，它不能透过完整的细胞膜。坏死细胞由于膜完整性破损，可被 PI 染料染色显示红色荧光。根据这些特性，用 Hoechst 33342 结合 PI 染料对细胞进行双染色，就可在荧光显微镜下将正常、凋亡和坏死细胞区分开来。

关于凋亡细胞的超微结构特征，包括透射电镜和扫描电镜下的改变，在许多文献中已有详尽描述。细胞凋亡过程中细胞核染色质的形态学改变分为三期：凋亡Ⅰ期，细胞核内染色质高度盘绕,出现许多称为气穴现象的空泡结构;Ⅱ a 期,核染色质高度凝聚,浓缩成半月形或帽状附于核膜;Ⅱ b 期,细胞核裂解为碎块,产生凋亡小体。显微镜观察的缺点是样品制作过程较复杂、范围局限,在凋亡细胞数较少时需进行大量的观察才能观察到典型的凋亡改变,但此方法仍然是定性凋亡细胞的可靠方法,为细胞凋亡形态学观察的金指标。

2. 流式细胞术分析

(1)磷脂酰丝氨酸外翻分析(膜联蛋白法)。

磷脂酰丝氨酸(Phosphatidylserine,PS)正常位于细胞膜的内侧,但在细胞凋亡的早期,PS 可从细胞膜的内侧翻转到细胞膜的表面,暴露在细胞外环境中。膜联蛋白 v (annexin v) 是一种分子量为 35 ~ 36 ku 的 Ca 依赖性磷脂结合蛋白,能与 PS 高亲和力特异性结合。将膜联蛋白 v 进行荧光素(FITC、PE)标记,以标记的膜联蛋白 v 作为荧光探针,利用流式细胞仪可检测细胞凋亡的发生。在凋亡中晚期的细胞和死细胞,PI 能够透过细胞膜而将细胞核染红。因此,将膜联蛋白 v 与 PI 匹配使用,可以将凋亡早晚期的细胞以与死细胞区分开来。此方法可区分早期、晚期凋亡细胞,是定量检测细胞凋亡的方便而可靠的方法之一。与 PI 染色法结合起来,可计算出凋亡细胞时间窗。

(2)DNA 含量测定(PI 染色法)。

PI 染色法是利用流式细胞术检测细胞凋亡最早使用的方法。PI 荧光染料分子不能进入完整的细胞膜,但细胞经固定、打孔后 PI 可直接进入细胞插入到 DNA 碱基对之间,流式细胞仪通过检测掺入的 PI 荧光强度来表示 DNA 含量。凋亡细胞 DNA 含量降低,故在正常的 G0/G1 峰前有一亚峰出现,即凋亡峰。本方法通过 DNA 含量的降低粗略定量凋亡细胞的百分比,但不能区分早期、晚期及坏死细胞,可作为凋亡细胞的初步筛选。

(3)线粒体膜势能的检测。

线粒体在细胞凋亡过程中起着关键的枢纽作用,而线粒体跨膜电位的下降,被认为是细胞凋亡级联反应过程中最早发生的事件,它发生在细胞核凋亡特征(染色质浓缩、DNA 断裂)出现之前,一旦线粒体崩溃,细胞凋亡则不可逆转。线粒体跨膜电位的存在,使一些亲脂性阳离子荧光染料罗丹明 123 等可结合到线粒体基质,其荧光的增强或减弱说明线粒体内膜膜电位的增高或降低。

3. 凝胶电泳分析

细胞凋亡时主要的生化特征是其染色质发生浓缩,染色质 DNA 在核小体单位之间的连接处断裂,形成 200 bp 整数倍的 DNA 片段,在凝胶电泳上表现为梯形电泳图谱(DNA ladder)。细胞经处理后,采用常规方法分离提纯 DNA,进行琼脂糖凝胶电泳和溴化乙啶染色,在凋亡细胞群中可观察到典型的 DNA 梯形图谱。本方法特异性较强,灵敏性较差,适用于凋亡细胞较多的样本。如凋亡细胞不足 10%,最好选用其他检测方法。

4. caspase-3 活性分析

caspase 家族在介导细胞凋亡的过程中起着非常重要的作用,其中 caspase-3 为关键的执行分子,它在凋亡信号转导的许多途径中发挥功能。caspase-3 以酶原(32 ku)的形式存在于胞质中。在凋亡的早期阶段,它被激活,活化的 caspase-3 由两个大亚基(17 ku)和两个小亚基(12 ku)组成,裂解相应的胞质胞核底物,最终导致细胞凋亡。因此在细胞凋亡早期,caspase-3 活性明显增强。但在细胞凋亡的晚期和死亡细胞中,

caspase-3的活性明显下降。所以,在 caspase-3 活性检测中要重点把握时间窗,分析细胞凋亡的全过程。

二、自噬性程序性细胞死亡

近年来,一种新的程序性细胞死亡方式——自噬性程序性细胞死亡吸引了越来越多细胞生物学家的注意。人们将自噬性程序性细胞死亡称为Ⅱ型程序性细胞死亡,这种形式的细胞死亡表现为细胞质中出现大量包裹着细胞质和细胞器的空泡结构和溶酶体对空泡内成分的降解。

(一)细胞自噬的形态学特点及分类

细胞自噬在进化过程中高度保守,从酵母、果蝇到脊椎动物和人都可以找到参与细胞自噬的同源基因。相对于主要降解短半衰期蛋白质的泛素-蛋白酶体系统,细胞的自噬被认为参与绝大多数长半衰期蛋白质的降解。在形态学上,即将发生细胞自噬的细胞胞浆中出现大量游离的膜性结构,称为前自噬泡(preautophagosome)。前自噬泡逐渐发展,成为由双层膜结构形成的囊泡,其中包裹着变性坏死的细胞器和部分细胞质,这种双层膜囊泡被称为自噬泡(autophagosome)。自噬体双层膜的起源尚不清楚,有人认为其来源于粗面内质网,也有观点认为来源于晚期高尔基体及其膜囊泡体,也有可能是重新合成的。自噬泡的外膜与溶酶体膜融合,内膜及其包裹的物质进入溶酶体腔,被溶酶体酶水解。此过程使进入溶酶体中的物质被分解为其组成成分(如蛋白质分解为氨基酸,核酸分解为核苷酸),并被细胞再利用,这种吞噬了细胞内成分的溶酶体被称为自噬溶酶体(autophagolysosome or autolysosome)。尽管在进化过程中,底物运送到溶酶体的机制发生了变化,细胞自噬本身却是一个进化保守的过程。与其他蛋白水解系统相似,溶酶体参与了细胞内组成成分的持续周转(尤其是长半衰期蛋白质的分解和再利用)。在细胞自噬过程中,除可溶性胞质蛋白之外,像线粒体、过氧化物酶体等细胞器或细胞器的一部分,如高尔基体和内质网的某些部分都可被溶酶体所降解;最近,有研究发现,酵母细胞核的某些区域也可通过细胞自噬途径被清除。根据细胞内底物运送到溶酶体腔方式的不同,哺乳动物细胞的自噬可分为三种主要方式:大自噬(macroautophagy)、小自噬(microautophagy)和分子伴侣介导的自噬(chaperone-mediated autophagy)。在大自噬中,细胞质中可溶性蛋白和变性坏死的细胞器被非溶酶体来源的双层膜结构所包裹,即前面提到的自噬泡,并由自噬泡将其携带到溶酶体中降解加工;小自噬与之不同,溶酶体膜自身变形,包裹吞噬细胞浆中的底物。在大自噬和小自噬两种形式的细胞自噬中,底物被其所包裹的膜性结构带至溶酶体后,均发生膜的迅速降解,进而释放出其中的底物,使溶酶体中水解酶对底物进行有效水解,保证了细胞对底物的再利用。分子伴侣介导的自噬首先由胞质中的分子伴侣 Hsc73 识别底物蛋白分子的特定氨基酸序列并与之结合,分子伴侣-底物复合物与溶酶体膜上的受体 Lamp2a (Lysosome-associated membrane protein 2a)结合后,底物去折叠;溶酶体腔中的另外一种分子伴侣介导底物在溶酶体膜的转位,进入溶酶体腔中的底物在水解酶作用下分解为其组成成分,被细胞再利用。因此,自噬可被认为是真核细胞中广泛存在的降解/再循环系统。

(二) 细胞自噬的发生过程

自噬的过程很短,只有 8 min 左右,是细胞对于环境变化的快速反应。自噬发生的过程大致分为自噬的起始、自噬体的形成、自噬体与溶酶体融合、内容物降解与释放、溶酶体再生。目前至少已经鉴定出27种参与酵母自噬的特异性基因，另外还有50多种相关基因。其命名最初称为APG、AUT和CVT，现已被统一命名为酵母自噬相关基因ATG。哺乳动物自噬相关基因也已由最初的Atg/Apg/Aut/Cvt统一命名为Atg。哺乳动物自噬基因的命名与酵母相似，但也有个别差异，如酵母的ATG8在哺乳动物称为LC3，酵母的ATG6在哺乳动物则称为Beclin1。随着研究的深入，许多酵母中自噬相关基因的同源物均已在哺乳动物中找到，并分离鉴定成功，这说明自噬是一个进化保守的过程，其分子机制从酵母到哺乳动物十分相似。

1. 自噬的起始

自噬的整个过程开始于一段被称为自噬泡(phagophore)或隔离膜(isolation membrane)的区域。自噬泡组装的位置被称为PAS(Phagophore Assembly Site)，约近20种自噬相关蛋白被招募于此，单独或以复合体的形式参与自噬的起始过程。

哺乳动物细胞中自噬的起始阶段受到两大复合物的精确调控，即PI3K和ULK1复合物。在自噬起始阶段发挥作用的PI3K复合物为Ⅲ型PI3K，包括PI3K(hVps34)以及相应的调节性蛋白激酶p150(hVps15)、Beclin-1和Atg14L。hVps34催化磷脂酰肌醇形成磷脂酰肌醇-3磷酸(PI3P)。有文章指出，自噬即起源于内质网上富含PI3P的区域所形成的杯状的“Ω”小体，电镜下亦可观察到该结构与内质网相联系，提示自噬体的内质网起源。尽管自噬体膜的起源存在争议，如有文献报道自噬体膜的高尔基体或质膜来源，但最近的研究指出，自噬活动可能起始于内质网与线粒体接触点，如饥饿处理后，自噬相关蛋白Atg14和Atg5定位于内质网-线粒体接触处，内质网驻留的SNARE蛋白STX17结合Atg14并将其招募至内质网-线粒体接触处；而破坏内质网与线粒体的接触点则能阻止Atg14蛋白在此处的聚集。在酵母细胞中也发现自噬相关蛋白Atg8与形成内质网-线粒体接触结构(ER-mitochondrial encounter structure)的Mmm1蛋白互相结合，支持自噬可能起始于内质网与线粒体接触点。研究发现，在自噬条件下，Atg14和PI3K富集于内质网上，它们富集的区域即是“Ω”小体形成的区域；饥饿条件下，“Ω”小体标记物ZFYVE1/DFCP1被检测到移至内质网-线粒体接触处，表明自噬活动可能起始于内质网与线粒体接触点，由此开始后续的自噬过程。

哺乳动物中，ULK1起始复合物为ULK1-Atg13-FIP200 (200 ku focal adhesion kinase family-interacting protein)，该复合物始终稳定存在于细胞中，并不受营养条件的控制。正常情况下，自噬活动受到mTOR(mamalian target of rapamycin)的抑制而处于非常低的水平，当用雷帕霉素或者饥饿处理时，mTOR的活性受到抑制，ULK1的活性被激活，Agt13和FIP200被磷酸化，促进自噬的发生。Atg9是参与自噬发生的唯一的膜整合蛋白，其哺乳动物的同源物为Atg9L，它作为脂类物质的载体，或作为平台负责将其他的自噬相关蛋白募集到PAS处。Atg9可以在PAS和细胞质中非PAS处穿梭。在酵母中，Atg11与Atg23和Atg27共同作用将Atg9募集到PAS。Atg9被运送到PAS后，继续招募其他的自噬相关蛋白，如Atg12和微管相关蛋白轻链LC3。Atg18则通过与PAS处富集的PI3P相互作用，将Atg18-Atg2复合体携带至PAS。在Atg18-Atg2复合体和Atg1复合体以及PI3K复合体的帮助下，Atg9L离开PAS，回到细胞质基质中，完成其循环过程。

2. 自噬体的形成

自噬体膜的伸展与封闭依赖于两类泛素样蛋白系统:Atg12 及其相关蛋白和 Atg8 及其相关蛋白。Atg12 由 Atg7(类似于 E1 泛素激活酶)激活,然后在 Atg10(类似于 E2 泛素耦联酶)的介导下耦联到 Atg5。Atg12 与 Atg5 共价连接后与 Atg16L 结合,后者指导 Atg12-Atg5-Atg16L 复合体到达自噬体膜上。LC3 是酵母 Atg8 的同源物,它在合成后不久被 Atg4 切割成 LC3-I,暴露的 C 末端在 Atg7(E1 泛素激活酶活性)、Atg3(E2 泛素耦联酶活性)和 Atg12- Atg5 复合体(E3 泛素连接酶活性)的作用下耦联到磷脂酰乙醇胺的极性头,成为脂化形式的 LC3-Ⅱ。LC3-Ⅱ附着在自噬体的膜上并在自噬体膜上募集脂质分子,保证自噬体膜的扩展并封闭。自噬体形成之后,Atg12-Atg5-Atg16L 复合物离开自噬体,并且自噬体胞质一侧的 LC3 被 Atg4 切割下来重新利用。

3. 自噬体与溶酶体的融合及内容物降解与释放

大多数情况下,自噬体形成之后会与一系列的囊泡融合,包括早期和晚期内体,自噬体最终与溶酶体融合并在其中进行底物的降解,这些过程统称为自噬体的成熟。自噬体与各种囊泡的融合需要一系列蛋白的参与。例如,在囊泡识别过程中起作用的 SNARE 蛋白复合物;在融合过程中发挥作用的 Hrs 及其下游 ESCRT 蛋白。此外,LAMPs、DRAM 以及一些微管和微管相关蛋白也参与自噬体与各种囊泡的融合过程。在经过一系列的融合之后,自噬体的内膜及其内含物在溶酶体中被降解。这个过程需要在自噬体内的溶胶环境酸化完成之后才能进行,并且依赖于自噬性溶酶体内一系列的水解酶,如酸性蛋白水解酶 Prb1 和负责去除氧化损伤蛋白的 Pep4 以及具有脂酶活性的 Atg15。最终自噬溶酶体内各种大分子降解的产物会被释放至胞质中。目前已知,在哺乳动物中,有 SLC36A1/LYAAT-1 和 SLC36A4/LYAAT-2 参与氨基酸的释放,在酵母细胞中则还有 Atg22 参与此过程,但其哺乳动物细胞内的同源类似物暂无报道。研究显示,在细胞发生非凋亡性死亡时,常伴有自噬相关蛋白,例如 Atg5、Atg7 和 Beclin-1 的表达上调,并且在利用 Atg7 和 Beclin-1 RNAi 或者药理性自噬抑制剂如巴佛罗霉素-A1 抑制细胞自噬后,细胞死亡数量明显降低,细胞活力显著上升。将小鼠细胞 *Bax/Bak* 基因敲除后,在死亡刺激信号诱导下,被敲除的细胞呈现出 Atg5 和 Beclin-1 依赖性的非凋亡性细胞死亡。

三、细胞坏死

细胞坏死是外界损伤(辐射、高温、化学物质、缺氧等)刺激引起的一种非程序性死亡方式,其形态学特点明显异于凋亡。坏死的典型特点包括坏死细胞的肿胀和破裂,细胞内容物溢出到周围区域。这一过程通常涉及各种促炎蛋白(如 NF-κB)的上调,导致炎症和组织损伤的级联发生。与凋亡不同,坏死是一种由外部损伤诱导的、不受控制的细胞死亡形式。

虽然以前曾经认为坏死是被动和非程序性的,但 2005 年的研究揭示了一种类似于坏死的程序性死亡过程。这种程序性的坏死形式称为坏死性凋亡,可被细胞外信号(死亡受体-配体结合)或细胞内诱因(微生物核酸)所诱导,并在 caspase 的活性受到显著抑制时发生。此外,还有另一种类型的程序性坏死称为焦亡,这种细胞死亡形式在天然免疫应答中发挥重要作用,并由炎性 caspase 蛋白介导。

（一）坏死性凋亡

早在2005年人们就发现了一种新的细胞死亡形式，它表现出坏死的特征，但与以前的观察不同，它似乎受到严格的调控，这种形式的细胞死亡被称为坏死性凋亡。因此，坏死性凋亡属于高度调控的坏死类型。坏死性凋亡在凋亡受到抑制的情况下发生，由受体相互作用蛋白1（RIP1）和受体相互作用蛋白3（RIP3）所调控。坏死性凋亡途径是由死亡受体介导的，常由肿瘤坏死因子受体1（TNFR1）介导，肿瘤坏死因子相关凋亡诱导配体（TRAIL）和Fas受体也可诱导坏死性凋亡。当配体与TNFR1结合后，TNFR1招募促生存复合物Ⅰ，该复合物由TNFR相关死亡结构域（TRADD）、RIP1和几个E3泛素连接酶组成。在复合物Ⅰ中，RIPK1是多泛素化的；随后RIPK1的去泛素化导致形成复合物Ⅱa或Ⅱb。复合物Ⅱa激活caspase-8并导致细胞凋亡，而当caspase-8被抑制时，复合物Ⅱb形成并激活坏死性凋亡。

RIPK1、RIPK3和MLKL是参与坏死性凋亡的主要分子。caspase-8可通过剪切RIPK1和RIPK3来抑制坏死性凋亡。FLIP是一种能够掺入复合体Ⅱ的无催化活性的caspase-8同源物，FLIP引起的caspase-8活性抑制能够防止RIPK1剪切并驱动坏死性凋亡。Necrostatin-1（Nec-1）是一种可抑制RIP1K活性的小分子，在Nec-1存在的情况下可观察到坏死性凋亡受到抑制。在坏死性凋亡期间，RIPK3被磷酸化，激活MLKL，MLKL作为RIPK1和RIPK3下游的效应蛋白发挥作用。MLKL磷酸化会诱导MLKL寡聚化并向质膜转位，并与磷脂酰肌醇相互作用，诱导膜通透和细胞破坏。MLKL诱导的质膜通透导致Ca^{2+}或Na^{+}内流并直接形成孔道，释放细胞损伤相关分子模式（cDAMP），例如线粒体DNA（mtDNA）、高迁移率族蛋白B1（HMGB1）、IL-33、IL-1α和ATP。在缺乏MLKL时，寡聚化的RIPK3也能诱导凋亡，即使没有RIPK1。此外，在缺乏功能性RIPK1-MLKL相互作用的情况下，坏死小体的稳定存在能够募集caspase-8并触发凋亡（依赖RIPK1的凋亡）。重要的是，RIPK1和RIPK3之间的相互作用并非线性。RIPK1既能抑制依赖caspase-8的凋亡，也能抑制RIPK3驱动的坏死性凋亡，在某些情况下RIPK1还能激活RIPK3。

坏死性凋亡在癌症以及几种神经退行性疾病中发挥重要作用，坏死性凋亡参与肿瘤转移；因此，抑制坏死性凋亡通路能够限制肿瘤生长。此外，据报道在阿尔茨海默症和帕金森病中，Nec-1处理能够提高细胞活力。

综上所述，研究坏死性凋亡及其他细胞死亡通路的机制可为各种疾病的新型治疗方式开发提供具有治疗价值的见解。

（二）焦亡

焦亡通常被认为是一种与炎症相关的细胞死亡形式，“焦亡”这一术语是在2001年发现被细菌感染的巨噬细胞发生依赖于caspase-1活性的快速溶解性细胞死亡后被提出的。尽管传统上被定义为caspase-1介导的细胞死亡，但研究表明，其他caspase，如caspase-11及其人类同源物caspase-4和caspase-5，以及凋亡效应物caspase-3均能够触发焦亡。这些caspase能够启动焦亡是由于它们能够切割和激活在质膜上形成孔道的gasdermin（GSDM）基因家族的特定成员，该家族在人类中包含6个基因，在小鼠中包含10个基因。迄今为止，已报道caspase-1/4/5/11靶向gasdermin D（GSDMD），而caspase-3

可切割 GSDME(GSDME/DFNA5)。在 GSDM 蛋白的 N 端与 C 端连接处发生的切割使得 N 端区域从抑制性 C 端片段中释放出来。GSDM-N 结构域与质膜上酸性磷脂结合,如哺乳动物质膜磷脂双分子层内层上的磷酸肌醇,形成寡聚体孔道。因此,可以将哺乳动物细胞焦亡定义为 GSDM 依赖性细胞死亡,GSDM-N 结构域介导这种形式的细胞死亡。

焦亡包括致病分子的识别与结合、质膜孔道的形成和破裂、炎性物质从细胞质释放到细胞外。特定模式识别受体(PRR)识别特定的微生物或内源性危险,引起被称为炎症小体的细胞内蛋白复合物的组装。

在 caspase-1 介导的焦亡中,炎症配体的识别导致炎症小体的组装,由 PPR 和下游接头蛋白(如 ASC 或 NLRC4)所介导。炎症小体包括:①AIM2/ASC 炎症小体,AIM2 作为 DNA 结合受体,识别细胞质双链 DNA;②NAIP/NLRC4 炎症小体,分别以 NAIP 和 NLRC4 作为受体和信号放大器,直接识别细菌鞭毛蛋白;③NLRP3/ASC 炎症小体,被各种膜损伤激活;④Pyrin/ASC 炎症小体,间接感受细菌毒素引起的宿主 Rho GTPase 的失活修饰。PRR 通过含有 caspase 激活和募集结构域(CARD)的接头蛋白招募 caspase-1,PRR 的寡聚化使多个 caspase-1 分子彼此接近而被激活。活化的 caspase-1 切割并激活 GSDMD,以及炎性细胞因子 IL-1β 和 IL-18。胞质中 LPS 可诱导非典型炎症小体,导致 GSDMD 被活化的 caspase-4/5/11 剪切。细胞质 PRR,最有可能的是含有 CARD 结构域的蛋白质,识别 LPS,然后寡聚形成多蛋白复合物激活 caspase-4/5/11。

(三)铁死亡

铁死亡最初被认为是由小分子 erastin 和 RSL3 诱导的一种独特的细胞死亡形式,是在筛选这两种小分子化合物对 HRAS 过表达细胞的选择性细胞毒性时发现的。然而,进一步的研究并未证实 erastin 在 RAS 突变癌细胞系中的选择致死性。此外,铁死亡细胞没有显示任何凋亡的特征,而敲除介导坏死性凋亡的关键基因 *RIPK*1 和 *RIPK*3 并不能保护细胞免于铁死亡。

尽管一项初步研究表明,铁死亡在形态学、生物化学和遗传学上与凋亡、坏死和自噬不同,但大多数研究者一致认为,发生铁死亡的细胞通常表现出坏死样的形态学变化。这些特征包括质膜完整性的丧失、细胞质肿胀(胀亡)、细胞质细胞器肿胀和中度染色质浓缩。在某些情况下,铁死亡还伴随着细胞变圆、脱落以及自噬体的增加。值得注意的是,一个细胞中发生的铁死亡可以快速传播到相邻细胞。

在超微结构水平上,铁死亡细胞通常表现出线粒体异常,例如固缩或肿胀、膜密度增加、嵴减少或缺失以及外膜破裂。线粒体是大多数哺乳动物细胞的代谢中心和活性氧的重要来源。与早期研究认为线粒体介导的活性氧生成不是铁死亡所必需的不同,最近的证据表明线粒体介导的活性氧生成、DNA 应激和代谢重编程是脂质过氧化和铁死亡诱导所必需的。

铁死亡是一种 ROS 依赖的细胞死亡形式,与两个主要的生化特征有关,即铁积累和脂质过氧化。亚铁(Fe^{2+})通过与过氧化氢(H_2O_2)反应被氧化为三价铁(Fe^{3+}),从而形成高活性羟基自由基(OH·),即芬顿(Fenton)反应。Fe^{3+}通过与超氧自由基(O_2^-·)反应还原为 Fe^{2+},这种氧化还原循环被称为 Harber-Weiss 反应。经典的铁死亡激活剂 erastin 或 RSL3 使得细胞内亚铁累积,铁离子可能通过反应直接产生过量的 ROS,从而增加氧化损伤。此外,亚铁可增加脂氧合酶(ALOX)或 EGLN 脯氨酰羟化酶(PHD)的活性,它们负责脂质过氧化和氧稳态。

目前尚不清楚为什么只有亚铁,而不是其他也通过 Fenton 反应引起 ROS 产生的金属(如锌),具有诱发铁死亡的能力。一种可能性是,铁过载激活了特定的下游效应器,在产生脂质 ROS 后促进铁死亡的发生。而抑制抗氧化系统,靶向铁超载相关基因,或使用铁螯合剂,能有效抑制铁死亡。

脂质过氧化是一种自由基驱动的反应,主要影响细胞膜上的不饱和脂肪酸。脂质过氧化的产物包括最初的脂质氢过氧化物(LOOHs)和随后的反应性醛(例如丙二醛(MDA)和 4-羟基壬醛(4HNE)),它们在铁死亡期间增加。脂肪酸有三种类型,即饱和脂肪酸(无双键)、单不饱和脂肪酸(MUFA,1 个双键)和多不饱和脂肪酸(PUFA,>1 个双键)。尽管各种细胞膜脂质(如磷脂酰胆碱、磷脂酰乙醇胺(PE)和心磷脂)可能被氧化,但 ALOX 对磷脂中多不饱和脂肪酸的过氧化作用似乎对铁死亡尤为重要。

在非酶脂质过氧化中,自由基,如羟基自由基(OH·),从多不饱和脂肪酸(PUFA)中提取氢,形成磷脂自由基(PL·)。PL·与分子氧(O_2)反应,形成磷脂过氧自由基(PLOO·)。PLOO·从另一种多不饱和脂肪酸中提取氢,形成磷脂氢过氧化物(PLOOH)和新的 PL·,可再次与 O_2 反应。在酶促脂质过氧化中,脂氧合酶(LOX)催化 PUFA 的双氧化并生成 PLOOH。一方面,在亚铁(Fe^{2+})存在下,PLOOH 可分解为烷氧基磷脂自由基(PLO·),其通过攻击另一种 PUFA 促进脂质过氧化的进一步增加;另一方面,PLOOH 可分解为 4-HNE 或 MDA,通过交联可使蛋白质失活。PL 的过氧化和 4-HNE 或 MDA 的产生导致膜不稳定和通透性增加,细胞死亡。

谷胱甘肽过氧化物酶 4(GPX4)具有将反应性 PL 过氧化氢还原为非反应性 PL 醇(PL-OH)的独特能力,可中断自由基链反应并抑制脂质过氧化。

思 考 题

1. 为什么说细胞衰老在特定的生理环境中对机体是有益的?
2. 解释 Hayflick 极限发生的细胞基础。
3. 引起细胞衰老的原因有哪些?衰老的细胞会出现哪些形态和代谢的改变?
4. caspase 是凋亡的重要执行者,caspase 被激活是否一定会导致凋亡的发生?
5. 自噬的发生对细胞的存活是一把双刃剑,谈谈你对此的理解。
6. 比较发生凋亡与坏死样凋亡的细胞在形态上的典型差异,是什么原因造成了这种差异?
7. 发生铁死亡的细胞质膜的完整性被破坏,是什么原因造成的?

参 考 文 献

[1] 翟中和,王喜忠,丁明孝. 细胞生物学[M]. 4 版.北京:高等教育出版社,2011.
[2] 何玉池,刘静雯. 细胞生物学[M]. 武汉:华中科技大学出版社,2014.
[3] HERNANDEZ-SEGURA A, NEHME J, DEMARIA M. Hallmarks of cellular senescence

[J]. Trends in Cell Biology, 2018,28 (6):436-453.

[4] D'ARCY M S. Cell death: a review of the major forms of apoptosis, necrosis and autophagy[J]. Cell Biology International, 2019, 43(6):582-592.

[5] BROZ P, PELEGRÍN P, SHAO F. The gasdermins, a protein family executing cell death and inflammation[J]. Nature Reviews Immunology, 2020, 20(3):143-157.

[6] DIXON S J, STOCKWELL B R. The role of iron and reactive oxygen species in cell death [J]. Nature Chemical Biology, 2014, 10(1):9-17.

第六章　生物技术与环境治理

第一节　生物技术与环境

一、环境生物技术的概念与特点

（一）环境生物技术的概念

环境生物技术目前还没有一个统一的概念。根据1919年生物技术协会（European Federation of Biotechnology）的定义，环境生物技术（Environmental Biotechnology，EBT）是指生物化学、微生物学及工程技术相结合的整合性科学，主要目的是将微生物、动物或植物应用于农业、环境、工业上。从广义上讲，凡是涉及环境污染控制的一切与生物技术有关的工程技术都属于环境生物技术。从严格意义上讲，环境生物技术是一门由现代生物技术与环境工程相结合的新兴交叉学科，是生物工程领域的新方向，其作为一个人工技术系统直接或间接利用完整的生物体或生物体的某些组成部分或某些机能，建立降低或消除污染物产生的生产工艺，或者能够高效净化环境污染以及同时生产有用物质。

1994年，时任中国科学院生物科学与技术局局长的孟广震教授在庆祝《生物工程学报》创刊10周年的报告中指出，国际上认为21世纪生物技术化的十大热点中，环境污染监测、毒性污染物的生物降解和生物降解塑料3项属于环境生物技术的内容。2019年，唐鸿志教授在《生物工程学报》的环境生物技术专刊序言中指出：现代生物技术，尤其是基因工程、细胞工程和酶工程等生物技术的飞速发展和应用，大大强化了一系列环境生物的处理过程，使生物处理具有更高的效率、更低的成本和更好的专一性，为生物技术在环境保护中的应用展示了更为广阔的前景。

环境生物技术这门近三十年发展起来的由生物技术在环境治理和环境保护中广泛应用衍生出的一门新学科和新技术，不仅涵盖了生物领域的高新技术，而且高速发展的生物技术与环境领域的各个方面如环境污染治理、环境废弃物资源化和环境污染预防，以及环境监测等方面深度融合，已经表现出显著的经济效益和环境效益。

（二）环境生物技术的特点

环境生物技术在阐明环境、生物与污染物三者之间的关系和作用规律的基础上，具有交叉学科的灵活性与多样性特点。目前环境生物技术应用于环境保护中主要是利用微生物，少部分利用植物作为环境污染控制的生物，已是环境保护中应用最广、最为重要的单项技术，其借用生物技术的原理、技术、设备在水污染控制、大气污染治理、有毒有害物质的降解、可再生能源的开发、废物资源化、环境监测、环境治理和修复及污染严重的工业企业的清洁生产等环境保护方面均具有一定的研究和应用，并发挥着极为重要的作用。

相对于其他环境技术而言，环境生物技术的明显特点是在处理环境污染物方面具有速度快、消耗低、效率高、成本低、反应条件温和以及无二次污染等显著优点。随着生物技术研究的进展和对环境问题认识的深入,人们越来越意识到,现代生物技术的发展,为从根本上解决环境问题提供了希望。因此生物技术在环境领域的应用具有广泛的发展前景,特别是对于寻求用低成本解决发展中国家的环境问题具有极大潜力。

二、环境生物技术的形成与发展

环境生物技术的形成与发展是与环境问题的产生和演变密切相关的。在环境工程领域,一般将19世纪末生物滤池以及1914年W. T. Lockett和E. Arden发明的“活性污泥法”作为环境生物技术的开端。20世纪50—60年代,由于工农业的发展,环境污染尤其是水污染的加剧,促进了环境生物技术的发展。欧洲的生物技术联盟(EFB)于1981年首次将环境生物技术用于设立环境生物技术专门机构的名称,并将控制污染的生物技术统称为环境生物技术。1984年美国《化学文摘》正式出现环境生物技术的关键词条目。环境生物技术这一名词正式进入学术界是在20世纪80年代初期到80年代后期,国外已有多本环境生物技术专著问世。20世纪80年代后期,我国国家自然科学基金项目指南出现以环境生物技术命题的专题列项。国内各高校和研究院也开展了环境生物技术的研究与应用。1992年《现代环境学概论》教材中出现“环境生物技术”的名词。1993年入选全国“五个一工程”的高科技知识丛书《绿色技术》中对环境生物技术进行较为详细的介绍。1994年南京大学出版社正式出版了教材《环境生物技术》。随着国家大力倡导绿色环保和人们对环境保护意识的加强,环境生物技术已成为世界许多国家优先发展及应用的环境保护新技术。1995年12月,美国国家科学和技术委员会发表了《21世纪的生物技术:新的方向》的蓝皮报告,指出生物技术迎来了第二次浪潮,这包括农业生物技术、环境生物技术(主要是生物降解)、生物制造工艺(包括能源研究)、海洋生物技术研究。其中,环境生物技术和生物制造工艺两大方面均直接和环境保护有关。

环境生物技术是现代生物技术的分支之一。现代生物技术的出现在很多环境领域中都是一项被十分看重的环节,还会在一定程度上大力推广现代生物技术的使用,在21世纪相继研发了一系列的生物技术以及产品,对水体污染、大气污染以及土壤污染都能得到有效的改善,所以对于一些实用的生物技术及其产品在很多国家都被应用到现实生活中,环境生物技术的优势如图6.1所示。优先发展和采用现代生物技术可作为保护环境的首选,通过深入研究环境生物技术,可以保障经济的发展。研究环境生物技术,结合我国环境治理的现状,寻找相应的治理技术,以实现保护环境、发展经济,提高生活质量,走可持续发展的道路。在这个过程中,环境生物技术具有积极的促进作用,并将起到更重要的作用。

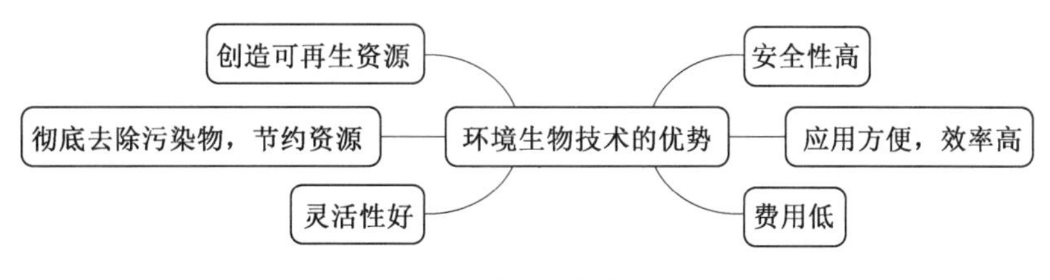

图6.1　环境生物技术的优势

三、环境生物技术的研究内容

环境生物技术涉及的学科包括发酵工程学、酶工程学、分子生物学、生物化学、环境工程学、基因工程学、化学工程学、环境生物学、植物学、生态学和计算机科学等。它的主体是污染控制生物技术，主要研究内容可以分为以下三个方面：

①现代环境生物技术主要是以分子生物学技术为主体，以基因工程为主导的污染控制与监测技术，包括具有高效净化能力的微生物种类及菌株的寻找分离、筛选以及基因工程菌的人工构建，降解污染物的机理及其降解动力学模型，菌株的生理生态学等。

②环境监测及处理、生物修复技术等是目前应用最为广泛的治理污染的生物技术，并且仍然在不断强化改进，引进一些现代化技术。

③自然生物处理技术和氧化塘、生物塘以及综合生物塘、人工湿地等人工生态系统中生物类群的配置、相互作用生态关系、净化过程和机理及生态调控研究等。

四、环境生物技术的应用前景

目前环境生物技术最有应用前景的领域包括：高效的废物生物处理技术、污染场地的现场修复技术以及环境友好材料和清洁能源的生物生产技术。环境生物技术具有广阔的市场前景，在未来的社会发展中，环境生物技术将在污染物处理和环境监测领域发挥越来越重要的作用。

（一）在环境污染治理中的应用

1. 大气污染的生物处理

大气污染的生物处理过程是利用微生物在新陈代谢过程中将废气中的有害物质降解或转化为无害物质，如生物除臭技术、生物洗涤和生物吸附等方法。与传统废气治理方法相比，生物技术具有处理效果好、投资及运行费用低、易管理、高效、省时等优点，具有安全性的保障。例如，利用浮选法选煤和微生物处理相结合分离煤和黄铁矿，进而达到脱硫效果；利用生物膜过滤器处理含硫化氢废气。

2. 采用生物修复技术处理各种污水

生物修复技术是利用生物的新陈代谢对有机污染物及氮、磷营养物质的同化作用来改善环境的治理技术。生物修复的生物来源主要有土著微生物、外来微生物和基因工程菌三类。利用生物修复技术处理污水，可使受污染的宝贵水资源得以重新利用，还可进一步强化水体的自净能力。常见技术包括固定化细菌技术、河道内曝气结合高效微生物处理修复技术、生态浮床技术、卵石床生物膜技术、稳定塘技术、生物过滤技术、土地处理技术、人工湿地技术等。

3. 固体废弃物生物处理技术

随着科技的进步，城市化进程的不断扩大，以及人们生活水平的不断提高，固体废弃物的数量逐年递增，如何处理固体废弃物已经成为当务之急。固体废弃物饲料化主要指农业废弃物与生活垃圾的饲料化，主要包括植物纤维性废弃物饲料化、动物性废弃物饲料化和餐余垃圾饲料化。用于固体废弃物处理的生物技术主要为微生物技术，包括好氧堆肥技术（高温快速堆肥技术）、厌氧发酵技术（沼气化）及生态填埋法。

(二)在环境监测中的应用

环境生物技术不仅仅适用于环境污染治理,如今已相当广泛地应用于环境监测,尤其是以生物传感器为核心的环境生物监测技术,可在线在位迅速地提供环境质量参数,成为环境质量预报和报警中的重要组成部分。

应用酶联免疫技术、PCR技术、电子显微技术、基因差异显示技术、生物传感器、基因探针、生物芯片等现代生物技术对环境进行监测与评价,是近年来国内外科学工作者研究的热点,研究报道也日益增多。一方面,以核酸杂交技术为主的分子生物学技术的应用和代谢组学及基因组学的发展,为筛选、发现和利用各种环境功能微生物,监测和调控生物反应器提供了新的方法和手段,并为在分子水平上阐述分子适应等生态问题的机制提供了可靠的理论依据;另一方面,纳米技术、微探针、化学芯片、原子力显微镜、激光共聚焦显微镜等先进工具和手段的迅速发展和应用,为从微观角度上深入探索环境生物技术的过程、本质和机制带来了极大的便利。

第二节　大气污染的修复

一、大气污染概述

(一) 大气污染的定义和现状

在工业化快速发展、城市广泛化、现代科技不断更新的情况下,大气污染已成为不容忽视的重要问题。大气中的废气来源很广,其中小部分来源于大自然,主要来源于人类社会。自然来源包括火山爆发、森林火灾等;人为来源包括化工厂、冶炼厂等在生产过程中排放的各种有机和无机废气、汽车尾气等。空气的污染对城市居民的健康、城市景观和区域气候都有着很严重的破坏作用。因此对污染进行修复净化显得十分必要。

(二)大气污染的生物修复技术

生物修复技术应用于大气污染的治理具有绿色环保、安全性好、运行费用低等优势。生物修复技术最大的优势是绿色环保,因为它是通过利用自然界本身自带的微生物或者植物来进行大气污染治理的,在这个过程中,不会产生任何对人体有害的气体。这种技术不仅高效,而且是可以作为人类长期治理大气污染的一种技术与手段。环境生物资源在生态系统中发挥了不可比拟的作用,特别是在生物转化过程中的作用,用于大气环境净化的环境生物资源主要是绿色植物和微生物,主要的修复技术包括微生物修复和植物修复等。

二、微生物修复

随着现代化产业的发展,特别是有机合成工业和石油化学工业的迅速发展,进入大气的有机化合物越来越多,这类物质常常具有难闻、刺鼻的味道,不仅刺激人类的感觉器官,而且对身体具有一定伤害,产生“三致”(致癌、致畸、致突变)效应,从而对人类和环境产生很大的危害。微生物对各类污染物都有较强、较快的适应性,并可将其作为代谢底物降解转化。大气污染的微生物修复就是利用微生物将废气中的污染物转化为低害甚至是无害物质的处理方法。可利用的微生物种类多样,不会产生二次污染。

废气分为无机废气和有机废气,无机废气是含无机污染物的废气,主要来自氮肥、磷肥(含硫酸)、无机盐、H_2S、NO_X,含尘废气如各种金属锻炼过程中的氧化粉尘、矿石加工过程中的石粉尘等,大气污染物的主要工业来源见表6.1。

表6.1 大气污染物的主要工业来源

污染物	主要来源
CO、CO_2	炼铁厂、化工厂、煤气发生站、石灰窑、汽车废气等
SO_2	火力发电厂、石油化工厂、有色金属冶炼厂、使用硫化物的企业等
氮氧化物	氮肥厂、硝酸厂、硫酸厂(铅室法)、染料厂、炸药制造厂、汽车等
烟尘及粉尘	钢铁厂、有色金属冶炼厂、化工厂、锅炉厂等
烃类	石油化工厂、汽车废气等
氟化氢	制铝厂、磷肥厂、冰晶厂等
氯气	各种氯化物制造厂、大型化工厂的制氯和漂白粉车间、生产合成盐酸的工厂等
铅	印刷厂、蓄电池厂、有色金属冶炼厂等
汞	仪器仪表厂、灯泡厂、汞电解法氯碱厂、氯乙烯中间体厂、农药厂等
砷	硫酸厂、农药厂(含砷杀虫剂)等

(一)无机废气的生物修复

微生物对无机废气的处理主要是利用自养微生物,如光合细菌、硫化细菌、硝化细菌、氢细菌,可以对无机废气中的二氧化碳、二氧化硫、硫化氢以及氮氧化物等进行净化。

1. 二氧化碳的微生物处理

由于过多燃烧煤炭、石油、天然气以及汽车尾气的大量排放造成空气中二氧化碳等温室气体含量逐年递增,温室效应问题已引起广泛关注。植物无法生长在特殊的环境,单纯依靠植物固定二氧化碳显然是不够的,所以利用微生物固定二氧化碳是一条尤为重要的途径。常用来固定二氧化碳的微生物一般分为光能自养型微生物和化能自养型微生物。光能自养型微生物主要包括微型藻类和光合细菌,它们均含有叶绿素,可以利用光能以二氧化碳为碳源合成菌体物质或代谢产物,此外微型藻类具有生长速度快、固定效率高等优点,自身具有很高的营养价值,还可以产氢气或许多附加值很高的胞外产物,是蛋白质、精细化工和医药开发的重要资源。化能自养型微生物以氢细菌为代表,繁殖速度快,适应环境能力强,固定二氧化碳能力强。化能自养型微生物不仅可以固定二氧化碳,减轻温室效应,同时也可以产生单细胞蛋白、乙酸、生物降解塑料、多糖、甲烷等,带来巨大的经济效益,相信随着科学技术的发展,更多高效的固定二氧化碳的新菌种将会应用到实际生活中。

2. 含硫气体的微生物处理

煤炭燃烧过程中生成大量二氧化硫,排入空气引发酸雨,对农作物、土壤、建筑物、人体健康造成严重破坏。微生物脱硫技术通过水膜除尘器或吸收塔将二氧化硫由气相转为液相，溶解于水转化为亚硫酸盐、硫酸盐还原物，厌氧条件下，硫酸盐还原菌将亚硫酸盐、硫酸盐还原成硫化物，最后在好氧条件下，好氧微生物将硫化物转化为单质硫，并回收利用。而硫化氢气体可由脱氮硫杆菌和派硫杆菌等细菌直接氧化为硫，也可由氧化亚铁硫细菌间接氧化。

3. 氮氧化物的生物处理

氮氧化物来自化石燃料的燃烧、工业废气以及汽车尾气等，是诱发光化学烟雾和酸雨的主要原因之一。微生物处理氮氧化物首先是将其转移到液相或固相表面的液膜中，然后再被微生物净化，存在硝化与反硝化两种机理。

（二）有机废气的生物修复

有机废气的生物修复原理与处理废水的原理基本相同，但是首先需要将废气中的污染物吸附在液相或固相表面的液膜上，然后被液膜上的生物膜吸附降解。废气处理步骤：废气中的污染物溶解在水中，由气膜扩散进入液膜；在浓度差的推动下，溶解在液膜中的有机污染物进一步扩散到生物膜，并被其中的微生物捕获吸附；被吸附的有机污染物在微生物代谢过程中降解，产生的代谢产物一部分融入水中，一部分作为细胞合成代谢的物质，还有一部分进入空气中。

目前常用的有机废气生物处理方法有生物洗涤法、生物过滤法、生物滴滤池。其中，生物洗涤法是利用微生物、营养物和水组成微生物吸收液处理废气，适用于吸收可溶性气体，微生物处于悬浮态，其装置主要由一个再生池和一个吸收室构成，吸收了废气的微生物混合液进行好氧处理，有机污染物得以降解，最终被再生池中的活性污泥悬浮液从液相中去除，再生池中的流出液再次循环流入吸收器中，提高污染物的去除率，此法适宜处理气量小、浓度大、易溶且生物代谢速率较低的废气。生物过滤法是废气经过预处理，进入填充生物活性物质（如：堆肥、谷壳、泥煤、木片以及活性炭和聚苯乙烯颗粒等）的生物过滤器中，微生物处于固着态附着在填料表面，负责降解污染物，填料的特性是影响处理效果的关键因素之一，此法成本低、运行简单，对于气量大、浓度低的废气处理效果比较好。生物滴滤池是目前较新的一种处理废气的工艺，与生物滤池之间最大的区别是所使用的填料不同，如粗碎石、塑料蜂窝状填料、塑料波纹板填料等，不具有吸附性，填料之间空隙很大，从而为气体通过提供了大量的空间，适用于负荷较高且污染物降解后会产生酸性物质的废气。

三、植物修复

近年来，随着工业和城镇的快速发展，城市大气污染呈日趋严重的趋势，全国城市大气环境质量评价结果显示多数城市大气呈现出不同程度的污染，仅少数城市符合评价标准。植物是城市美化不可或缺的绿色景观，将植物应用到大气污染治理是绿色可持续发展理念的体现，是利用植物自身功能净化大气污染的一种安全环保修复技术。随着现代科学技术的不断发展，植物修复技术也加以更新和发展，在环境污染治理中有着独特优点，如植物修复成本低，对土壤和河流生态环境不会产生破坏，不会对大气造成二次污染等。

大气污染物被划分为三类，包括物理性大气污染物、生物性大气污染物和化学性大气污染物。根据大气污染物的不同,植物修复的机理也有所不同。

(一)物理性大气污染的植物修复

粉尘是最主要的物理性大气污染物。绿色植物具有滞尘的作用,但滞尘的效果与植物种类、林带宽度、种植密度及气象条件有关。植物通过停留、附着和黏着等方式达到滞尘效果。

通过单位时间单位面积内滞留的粉尘量来衡量植物的滞尘能力,绿地和林业带滞尘能力最为明显。植物,特别是林木,对大气的烟尘和粉尘有显著的阻挡、过滤和吸附作用。林木茂密的树冠,具有阻挡、降低风速的作用,随着风速的减小,空气中的粉尘颗粒会降落到树叶和地面;不同树木树叶的结构不同,相对而言,叶片的面积越大,表面越粗糙,分泌的树脂、黏液越多,其滞尘效果越显著,如板栗、臭椿及核桃等树木常作为滞留树种,用于防尘林带。相关研究表明,绿色树木林带对粉尘的减尘率为21% ~39%,部分地区高达37% ~60%,表明树木是天然吸尘器,能达到净化大气的作用。

(二)生物性大气污染的植物修复

空气中存在的原有微生物,如芽孢杆菌、真菌及一些放线菌、酵母菌等,以及某些病原微生物,均可能成为空气传播途径的病原体,即生物性大气污染物。空气中的病原体会黏附在尘埃或飞沫上随着气流流动。绿色植物的滞尘能力可以减弱风速进而减少病原体在空气中的传播范围。同时,当植物感知到外界刺激或受到创伤时,自身会分泌大量固有的、具有杀菌作用的挥发性物质,以保护自身不受生物性大气污染物伤害,减轻生物性大气污染。

相关部门针对植物的生物性大气修复进行了检测,发现在人流量少的绿化带和公园中,空气中的细菌含量在1 000 ~5 000个/m^2,在闹市区和公共场所高达20 000 ~50 000个/m^2,绿化相对较少的闹市区与树木繁茂的闹市区相比空气中细菌含量高0.8倍左右。由此可知,绿化能显著减少空气中的细菌含量。植物净化大气是一种非常经济有效的方式,在提高治理和减少污染排放的前提条件下,应大力提倡植树种草、造林,以改善环境。

(三)化学性大气污染的植物修复

大气环境中的有毒有害化学物质统称为化学性大气污染物。植物在监测大气中化学性污染的同时还可以吸收大气中的化学物质,显著降低大气中的污染物含量,从而改善空气质量。植物净化化学性大气污染物的主要方式包括吸附与吸收、降解、转化以及同化和超同化等。

植物的降解修复是指植物通过体内代谢或降解污染物,或通过自身物质如酶来分解外来污染物的过程。能直接降解有机污染物的酶类主要为脱卤酶、硝基还原酶、过氧化物酶、漆酶和腈水解酶等。有研究表明,植物体内的脂肪族脱卤酶可以直接降解三氯乙烯(TCE)。污染物经降解后,在植物体内会将无污染由一种形态转变为另一种形态,即植物的转化修复。植物同化是指植物将含有植物营养元素的污染物吸收并同化到自身组成中,促进自身生长的现象。空气中除CO_2外,SO_2也能有效地被植物吸收,并同化为自身生长所需的亚硫酸盐。具有超吸收和代谢大气污染物能力的天然植物或转基因植物被称为超同化植物。超同化植物可以将含有植物营养元素的大气污染物,如氮氧化合物、硫氧化合物等高效吸收、同化和利用,促进自身生长。筛选天然的超同化植物或通过基因工程手段培育超同化转基因植物是今后植物修复大气污染的重要且具有良好应用前景的研究。

第三节　水体污染的修复

一、水体污染的特征与危害

水体是江河湖海、冰川、地下水等的总称,按照类型可进一步分为海洋水体和陆地水体,其中陆地水体包括地表水体和地下水体。虽然地球含水量丰富,但人类可利用的淡水资源有限,低于全球水总储量的1%。水体污染指的是排入水体的污染物在数量上超过了该物质在水体中的本底含量和水体的环境容量,从而导致水体的物理特征、化学特征和生物特征发生不良变化,破坏了水体固有的生态系统、水体的功能及其在经济发展和人们生活中的作用。随着人类工业的发展,水体污染问题愈发严重,使得原本珍贵的淡水资源变得更为紧缺,所以深入了解和有效治理水体污染显得尤为重要。

各类水体的特征不同,其污染特征也不尽相同。

(一)河流污染

河流污染的主要特征:①污染程度随河流径流量而变化,排污量相同的情况下,径流量越大,污染程度越轻,反之,越重;②污染扩散快,河流的水是流动的,容易导致大面积污染;③污染影响大,河流是饮用水、工业、农业、渔业的主要水源,影响范围较广;④容易控制,河水交替快,自净能力强,水体范围相对较小且集中,较易控制。

(二)湖泊污染

湖泊污染的主要特征:由于水体交换缓慢,大量污染物长期在水体中积累并发生质的变化,改变水生生态系统,破坏水生资源。

(三)海洋污染

海洋污染的特征:①污染来源复杂,可能为船只、油井等直接倾倒污染物引起,也可能为陆地或大气中的污染物随河流汇入海洋;②污染持续性强,危害较大,海洋中的污染物难以处理,可能在海洋生物体内聚积,最终影响人类生活;③污染范围大,海洋约占地球表面积的71%,且彼此相通,这就会导致污染物遍布每个角落。

(四)地下水污染

地下水污染的特征:①具有隐蔽性,由于水体污染是发生在地表以下的孔隙介质中,不似地表水体污染可通过颜色、气味等辨别,很难被发现;②难以逆转性,地下水流速缓慢,自净能力弱,且作为孔隙介质的沙土吸附能力强,导致大量污染物吸附在其表面,所以需要很长时间才能彻底清除污染物;③具有延缓性,污染物随地下水下移的速度缓慢,向周围运移和扩散的范围也是有限的,污染程度较河流小。

水是所有生物赖以生存的源泉,当水体污染时,将会对整个生态系统造成严重危害,例如本就濒临灭绝的保护动物因为饮用污染的水后出现疾病、死亡,数量骤减甚至灭绝,这将直接关系到物种多样性的问题。另外,对人类生活的影响也是十分巨大的,主要是威胁人类健康,当化工厂的废水、大量农药化肥、泄漏的石油、废弃的塑料产品出现在河流中时,人类因饮用这些受污染的水或者通过食物链传播,导致有毒有害物质在人体中逐渐积累,进而诱发内分泌系统疾病、生殖系统疾病以及癌症等,所以如今各种疾病高发与环境遭到破坏密切相关。

二、水体污染修复技术

为了进一步解决日益严重的水体污染问题,国内外学者们通过投加特定的微生物、营养物或基质类似物降解有害物质,并对产物加以利用,以提高污水处理效果。水体污染修复的生物处理技术包括氧化塘技术、人工湿地技术、生物膜技术、活性污泥技术等。

(一)氧化塘技术

氧化塘是用生物学方法处理污水水塘的总称,也称为贮留池(lagoon)或稳定塘,塘中的细菌以及藻类可以将污水中的有机物降解,有效降低水中污染物,而且水产以及水禽等的加入可带来一定经济效益,具有投资和基建费用低、运行维护简便、实现污水资源化等优点。

氧化塘污水净化原理:氧化塘的生态系统包括生物部分以及非生物部分,其中生物部分包括细菌、真菌、原生动物、水生植物以及水生动物等。非生物部分包括风力、阳光、水温、溶解氧等。以太阳能为初始能量,通过食物链能量逐级转移,最终使污水中有机物降解和转化,不仅净化了污水,使其再利用,水产品及水生动物可作为资源进行回收,达到双重受益的效果。氧化塘中的分解者如细菌真菌等以污水中的有机物为底物转化为无机物,而生产者如藻类及其他水生植物通过光合作用利用这些无机碳、氮、磷转化为自身细胞物质产生氧气。消费者浮游生物以及水蚤等以水藻等水生植物为食,进一步又被鱼、鸭等捕食,因此形成良好的生态平衡系统,解决污水问题的同时并带来一定的经济效益。

(二)人工湿地技术

人工湿地是为处理污水而人为设计建造的工程化湿地系统,也称为构筑湿地。在人工湿地中,土壤和基质填料(如砾石等)混合组成填料床,在床的表面种植水生植物(如芦苇、香蒲、苦草等),形成独特的基质-植物-微生物生态系统。自德国 1974 年建成第一座人工湿地,其技术陆续在世界各国得到广泛应用与发展,可以代替自然湿地有效处理污水,保护自然资源,同时具有净化效果好、运行费用低、美化景观等优点。

人工湿地净化原理:人工湿地结合了物理作用(过滤、沉淀)和化学作用(吸附物的生长、繁殖、降解污染物提供氧气),因此根据与植物的距离,依次可分为好氧区域、缺氧区域和厌氧区域,不同微生物协同作用起到净化效果。

(三)生物膜技术

生物膜技术又称为固定膜技术,是根据自然界水体净化的现象,如农田灌溉时土壤可以对污染物进行净化和降解,而衍生出的一种模拟净化污水的方法。它主要是利用微生物附着在载体表面形成生物膜,对污水中的有机物降解、吸收转化为无害物质,达到净化效果。因其降解能力强、接触时间短、占地面积小等优点而得到快速发展和应用。

生物膜技术净化原理:生物膜技术实质上是结合人工过程将天然水体净化增强的过程,根据天然河床附着的生物膜的净化作用和过滤作用,人工添加滤料或载体,为细菌的生长繁殖提供温床,絮凝生长,从而形成生物膜。当污水流经生物膜时,与滤料或载体中的菌胶团接触，在细菌和胞外聚合物的作用下，絮凝或吸附水中的有机物。细菌表面由于存在高浓度的有机物，为其生长繁殖提供养分，细菌快速生长，降解有机物，从而改善水质。

(四)活性污泥技术

活性污泥技术是一种污水的好氧生物处理技术，活性污泥可吸附污水中溶解的有机物，进一步被微生物分解利用，同时也能去除一部分磷和氮，是废水生物处理悬浮在水中的微生物的各种方法的统称，如今广泛应用于处理城市污水。

活性污泥技术原理：活性污泥中的微生物体内存在由蛋白质、核酸、碳水化合物等组成的生物聚合物，这些聚合物是带有电荷的介质，微生物形成的生物絮凝体有较强的吸附、凝集和沉淀作用。活性污泥与污水中的有机物质接触时，可以将其吸附、凝聚在菌胶团表面，在氧气充足的条件下，微生物进行分解代谢和合成代谢，将有机物质分解利用，合成自身细胞物质，达到净化污水的目的。

第四节　土壤污染的修复

土壤污染是指人类活动产生的环境污染物进入土壤并积累到一定程度，引起土壤环境质量恶化的现象。土壤污染的实质是通过各种途径进入土壤的污染物，其数量和速度超过了土壤自净作用的数量和速度，破坏了自然动态平衡。其后果是导致土壤正常功能失调，土壤质量下降，影响作物的生长发育，引起产量和质量的下降。我国土壤污染情况较为严重，据调查显示，我国约有 19.4% 的耕地受到污染，且南方土壤的污染程度大于北方，土壤污染问题不容小觑，土壤污染的修复迫在眉睫。

土壤污染的修复是指通过物理、化学、生物、生态学原理，并采用人工调控措施，使土壤污染物浓度或活性降低，实现污染物无害化和稳定化，以达到人们期望的解毒效果的技术措施。目前，许多土壤修复技术已经进入现场应用阶段并取得了较好的效果。污染土壤实施修复，对阻断污染物进入食物链，防止对人体健康造成危害，促进土地资源保护和可持续发展具有重要意义。

一、土壤污染的类型

土壤污染主要有化学污染、物理污染、生物污染以及放射性污染四种类型。其中，化学污染包括有机污染和无机污染两种，有机污染主要包括污水排放、废气、化肥、农药、固体污染等，它们会导致水土流失或者风蚀作用；而无机污染主要包括工业污水、酸雨、尾气排放、堆积物、农业污染等，这些都会间接影响土壤污染情况。物理污染指的是来自工厂、矿山的固体废弃物如重金属、尾矿、废石、粉煤灰和工业垃圾等所造成的污染。生物污染指的是带有各种病菌的城市垃圾和由卫生设施(包括医院)排出的废水、废物以及厩肥等。放射性污染主要存在于核原料开采和大气层核爆炸地区，放射性污染物以锶和铯等在土壤中生存期较长的放射性元素为主。

二、土壤污染的危害与特征

(一)土壤污染导致严重的直接经济损失

土壤污染将导致农作物污染、减产,农产品出口遭遇贸易壁垒,使国家蒙受巨大的经济损失。以土壤重金属污染为例,全国每年因重金属污染而减产粮食 1 000 万 t 以上,另外被重金属污染的粮食每年也多达 1 200 万 t,合计经济损失至少 200 亿元。对于农药和有机物污染、放射性污染、病原菌污染等其他类型的土壤污染所导致的经济损失,目前尚难以估计。

(二)土壤污染导致食物品质不断下降

我国大多数城市近郊土壤都受到了不同程度的污染,有许多地方粮食、蔬菜、水果等食物中镉、铬、砷、铅等重金属含量超标或接近临界值。例如,沈阳张士灌区用污水灌溉 20 多年后,污染耕地约为 2 500 hm^2,造成了严重的镉污染,稻田含镉 5 ~7 mg/kg。

(三)土壤污染危害人体健康

土壤污染会使污染物在植物体中积累,并通过食物链富集到人体和动物体中,危害人畜健康,引发癌症和其他疾病等。历史上最著名的事件应属 1955 年日本富山县发生的"镉米"事件,即"痛痛病"事件。其原因是农民长期使用神通川上游铅锌冶炼厂的含镉废水灌溉农田,导致土壤和稻米中的镉含量增加,当人们长期食用这种稻米,镉便在人体内蓄积,从而引起全身性神经痛、关节痛、骨折等症状,以致死亡。历史上另一个土壤污染的典型事件是美国拉夫运河事件,美国加利福尼亚州拉夫运河在 20 世纪 40 年代已干涸而被废弃。1942 年,美国一家电化学公司购买了这条废弃运河当作垃圾仓库,在 11 年的时间内向河道倾倒的各种废弃物达 800 万 t。此后,在这片土地上建起了大量的住宅和一所学校。自 1977 年开始,这里的居民不断发生各种怪病,孕妇流产、儿童夭折、婴儿畸形、癫痫、直肠出血等病症频频发生。1987 年,这里的地面开始渗出一种黑色液体,经检验,其中含有氯仿、三氯酚、二溴甲烷等多种有毒物质,对人体健康会产生极大的危害。

(四)土壤污染导致其他环境问题

土壤受到污染后,含重金属浓度较高的污染表土容易在风力和水力的作用下分别进入大气和水体中,由点源污染扩大到面源污染,导致大气污染、地表水污染、地下水污染和生态系统退化等一系列生态问题。土壤污染有以下三个特点。

1. 隐蔽性和潜伏性

土壤污染不像大气污染与水体污染那样容易被觉察,其后果需要长期摄食由污染土壤生产的植物,通过人体和动物的健康状况才能反映出来。因为土壤是一个复杂的三相共存体系,各种有害物质在土壤中总是与土壤相结合,有的为土壤生物所分解或吸收,从而改变其本来面目而被隐藏在土体中,或自土体排出且不被发现。当土壤将有害物质输送给农作物,再通过食物链损害人畜健康时,土壤本身可能还继续保持其生产能力而经久不衰,这就充分体现了土壤污染的隐蔽性和潜伏性,这也使认识土壤环境污染问题的难度增加,以致污染危害持续发展。

2. 不可逆性和长期性

污染物进入土壤环境后,便与复杂的土壤组成物质发生一系列迁移转化作用。多数无机污染物,特别是重金属和微量元素,都能与土壤有机质或矿物质相结合,并长久地保存在土壤中。无论它们怎样转化,也很难使其重新离开土壤,这成为一种最顽固的环境污染问题。而有机污染物在土壤中则可能受到微生物的分解而逐渐失去毒性,其中有些成分还可能成为微生物的营养来源。但药物类的成分也会毒害有益的微生物,成为破坏土壤生态系统的祸源。

3. 土壤污染的间接危害性

土壤中污染物一方面通过食物链危害动物和人体健康,另一方面还能危害自然环境。例如,一些能溶于水的污染物,可从土壤中淋洗到地下水中而使地下水受到污染;另一些悬浮物及土壤所吸附的污染物,可随地表径流迁移,造成地表水污染;而污染的土壤被风吹到远离污染源的地方,扩大了污染面。所以土壤污染又间接污染水和大气,成为水和大气的污染源。

三、利用生物技术进行土壤污染修复

利用生物技术如基因工程、酶工程、细胞工程等发展土壤生物修复技术,有利于提高治理速率与效率,具有极大的应用前景。耕地土壤污染的修复技术要求能原位地有效消除影响粮食生产和农产品质量的微量有毒有害污染物。同时,在修复过程中既不能破坏土壤肥力和生态环境功能,又不能导致二次污染的发生。发展绿色、安全、环境友好的土壤生物修复技术能满足这些需求,并能适用于大面积污染农地土壤的治理,具有技术和经济上的双重优势。与化学、物理修复技术相比,利用生物技术修复土壤具有下列优点:污染物在原地被降解清除;修复时间较短;操作简便,对周围环境干扰少;费用少,仅为传统化学、物理修复经费的30% ~50%;人类直接暴露在这些污染物下的机会减少,不产生二次污染,遗留问题少。利用生物技术进行堆肥法修复、植物修复、微生物修复将是21世纪土壤环境修复科学技术研发的主要方向。

(一)堆肥法修复

堆肥法修复是指利用传统的堆肥方法,堆积污染土壤,将污染物与有机物,如稻草、麦秸、碎木片和树皮、粪便等混合起来,依靠堆肥过程中的微生物(包括细菌、放线菌、真菌和原生动物等)作用来降解土壤中难降解的有机污染物。在人工操控条件下对生物来历的固体有机废物进行好氧生物分化和安稳化,在堆肥进程中运用多种微生物,使得有机污染物得到降解和转化。堆肥过程本质上是一个物质转化和再合成的过程,这个过程可表示为

$$\text{有害固体废物}+O_2 \xrightarrow[\text{新陈代谢}]{\text{微生物}} \text{堆肥产品}+H_2O+Q$$

在堆肥处理的过程中,通过控制堆制时的环境因素,给微生物提供一个良好的环境条件,促进微生物的繁殖,同时微生物降解有机物质产生大量的能量(主要以热的形式产生),提高了微生物代谢的速率,从而提高有害废物的处理效果。

目前,用堆肥法处理有机污染物质的堆肥系统主要有3种:静态曝气堆、条形堆和堆肥生物反应器。静态曝气堆是利用通气管道进行人工鼓风通气的一种堆制方法,不需要翻堆,一般3 ~5周可以完成堆制。设计充气系统不同的操作参数来控制温度,这种方法与条形堆相比,可以准确地控制温度。条形堆则是将原料混合后堆成条垛,定期翻堆,一

般1~4个月可以完成堆制。堆肥生物反应器与前两种不同,它有固定的发酵装置,具体形式很多,如立式、卧式或槽式、筒仓式等,可以很好地控制温度和避免气味外逸,它通过两种方式来控制温度:一种是层层翻动充氧,另一种是螺旋搅动式搅拌,以加强混合和充气。堆制时间一般为几天到几周。这种方法较前两种方法处理时间短、处理效率高,但是成本较高,一般多用于实验室研究。

(二)植物修复

植物修复是运用农业技术改善土壤对植物生长不利的化学和物理方面的限制条件,使之适于种植,并通过种植优选的植物及其根际微生物直接或间接吸收、挥发、分离、降解污染物,恢复重建自然生态环境和植被景观。

植物可从两个方面参与到土壤的修复过程中。首先,可控制已经存在土壤中的重金属,使其保持在同一个位置,较少移动,这一点的前提是对其进行处理使化学结构发生变化;其次,还可以利用植物向土壤吸收的特征,吸收挥发有害物质,达到降低土壤有害物的作用,其方法包括植物的稳定、挥发、吸收与促进。所以,在植物修复的进程中,既包含对污染物的吸收和铲除,也包含对污染物的原位固定或分化转化,即植物萃取技能、植物固定技能、根系过滤技能、植物蒸发技能、根际降解技能。利用植物忍耐、超量吸收积累某些化学元素特点,或使用植物、根际微生物吸收作用、降解作用、过滤作用、固定作用可以降解转化污染物为无毒物质,让环境得到有效净化。经过研究、试验,发现植物修复技术具有明显优势,植物修复技术中的植物萃取、挥发及降解,可以去除土壤污染物,和其他修复技术相比,植物修复具有成本低、不改变土壤性质、没有二次污染等优点,适用于修复有机污染的土壤和重金属污染的土壤。此外,植物修复技术可以避免场地破坏及环境扰动情况产生,同时还可以增加土壤肥力、有机质含量。例如,在湖南郴州苏仙区邓家塘乡曾因砷污染导致600多亩(1亩≈667 m^2)稻田弃耕、2人死亡、400多人集体住院,诱发严重纠纷和暴力冲突,中央电视台《焦点访谈》节目曾专门报道过此事件。相关部门在当地种植了蜈蚣草对土壤进行修复,一段时间后,蜈蚣草叶片含砷量高达0.8%,土壤污染也得到了改善,这有力证明了蜈蚣草在砷污染土壤的治理方面具有极大的应用潜力。

(三)微生物修复

微生物修复主要是指采取一定的措施以促进微生物对土壤中有毒有害物质的降解、转化和去除,包括强化土著微生物降解(生物刺激)和投加外源高效降解微生物(生物强化)两种方式。研究表明,微生物降解是去除有机污染物的主要途径之一,其他生物修复技术也都离不开微生物的作用。由于微生物对环境具有较强的适应性、变异性,在生存过程中分化出多种多样的代谢类型,并能较强地适应生存环境。在有机污染物污染土壤中,经过自然驯化,逐渐形成多种能降解有机污染物的微生物品种或品系。

目前,微生物修复技术中比较热点的方法是固定化微生物技术,固定化微生物技术是利用物理或化学手段将这种具有特定功能的微生物固定于载体材料内部或表面,加以有效利用来处理污染物的技术。相对于其他方法,固定化微生物技术弥补了许多传统修复方法存在的问题。固定化微生物技术以微生物为对象,着重于资源的再利用,具有成本低廉、高效稳定、后期维护方便、极大降低二次污染等优点,从而可以作为一种重要的土壤重金属污染修复方法。在被重金属污染的区域,往往存在对此重金属抗性极大的微生物,而且许多天然或转基因微生物具有降解、转化或螯合各种有毒化学物质的能力。

固定化微生物技术对土壤重金属污染的修复机制如下。

(1)微生物对重金属的生物吸附。

细胞膜所带负电荷对重金属自由离子所带正电荷的静电吸附、离子交换作用,细胞外表面进行的络合作用,细胞周围形成有利于微沉淀的环境使重金属与微生物细胞表面之间产生化学相互作用,金属阳离子和微生物形成不溶性聚集体。

(2)微生物对重金属的还原。

细菌产生的还原酶将重金属还原。

(3)载体材料对重金属离子的吸附还原和离子交换作用。

总体来说,重金属是由固定化载体和微生物联合修复的。

第五节　固体废物的生物处理

固体废物是指人类在生产、生活和其他活动中产生的丧失原有利用价值或者虽未丧失利用价值但被抛弃或者放弃的固态、半固态和置于容器中的气态的物品。固体废物类型多,数量庞大,分类方法复杂,按其组成可分为有机废物和无机废物;按其形态可分为固态废物、半固态废物和液态(气态)废物;按其来源可分为工、农、矿业废物,生活废物(农村、城市)和放射性废物;按其危险性可分为危险废物和一般废物等,固体废物的种类如图 6.2 所示。

固体废物是一种潜在的资源,如果直接废弃,不仅污染环境,造成土壤、水质、大气污染而且浪费资源,如对其进行有效的处理可成为再利用的资源。固体废物的处理方式是实现固体废物生态资源化利用的重要手段,由于各国国情和历史不同,对垃圾处理技术也各有侧重,常用处理方法有堆肥、填埋等。

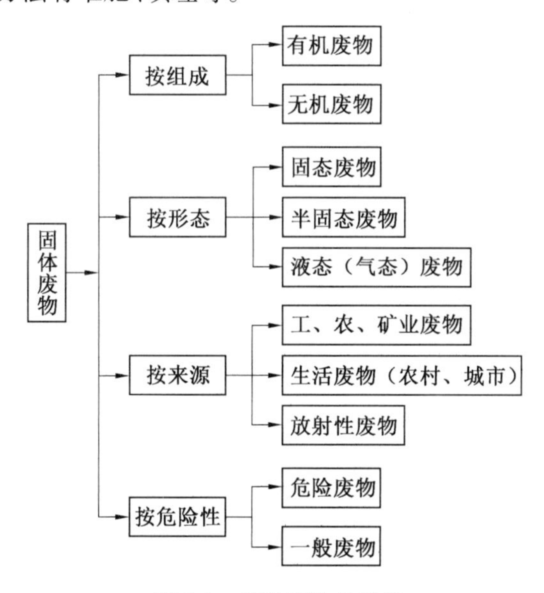

图 6.2　固体废物的种类

一、固体废物的堆肥化处理

堆肥化是指在控制条件下,利用自然界广泛分布的细菌、放线菌、真菌等微生物,将废弃物中的物质转化为稳定腐殖土的生物化学过程。从以上定义可以得出堆肥过程在人工控制条件下进行;堆肥原料是有机固体废物,不同于填埋、有机废物的自然腐烂与腐化,其实质是通过生物化学反应实现转化和稳定化的过程。

堆肥是指有机废物经过堆肥化处理,制得的腐殖质含量高的疏松物质,也称为腐殖土。堆肥是土壤的改良剂,可以改善土壤的物理、化学及生物特性,同时是一种很好的有机肥料,增强了化肥的肥效,其主要作用表现为使土质疏松多孔,增加吸水性、保水性和透气性。肥料中的氮、氨、钾均以阳离子形态存在,负电荷的腐殖质能够吸附阳离子,保持土壤养分,增加土壤肥力。

腐殖土中富含多种微生物和有机物,施用后增加土壤微生物数量,微生物分泌的有效成分被植物根部吸收,有利于植物根系发育,扩大根系分布范围。

(一)固体废物堆肥处理

根据处理过程中起作用的微生物对氧气要求的不同,堆肥化可分为好氧堆肥和厌氧堆肥。好氧堆肥是在通气好、养分充足条件下好氧微生物通过自身生命活动,把一部分有机物转化为简单的无机物,并释放出能量,而另一部分有机物则被合成新的细胞物质,供微生物生长繁殖,此过程堆肥天数少、温度高,臭气发生量少。厌氧堆肥是在缺氧条件下,利用自然界固有的厌氧菌(特别是甲烷)对有机固体废物进行降解与稳定的过程。厌氧堆肥简便、省工、堆温低,但腐熟及无害化时间久。

1. 好氧堆肥处理原理

好氧堆肥化从废物堆积到腐熟的微生物生化过程比较复杂,可以分为以下几个阶段:①前处理。去除废物中的金属、玻璃、塑料和木材等杂质,并将废弃物破碎至合适大小。②中温阶段。也称升温阶段,主要由嗜温性细菌、酵母菌和放线菌等好氧菌利用堆肥中最容易分解的可溶性物质(如淀粉、糖类等)迅速增殖,释放热量,使堆肥温度不断升高。③高温阶段。堆肥温度上升至50 ℃以上即可称为高温阶段,此阶段嗜热性微生物逐渐代替嗜温性微生物,堆肥中残留和新形成的可溶性有机物质继续被分解转化,复杂的有机物、纤维素、半纤维素和蛋白质等也开始强烈分解。④腐熟阶段。经过高温阶段的发酵后,纤维素等易分解的有机物大部分均已被分解,只剩下木质素等难分解有机物和新形成的腐殖质。此时微生物活性下降,发热量减少,温度逐渐下降,嗜温性微生物又成为优势菌种,残余有机物继续被分解,腐殖质继续积累。生物分解过程中的氨在此阶段通过硝化菌转变为硝酸盐,氨转变为硝酸盐后更容易被植物吸收,因此腐熟阶段是生产有机肥的重要阶段,为避免肥效损伤,此阶段可压紧堆肥。

2. 厌氧堆肥处理原理

厌氧堆肥法不需进行通风,反应速率缓慢,堆肥化周期较长,其实质是在厌氧状态下利用微生物使垃圾中的有机物快速转化为甲烷和氨的厌氧消化技术。此技术经水解发酵阶段、产氢和乙酸阶段、产甲烷阶段后使有机物转化并稳定化。

3. 固体废物的好氧堆肥工艺

一般好氧堆肥化技术发酵周期只有厌氧堆肥化的1/4左右,它通常由前处理、主发酵

（一级发酵或初级发酵）、后发酵（二级发酵或次级发酵）、后处理、脱臭及储存等工序组成。

①前处理。前处理包括分选、破碎、混合等预处理工序。堆肥原料应含有充分的有机物，去除石块、玻璃、金属物等非堆肥化物料，堆肥物料颗粒尺寸在 2 ~6 cm 较为适宜。

②主发酵。主发酵主要在发酵舱内进行，通过翻推或发酵设备向堆肥物料供给充足的氧气量，物料在微生物的作用下开始分解，易分解物质首先被分解产生二氧化碳和水，同时产生热量使温度上升，主发酵期为 4 ~6 天。

③后发酵。后发酵是将主发酵尚未分解的有机物进一步分解，使之变成较为稳定的有机物。后发酵主要在敞开的场地进行，后发酵末期可每周搅拌一次，发酵时间通常为 20 ~30 天。

④后处理。后处理时堆肥物料几乎所有的有机物都被稳定化和减量化，已成为粗堆肥，需要进一步分选前处理工序没有完全去除的塑料、玻璃、小石块等。

⑤脱臭。堆肥工艺中因微生物分解产生硫化氢、氨、胺类等，需进行脱臭处理。脱臭方法主要有化学除臭剂除臭、碱水和水溶液过滤除臭、熟堆肥或活性炭等吸附剂吸附除臭、热力法除臭等。

⑥储存。堆肥一般在春秋两季使用，在夏冬两季储存，可以直接堆放在发酵池或袋装，也可在室外堆放，但无论怎样储存都应该保证堆肥产品的质量。

二、固体废物的填埋处理

针对不同垃圾类型，应选择不同的垃圾填埋场。垃圾填埋场的类型分为反应式填埋场、残余式填埋场、惰性材料填埋场和地下填埋场四类，其中应用最广泛的是反应式填埋场。

垃圾的生态填埋可视为一种特殊的生态系统，更符合持续发展观的要求，首先其对周围生态系统产生的影响较小，其次填埋完成后对填埋场进行生态恢复，更趋科学化。在填埋生态系统中，有机垃圾经历了 4 个生化过程：①好氧阶段。在填埋初期，土壤中的好氧微生物在适当的含水情况下利用填埋层中的氧气将有机物分解为二氧化碳和水，同时释放热量，此时填埋气主要为空气。②酸化阶段。当填埋场内氧气消耗殆尽，填埋场形成厌氧环境，土壤与垃圾中的厌氧微生物分解纤维素、蛋白质等有机物，垃圾中的硝酸盐和硫酸盐分别被还原成氮气和硫化氢，渗滤液的 pH 开始迅速下降。③甲烷发酵阶段。当填埋场氢气含量下降至最低点时，填埋场进入甲烷发酵阶段，此时产甲烷菌为主要优势菌种，将有机酸以及氢气转化为甲烷。甲烷含量迅速上升，同时 pH 上升。④稳定阶段。当填埋场垃圾中易生物降解组分在历时大概两年后基本被降解完，此时垃圾填埋场即进入稳定阶段。

第六节　环境监测

环境监测，是指环境监测机构对环境质量状况进行监视和测定的活动。环境监测是通过对反映环境质量的指标进行监视和测定，以确定环境污染状况和环境质量的高低。环境监测的内容主要包括物理指标的监测、化学指标的监测和生态系统的监测。环境监测是科学管理环境和环境执法监督的基础,是环境保护必不可少的基础性工作。环境监测的核心目标是提供环境质量现状及变化趋势的数据,判断环境质量,评价当前主要环境问题,为环境管理服务。随着现代生物技术的发展,一些新的快速准确检测与评价环境的有效方法相继建立和发展起来,并逐渐成为环境污染检测评价的重要手段,包括利用新的指示生物检测评价环境污染,利用生物芯片监测评价,利用生物传感器等方法对环境污染进行监测评价。

一、环境指示生物

指示生物又称生物指示器,是指在一定地区范围内能通过其特性、数量、种类或群落等变化指示环境或某一环境因子特征的生物。它可分为敏感指示生物和耐性指示植物,也可分为水污染指示生物、大气污染指示生物、土壤污染指示生物。利用指示生物开展生物监测,能在一定程度反映出环境污染的综合生物学效应,是环境监测行之有效的手段之一。在环境保护上,常用一些敏感生物指示环境污染状况,如唐菖蒲可以指示氟化氢的污染状况,地衣可以指示二氧化硫的污染状况,颤蚓的数量可以指示水体有机物污染的程度。

指示生物按环境可分为水污染指示生物、土壤污染指示生物、大气污染指示生物。

(一)水污染指示生物

不同生物类群对水环境有不同的指示特点。水生微生物对环境的指示快速、直接,藻类对环境的指示主要是反映中上层水体质量,底栖动物对环境的指示主要是反映下层水体和底质质量,鱼类对环境的指示主要是体现因食物链的富集作用而表现的毒理特征,水生植物对水环境的指示则反映水体及与水体关系密切的生长基质。

(二)土壤污染指示生物

土壤中含有大量的土壤微生物和原生动物等,土壤原生动物常常作为土壤环境的指示生物。土壤原生动物是生活在土表凋落物和土壤中的重要动物类群,它的种类繁多且生物量巨大,包括鞭毛虫、肉足虫和纤毛虫等。土壤原生动物作为指示生物具有以下优越性:①原生动物是土壤生态系统的重要组成部分,具有巨大而稳定的生产力;②原生动物没有保护性细胞壁,具有较薄的细胞膜,有利于与环境中的毒性物质接触;③原生动物个体微小,生活周期短,比真核生物能在更短的时间内得到结果;④与高等动物的细胞结构类似,研究结果比原核生物更具有说服力;⑤土壤原生动物的种类在全球分布,其形态、生态和遗传等特性十分相似,因此作为指示生物可在全球范围内应用;⑥土壤原生动物可在极端条件下生存,对研究极端环境有重要意义。

土壤原生动物是土壤农药污染的敏感指示生物,农药的大量使用导致土壤敏感物种的减少或消失,耐污种数量相对增加。

(三)大气污染指示生物

许多植物对大气污染的反应非常敏感,即使在极低浓度的情况下,也能很快表现出受害症状。大气污染对植物的危害作用主要表现在:①外部伤害,即污染物通过气孔被吸收进入植物体,对叶面产生严重伤害;②组织伤害,即污染物进入植物体内,引起阔叶树叶内海绵细胞和叶下表皮的破坏,使叶绿体发生畸变,引起栅栏细胞伤害,最终导致上表皮损伤；③影响代谢作用，大气污染改变了植物的生理生化过程，如蒸腾作用减弱，光合作用受到抑制，引起形态的变化。

与传统的物理化学方法相比，利用指示生物监测水、土壤和大气的环境污染及其对人体的危害存在一定的优越性：①生物在环境中接触到的污染物不止一种，在多种污染物混合时，可能发生协同效应，使污染物的毒害作用加重，因此利用指示生物可较好地反映出污染物对生物体的综合效应；②一些低浓度或痕量的毒性物质可在能直接检测或人类直接感受之前，通过生物的指示作用而迅速做出反应，有利于早期发现；③对于剂量小、长期作用的慢性毒性效应，物理化学方法很难测定，但可通过生物方法检测到。

二、生物芯片

生物芯片是继20世纪50年代半导体芯片后芯片技术的又一重大发展。用生物芯片制作的各种生化分析仪器与传统仪器相比具有体积小、质量轻、便于携带、无污染、分析过程自动化、分析速度快、所需样品和试剂少等诸多优点。

（一）生物芯片

1.基因芯片或DNA芯片

基因芯片（gene chip）又称DNA芯片（DNA chip）或DNA阵列（DNA array）。它是在基因探针的基础上研制出的，是指利用大规模集成电路的手段控制固相合成的寡核苷酸探针，并把它们密集、规律地排列在1 cm^2大小的硅片或玻璃晶片上，其容量可达20万~40万个基因探针。然后将荧光标记的DNA或cDNA样品在芯片上与探针杂交，经激光共聚焦显微镜扫描，以计算机系统对荧光信号进行比较和检测，从而迅速得出所需的信息，这比常规方法快几十到几千倍。基因芯片是生物芯片研究中最先实现商品化的产品。

2.蛋白质芯片

蛋白质芯片（proteinchip）是利用抗体与抗原结合的特异性即免疫反应来构建的。首先选择一种能够牢固地结合蛋白质分子（抗原或抗体）的固相载体，在上面按预先设计的方式固定大量蛋白质（抗原或抗体），形成蛋白质的微阵列，即蛋白质芯片，然后加入与之特异性结合的带有特殊标记的蛋白质分子（抗原或抗体），通过对标记物的检测来实现抗原抗体的互检，即蛋白质的检测。该技术所需蛋白质的量极少，反应相对较快，稳定性较好，灵敏度较高，在临床检测方面大有发展。

3.芯片实验室

芯片实验室（lab-on-a-chip）是一种更加复杂的芯片技术，它将纳米技术引入生物芯片，在微小的硅材料表面，制造出能够对微量样品进行变性、分离、纯化、电泳、PCR扩增、加样和检测等微小结构，使过去一个实验室的各个试验步骤微缩于一个芯片上，这种技术被称为芯片实验室。由于技术的复杂性，实现商业化和实用性尚待时日。

（二）生物芯片在水体环境生物监测中的应用

1.控制水质

法国一家主要的水管理企业Lyonnaise des Eaux投资了850万欧元与芯片公司共同开发生物芯片，以检测公共饮用水中的微生物。由于生物芯片提供的信息量十分巨大，因此能比常规的方法检测出更多种的微生物并可检测微生物的遗传指纹，这种方法精确可靠,整个过程可在 4 h 内完成,费用比常规方法低 10 倍。

2. 瞬时检测病原细菌

Rhode Island 大学的研究人员利用廉价的光纤作为探针,将生物传感器技术和光纤技术相结合,用光纤末端接触待测物,精确地检测并量化存在的病原体水平,从而即时检测出其中的病原细菌,整个过程仅需 60 ~ 90 min。该法可以瞬时检测出水中的沙门氏菌和大肠杆菌。

三、生物传感器

生物传感器是一类特殊的化学传感器,是利用生物感应元件的专一性与一个能够产生和待测物浓度成比例的信号转导器结合起来的分析装置。国际纯粹和应用化学联合会对化学传感器的定义为:一种小型化的、能专一和可逆地对某种化合物或某种离子具有应答反应,并能产生一个与此化合物或离子浓度成比例的分析信号的传感器。与其他传感器不同的是,生物传感器是以生物学组件作为主要功能性元件,能够感受规定的被测量,既不是专用于生物领域的传感器(虽然生物医学也是它的应用领域之一),也不是指被测量必是生物量的传感器(尽管它也能测定生物量),而是基于它的生物敏感材料来自生物体。

生物传感器的工作原理主要决定于生物敏感元件与待测物质之间的相互作用,主要有将化学变化转化为电信号,将热变化转化为电信号,将光效应转化为电信号,直接产生电信号等方式。随着技术的发展,基于细胞受体和自由振荡等现象的新原理的生物传感器也不断涌现。目前,在环境监测中应用的生物传感器主要如下。

(一)农药残留检测

目前,研究较多的有乙酰胆碱酯酶类传感器。乙酰胆碱是高等动物中神经信号的传递中介,同时又必须迅速地除去,否则连续的刺激会造成兴奋,最后导致传递阻断而引起机体死亡。乙酰胆碱的除去依赖于胆碱酯酶。在胆碱酯酶的催化下,乙酰胆碱水解为乙酸和胆碱:有机磷和氨基甲酸酯类农药与乙酰胆碱类似,能与酶酯基的活性部位发生不可逆的键合从而抑制酶活性,酶反应产生 pH 变化可由电位型生物传感器测出。自 1951 年 Giang 与 Hall 发现有机磷农药在体外也能抑制胆碱酯酶后许多研究报告都是基于这一原理。这类传感器的基本类型是与 pH 电极相连,通过检测有或无抑制剂情况下 pH 的变化值测得农药的浓度。

(二)测酸雨的生物传感器

SO_2是酸雨、酸雾形成的主要原因,传统的检测方法很复杂。将亚细胞类脂类(含亚硫酸盐氧化酶的肝微粒体)固定在醋酸纤维膜上和氧电极制成安培型生物传感器,对 SO_2 形成的酸雨、酸雾样品溶液进行检测,10 min 可达稳定。在 SO_3^{2-} 的浓度小于 3.4×10^{-4} mol/L 时,电流与 SO_3^{2-} 浓度呈线性关系,检测限为 0.6×10^{-4} mol/L。该方法重现性好,准确度高,但类脂质在 37 ℃ 只能使用和保存 2 天,供 20 次分析用。新的以噬硫杆菌和氧电极制作的生物传感器更为稳定。它是将噬硫杆菌固定在两片硝化纤维薄膜之间,使微生物新陈代谢增加,溶解氧浓度下降,氧电极响应改变,从而测出亚硫酸物含量。

（三）测 BOD 值的生物传感器

生物化学需氧量（BOD）是衡量水体有机污染程度的指标，是水质评价过程中最常用、最重要的指标之一。1993 年，Kong 等发明了快速耗氧和毒素测定仪，用于 BOD 短期在线监测及废水潜在毒性估测。邓家祺等研制的 BOD 生物传感器测定实际污水 BOD 值与 5 天 BOD 值完全一致。其工作原理为：以微生物的单一菌种或混合菌种作为生物敏感元件，当水中 BOD 物质的加入或降解代谢的发生，引起微生物内外源呼吸方式的变化或转化，耦联输出电流强弱的变化，在一定条件下传感器输出的电流值与 BOD 的浓度呈线性关系。实践证明，BOD 传感器不仅能满足实际监测的精度要求，并且具有快速、灵敏的特点，因此生物传感器可对水质进行在线分析，具有广阔的应用前景。

（四）水体富营养化监测

水域中一些浮游生物暴发性繁殖引起水色异常的现象称为赤潮，又称红潮，主要发生在近海海域。赤潮将使水域的生态系统遭到严重破坏。对引起赤潮的浮游生物的监测已成为一个重要课题。一种名为查顿埃勒的浮游生物是引起赤潮的重要物种，国外已研究出监测这种浮游生物的生物传感器。其原理为：检测这种生物或其代谢产物产生的化学发光。此外，探测其他引起赤潮的藻类生物传感器也得到发展，如监测蓝藻菌的生物传感器。其作用机理是：藻类细胞存在一种藻青素，它能发出一种独特的荧光光谱，通过测量这种荧光可进行有效监测。

1. 阴离子表面活性剂传感器

阴离子表面活性剂，如直链烷基苯磺酸钠可造成严重的水污染，在水面上产生不易消失的泡沫，并消耗溶解氧。用直链烷基苯磺酸钠降解细菌和氧电极制成用来检测阴离子表面活性剂的生物传感器，当阴离子表面活性剂存在时，直链烷基苯磺酸钠降解菌的呼吸作用增强，引起溶解氧变化，从而通过氧电极电流变化的原理来测定直链烷基苯磺酸钠浓度。

2. 污染物急性毒性检测

农药的急性毒性用鱼类以生物鉴定法试验需 96 h，有学者根据毒性阻碍发光的原理，以减少发光量 50% 的浓度作为检测指标用光电倍增管来检测，一次测定需时 5 min，30 min可以确定待测物的毒性指标，并且该方法与经典方法的测定值有很好的相关性。同济医科大学黄正等用明亮发光杆菌和人工海水培养基制成的菌膜有菌面覆盖在硅光片上，构成细菌发光传感器的敏感探头。将敏感探头插入暗盒反应池中，在避光条件下通过微光光功率计，测定菌膜发光强度及其变化值。该试验为连续、动态、快速检测急性毒性提供了一种很好的方法。发光细菌急性毒性试验因其检测时间短（15 min）、灵敏度高，被世界各国广泛采用。我国也于 1995 年将这一方法列为环境毒性检测的标准方法。另外，生物传感器还可检测苯酚及苯甲酸盐、乙醇、亚硝酸盐等许多环境污染物。

思　考　题

1. 什么是环境生物技术？它有什么特点？
2. 环境生物技术包括哪几个方面？

3. 环境生物技术最有应用前景的领域是哪个?
4. 大气污染的生物修复技术包括哪些,生物修复技术有哪些优点?
5. 微生物修复和植物修复有何区别?
6. 土壤污染的主要类型包括哪几种? 土壤污染的危害有哪些?
7. 与传统方法相比,利用生物技术修复土壤具有哪些优点?
8. 简述固定化微生物技术对土壤重金属污染的修复机制。
9. 人工湿地技术净化污水原理是什么? 微生物在其中起到什么作用?
10. 固体废物对环境有何危害?
11. 生物环境监测手段有哪些应用?

参考文献

[1] 陈坚. 环境生物技术[M]. 北京:中国轻工业出版社,2018.
[2] 付保荣,马溪平,张润洁,等. 环境生物资源与应用[M]. 北京:化学工业出版社,2016.
[3] 唐鸿志. 2019 环境生物技术专刊序言[J]. 生物工程学报,2019,35(11):2031-2034.
[4] RAMALHO R S. Introduction towastewater treatment processes[M]. New York: Academic Press, Inc., 1983.
[5] 杨红,杜辉,陶雪娟. 环境生物技术的应用及发展前景[J]. 环保科技,2015,21(6):30-34.
[6] 胡丽娜. 水体中的主要污染物及其危害[J]. 环境科学与管理,2008,33(10):66.
[7] 李素英. 环境生物修复技术与案例[M]. 北京:中国电力出版社,2015.
[8] 吴静贤. 氧化塘净化污水[J]. 环境科学与管理,1983(6):13-19.
[9] 曹栋,戴青松,徐晓栋,等. 稳定塘处理技术研究[J]. 农业与技术,2014 (8):19.
[10] 王福田,顾宝群,孙梅英. 人工湿地技术在污水处理中的应用[J]. 南水北调与水利科技,2008,6(4):68-70.
[11] 赵青,李海丽,姜淇. 常见人工湿地类型及特点[J]. 水能经济,2017(1):398-399.
[12] 田伟君,翟金波. 生物膜技术在污染河道治理中的应用[J]. 环境保护,2003 (8):19-21.
[13] 杨传平,姜颖,郑国香,等. 环境生物技术原理与应用[M]. 哈尔滨:哈尔滨工业大学出版社,2010.
[14] 沈中心. 植物修复技术在重金属污染耕地土壤修复中的应用[J]. 清洗世界,2021,37(5):41-42.
[15] 金建勇,孙玉焕. 固定化微生物技术在重金属污染土壤修复中的研究进展[J]. 湖南生态科学学报,2021,8(2):90-96.
[16] 高雯. 高浓度有机污染土壤处理技术研究进展[J]. 环境与发展,2019,31(3):31-32.

[17] 张传严，席北斗，张强，等. 堆肥在土壤修复与质量提升的应用现状与展望[J]. 环境工程，2021，39(9)：176-186.
[18] 程红. 固体废物生态资源化利用策略分析[J]. 中国资源综合利用，2021，39(5)：77-79.
[19] 闫家望，李宁. 固体废物处理与资源化利用现状及建议[J]. 节能与环保，2021(6)：30-31.
[20] 郭世辉，王作芬，滕波臣. 垃圾填埋的生态环境问题及治理策略探讨[J]. 环境与发展，2019，31(8)：193-194.
[21] 陈鹏远. 垃圾填埋的生态环境问题及治理途径[J]. 中国高新技术企业，2015(18)：93-94.
[22] 池剑亭. 生物监测技术在水环境工程中的应用及研究[J]. 绿色环保建材，2021(10)：29-30.
[23] 高旭，罗浩，张光，等. 土壤生态环境健康监测与评价技术现状与展望[J]. 环境监控与预警，2021，13(5)：38-44.
[24] 马艳林，白鸽. 生物监测应用于水污染监测的专利技术综述[J]. 农村经济与科技，2021，32(17)：40-42.
[25] 赵彦伟，陈家琪，董丽，等. 环境 DNA 技术在水生态领域应用研究进展[J]. 农业环境科学学报，2021，40(10)：2057-2065.
[26] 郭丹. 水环境的生物监测方法及其应用[J]. 皮革制作与环保科技，2021，2(15)：24-25.
[27] 亓秀丽，孙华. 生物传感器在环境监测中的应用[J]. 皮革制作与环保科技，2021，2(14)：100-101.
[28] 陈章. 新型生物传感器的构建及其在环境和生物检测中的应用研究[D]. 长沙：湖南大学，2012.
[29] 胡永隽，何池全，徐高田. 生物芯片技术及其在水体环境生物监测中的应用[J]. 生态学杂志，2005(10)：1250-1252.
[30] 李彦文. 生物传感器及其在环境监测方面的应用[J]. 环境保护科学，2004(1)：35-38.

第七章　生物技术与现代农业

第一节　现代农业

农业（agriculture）是人们利用动植物的生长发育规律，通过人工劳动来培育动植物而获得产品的产业。对任何国家而言，农业都是第一产业，是提供支撑国民经济建设与发展的基础产业，也是其他行业的基础。“民以食为天，食以安为先”，这恰恰说明农业生产出的粮食对于人民的重要性，因此国家一直都十分重视农业。

一、现代农业的内涵及发展趋势

（一）现代农业的内涵

从农业的发展历程来看，农业的形式主要有传统农业和有机农业。传统农业是以精耕细作、小面积经营为主，典型特征就是机械化程度低、产出低。现代农业是在现代工业和现代科学技术基础上发展起来的农业，广泛地运用现代科学技术，由顺应自然变为自觉地利用自然和改造自然，由凭借传统经验变为依靠科学，成为科学化的农业。由于现代农业追求高度集中和高劳动生产率，因此越来越依赖机械化、化肥农药。但这种以重开发轻保护、重产量轻质量为特征的生产方式，也产生了环境问题、农业可持续问题和食品安全问题。但我国短时间内仍然以发展现代农业为主，保障粮食供给。

（二）现代农业的发展趋势

随着人类技术能力的提高，对于现代农业的发展依据各国的实际情况也出现了不同的发展方向。发展中国家发展现代农业主要以加快产业升级，解决就业问题，消灭贫困，缓解两极分化，促进社会公平，消除城乡差距，开发国内市场，形成可持续发展的经济增长点为目标，实现经济可持续发展、实现赶超的目的。而发达国家实现农业现代化采用哪种方式，主要取决于其国家的土地、劳动力和工业化水平，就目前来看，国外现代农业发展有三种主要模式，即以美国为代表的规模化、机械化、高技术化模式，以日本、以色列等国家为代表的资源节约和资本技术密集型模式，以及以法国、荷兰为代表的生产集约加机械技术的复合型模式。比较而言，我国发展现代农业则可依据国内不同区域的土地和劳动力的情况，借鉴国外的发展经验，自主创新，推进具有中国特色的农业现代化发展。

二、当前农业面临的问题

世界各国的农业发展不平衡是不争的事实，国际市场和农产品贸易虽然可以改变一些发展不平衡，但土地、水、环境等自然因素对农业可持续发展的制约仍是造成不平衡的主要原因，同时人口的增长对粮食的需求不断增加，使粮食求大于供。根据联合国人口署的方案预测，发达国家的人口增长率将逐渐趋于零并开始出现负增长，2050 年世界人口将超过 90 亿,而且新增人口大部分在欠发达地区。由于生活水平的提高,预计将生产比现在多 50% 以上的食品才能满足需求。

(一)农业资源短缺

1. 耕地资源减少和耕地质量下降

世界耕地面积约有 13.7 亿 hm^2,每年还损失 500 万 ~ 700 万 hm^2。许多发展中国家耕地面积在减少,人口却在不断增加,人与土地资源的矛盾日益严重。在南亚、近东和北非,耕地稀缺问题已十分严重。联合国环境规划署曾经有研究报告指出,在过去的 45 年中,由于人类活动而造成土地退化的面积达 12 亿 hm^2,每年有 600 万 hm^2 土地变成沙漠,沙漠化威胁着世界 100 多个国家和 8 亿多人口。世界上大部分地区都存在土壤侵蚀问题,每年由于水土流失损失土地 600 万 ~ 700 万 hm^2,受土壤侵蚀影响的人口 80% 在发展中国家。

2. 水资源短缺和农业用水加大

地球虽然称为"水"球,水资源丰富,但大部分是海水,又咸又苦,不能饮用,不能灌溉,只有仅占总水量 2.5% 的淡水资源,而且这些淡水资源中还有 70% 被冻结在南极、北极的冰盖中,加上难以利用的高山冰川和永冻积雪,约有 87% 的淡水资源难以利用。在这种水资源条件下,随着人口的日益增多,为了养活越来越多的人口,世界各国大力发展农业,农业灌溉用水量急剧增加,而且由于很多灌溉水会以废水形式回到径流中,从而也成为造成水污染的主要因素。

3. 生物物种资源状况恶化

生物物种资源对于农业生产的稳定具有决定性的意义。迄今为止,全球被鉴定的物种数有 140 万 ~ 170 万种,动植物约有 90% 被鉴定,无脊椎动物和微生物还有很多未被鉴定,对于这些资源,如果合理使用应该是取之不尽、用之不竭的,然而由于人类对资源的过度开发利用,特别是动物的栖息地森林、草原的破坏和退化,大大加速了生物物种的灭绝。例如,由于拉丁美洲的森林被大量砍伐,其现存的大约 9.2 万种植物可能损失 15% ~ 16%,亚马孙平原的鸟类将会有 12% ~ 69% 灭绝。由此可见,生物多样性的保护,已是世界农业面临的严峻挑战。

(二)农业生态环境问题突出

1. 温室效应

二氧化碳等温室气体的增加,使全球出现某种程度的变暖,这将导致气候的变化,进而对农业和粮食的安全产生影响,有学者认为这种气候变化可能会导致南、北半球农业生态区域向两极的转移,这将对农业生产体系产生革命性的影响,难以保证农业生产的可持续性。

2. 大气污染

大气污染是不分国界的,危害全球。从生物圈的层次来看,臭氧层破坏、酸雨腐蚀、全球变暖都是由大气污染带来的危害。大气污染对农作物的影响是酸雨损伤了叶面,减弱了光合作用,伤害了内部结构,使农作物枯萎,直至死亡。酸雨可以杀死土壤微生物,使土壤酸化,降低土壤肥力,危害农作物和森林。对牲畜的影响主要是呼吸道感染和食用了被大气污染的食物。其中,以砷、氟、铅、钼等的危害最大。大气污染使动物体质变弱,以至死亡。

3. 水污染

为了满足粮食供应，必须增加农田面积和灌溉用水，如果灌溉水受到污染，会导致种植的农作物减产、品质降低，此外还可能降低土壤的质量，影响后茬农作物的生长，也间接给广大消费者带来安全隐患。

第二节 生物技术在种植业的应用

种植业是农业的重要组成部分，以土地为基本生产资料，利用绿色植物，通过光合作用把自然界中的二氧化碳、水和矿物质合成有机物质，同时，将太阳能转化为化学能贮藏在有机物质中，还释放出人类和动物呼吸作用所必需的氧气。它是一切以植物产品为食品的物质来源，也是人类生命活动的物质基础。不仅是人类赖以生存的食物与生活资料的主要来源，还为轻纺工业、食品工业提供原料，为畜牧业和渔业提供饲料。长期以来，人们在不断地寻求提高重要农作物产量和质量的方法，传统的“有性杂交”技术也取得了很大成功，但传统的育种技术需要很长时间和间歇的选育过程，还有很多瓶颈问题难以逾越。随着人们对生物认知的深入，特别是近几年生物技术的快速发展，如组织培养、单倍体育种以及分子育种等技术在作物产量和质量方面发挥了巨大的作用。

一、改良作物的抗逆性

（一）作物生长面临的逆境条件

土壤环境提供植物生长的固着地，而且还提供生长发育繁殖的物质，因此二者关系十分密切，但是如果不适宜的环境条件或者变化的环境又会给植物造成伤害。这些不良环境来自生物和非生物两个方面，如植物病虫的伤害是生物方面的，而干旱、高盐、冷害、营养匮乏以及各种重金属毒害都属于非生物方面的。植物面对这些不利的环境条件，往往出现生长不良甚至死亡，但同时也有一些植物发生遗传变异，以适应这些不利的环境条件，表现出一些抗逆性，如抗寒、抗盐、抗病虫等。在自然条件下，植物通过遗传变异应对这些变化频繁的不利环境条件，效率十分低，很难形成稳定的抗性品种。现代生物技术的介入可以高效稳定地获得抗性稳定的新品种，保障粮食安全。

（二）生物技术在作物抗逆性方面的应用

在逆境条件下，作物很难获得高产量，而且在种植范围上也大受限制。近几年随着现代生物技术的发展，对植物的抗逆性分子机理进行了深入的了解和研究，科学家们正在有针对性地开展抗逆育种的工作。

1. 植物抗逆性相关基因改造利用

有关植物抗逆的分子机理研究目前也取得了巨大的进展，很多抗性也是由多基因控制的，十分复杂。目前已经明确与抗逆性相关的基因有以下几类：①诱导相关的植物蛋白激酶基因，如促分裂原活化蛋白酶基因、核糖体蛋白激酶基因、受体激酶基因等；②编码渗透压调节物质的基因，如海藻糖合成酶基因、甜菜碱合成酶基因；③异黄酮途径相关酶基因，主要是异黄酮，可以提高作物体抗氧化和抗紫外线的能力，如苯丙氨酸解氨酶基因、苯基苯乙烯酮合成酶基因;④自由基清除基因,如超氧化物歧化酶基因;⑤热激蛋白基因和转录因子编码基因,如热激蛋白族 HSP60、Bzip (basic-leucine zipper)等。以上相关抗逆性基因的转基因烟草、玉米、水稻均已成功。

2. 抗除草剂基因利用

除草剂是现代化学发明的剔除杂草危害的化学药剂,目前在全世界的使用十分普遍,在地广人稀的地区除草剂使用量十分巨大。研制出不杀死作物而对其他植物有效的除草剂是十分困难的,因此选育耐除草剂的作物品种成了人们的首选。据统计,在 2017 年全球种植的 1.898 亿 hm^2 转基因作物中,约有 60% 以上是抗除草剂转基因品种。

3. 抗病基因利用

病害是造成植物减产的主要原因之一,过去采用传统的育种技术在防治病害过程中也发挥了一定的作用,但是由于植物病原菌致病种进化相对较快,而传统育种的年限较长,因此为了保持参量不断采用化学农药来防治病害,带来了环境污染问题。目前随着抗病相关分子机理的诠释越来越深入,越来越多的抗病相关基因被发现,如水稻白叶枯病抗性基因 *Xa*21、烟草野火病毒素解毒基因 *ttr*、溶菌酶基因 *HL*、天蚕素基因 *Cecropin*、几丁质酶基因、β-1,3-葡聚糖酶基因、葡萄糖氧化酶基因 *GO*、植保素类合成基因等。以上基因科学家都已经获得了相应的转基因植株,部分已经开始商业化运作。

病毒也是侵害植物的病原之一,有关植物抗病毒育种的策略大多是针对病毒的复制增殖过程有关基因展开的,具体包括:利用源于病毒的复制酶基因干扰病毒的复制,利用无毒性的病毒外壳蛋白抑制病毒的复制或激发宿主的抗性,利用编码失去活性的病毒移动蛋白的基因干扰病毒的扩散和转移,利用病毒基因反义序列、核酶基因等抑制病毒的复制、剪切和表达等。1990 年转番木瓜环斑病毒外壳蛋白基因的番木瓜问世,此后我国研究人员也将该病毒的复制酶基因转入番木瓜,2007 年已经开始商业化运作。

4. 抗虫基因利用

虫害也是植物减产的主要原因之一,由于害虫属于动物,容易移动,大多采用化学药物进行防治,由于农药的“三致”作用,国家开始规范农药的使用,希望减少农药的使用,为了减少虫害带来的损失,必须提高作物抗虫性。传统育种方法提高作物抗虫性,由于作物中很难找到抗虫的种质资源,因此有关抗虫的基因工程研究越来越活跃。

研究应用的最为成功的杀虫基因是来源于苏云金芽孢杆菌(*Bacillus thuringiensis*)杀虫晶体蛋白基因。苏云金芽孢杆菌是一种具有杀虫作用的微生物,被作为商品化的杀虫微生物应用,其能杀虫主要是因为它在形成芽孢时产生一种杀虫结晶蛋白,这种蛋白对鳞翅目害虫有特异的毒性。导致这种毒性的机理是该蛋白在昆虫的消化道内的碱性条件下裂解成活性多肽并造成昆虫消化道损伤,最终可使昆虫死亡,而对其他生物无害。目前,针对此基因进行抗虫育种并获得成功的案例有很多,包括玉米、棉花、番茄、烟草、马铃薯、水稻、杨树等。我国利用此抗虫基因育种是在 20 世纪 90 年代,独立自主研制成功了转基因单价抗虫棉,但是后来发现单价抗虫棉只对以棉铃虫为主的鳞翅目害虫有杀伤作用,对棉蚜、红蜘蛛、烟飞虱等害虫没有作用。因此,又将修饰的豇豆胰蛋白酶抑制剂基因和抗虫基因同时转入棉花,获得双价抗虫棉。利用该技术已经成功获得 14 个抗虫棉品种,并且出口到印度。我国自主完成的另一个抗虫作物是由华中农业大学张启发院士牵头完成的高抗鳞翅目害虫转基因水稻“华恢 1 号”和“Bt 汕优 63”,这两个品种已经在美国获得食用许可。

二、改良作物的形状和品质

随着人们生活水平的提高，越来越追求植物产品的品质和营养，但这些特性的指标由于大多是多基因控制而且与产量相关，传统育种缺乏有效选择手段，而且异源物种的这些优良基因由于受种间生殖隔离的限制，往往可遇不可求。然而，采用现代分子生物学技术完全可以跨越生殖隔离的限制，改良植物的性状和品质。

（一）贮藏大分子的品质改良

植物种子内贮藏大量的高营养物质，以保证其在新环境中的生长发育的营养需求。这些大分子贮藏成分包括蛋白、淀粉、油脂等，不同的作物在含量和组成上也不同。

醇溶蛋白是小麦和玉米种子中的蛋白，由于缺乏赖氨酸等几种人体必需的氨基酸，因此生物应用不大，但是却在其他领域中倍受注意。除了小麦醇溶蛋白在面制品加工中的应用外，玉米醇溶蛋白在食品保鲜方面也显露特色，同时也被应用到药品缓释剂中。糯米中醇溶谷蛋白在医药行业也有显著成就，被用于治疗胃病。基于此，科学家希望醇溶蛋白能在更多的植物中表达，目前已经完成此基因导入马铃薯中改善其蛋白质的营养品质。

西点食品在我国食品工业中占有重要位置，而直接影响西点食品外观和口感的是小麦粉的烘焙品质，小麦面粉中所含蛋白质的质量和数量，直接影响食品的烘焙性能。这些蛋白主要包括麦清蛋白、麦球蛋白、麦胶蛋白和麦谷蛋白等，当面粉加水形成面团时，在面团中麦胶蛋白和麦谷蛋白相互作用，麦胶蛋白进入麦谷蛋白中，麦谷蛋白起着纽带作用使得面团显示既有黏性又有弹性的独特性状。鉴于此，有报道将小麦高分子质量谷蛋白亚基基因（*HMW*）导入小麦以提高面粉的烘焙品质。

大米的蒸煮品质和口感品质是衡量大米品质好坏的指标之一，研究发现水稻淀粉合成相关酶基因影响淀粉的组成，将支链淀粉酶基因导入水稻，增加支链淀粉的含量有利于提高大米的蒸煮和口感品质。同理，将脂肪代谢相关基因导入大豆、油菜也可以改善其油脂品质。

（二）代谢途径改造生产异源代谢物

维生素是维持身体健康所必需的一类有机化合物，在体内既不是构成身体组织的原料，也不是能量的来源，而是一类调节物质，在物质代谢中起重要作用。这类物质由于体内不能合成或合成量不足，所以虽然需要量很少，但必须经常由食物供给。不同维生素在不同食物中的含量不同，而且往往人们每天常吃的食物中某些维生素含量并不高，因此科学家希望通过改造植物的代谢途径使其能产生人类需要的维生素。“黄金大米”就是一个通过转基因技术将胡萝卜素转化酶转入水稻胚乳中而获得外表为金黄色的转基因大米。食用这种大米可以为人们增加维生素 A 的来源。维生素 A 的缺乏会导致失明和免疫水平低下，目前全世界约有 2.5 亿人口的食物中缺乏维生素 A，“黄金大米”将为这部分人带来福音。此外，我国科学家也通过转基因技术将虾红素合成相关基因导入水稻胚乳中获得了“虾红大米”。虾红素是一种红色的酮类胡萝卜素，具有很强的抗氧化性，有益于人体健康，被广泛用于食品和饲料的营养补充剂。

(三)果蔬花卉的品质改良

果品蔬菜是否耐贮和花卉的色泽、存活时间都是影响其商业价值的主要因素,为此人们希望改善这些品质,以期获得更高的价值。研究发现,控制果蔬后熟相关基因的表达可以控制果蔬的后熟节奏,例如将反义的聚半乳糖醛酶基因导入番茄后可以明显改变番茄成熟时的软化进程,这种转基因番茄品种已在美国获得商业化许可;此外,干扰乙烯的合成也可以达到此效果,华中农业大学利用乙烯合成的前体——氨基环丙烷(ACC)的分解基因及 ACC 合成酶基因(*EFE*)的反义序列导入番茄,培育出的“华番 1 号”成为我国首个批准商业化生产的农业转基因产品。针对花卉的色泽和保鲜的问题,科学家利用对黄酮合成途径的有关酶进行干预来改变花色(如矮牵牛花的查尔酮合酶基因 *CHS* 是黄酮类合成途径中的关键基因,插入基因的表达形成一条 mRNA 互补链或反义 mRNA 链,与有意义链形成双螺旋,但双螺旋不稳定,又不能有效翻译,加之 CHS 酶底物无色和酶活性的降低使得矮牵牛花表现为无色或纯白色)。至于花卉的保鲜一般可以利用特殊的启动子控制锰超氧化物歧化酶基因过量表达,以增加内源氧的收集能力,从而延长保鲜期。

三、分子设计育种的应用

进入 21 世纪,分子生物学技术和组学技术快速发展,分子育种的概念逐渐得到丰富和发展。分子设计育种是在解析作物重要农艺性状形成的分子机理的基础上,通过品种设计对多基因复杂性状进行定向改良,以达到综合性状优异的目标。这种技术特别依赖于遗传学、分子生物学和组学技术对作物产量、品质、抗逆性等复杂性状形成的分子机理的阐明,李家祥基于这种技术,针对东北水稻优质品种“稻花香”展开分子育种,培育出“中科 804”和“中科发”系列水稻新品种,实现了高产、优质、多抗水稻的高效培育,并以此获得了 2017 年的国家自然科学奖一等奖。

四、植物生物反应器

现代生物技术给传统农业带来了新的理念,“分子农业”的出现及普及将会对现有的农作物种植结构产生显著影响。植物通过自身光合作用积累的各类生物大分子,如碳水化合物、纤维素、蛋白质和脂肪酸等,不仅为人类和动物提供了赖以生存所需要的各种食物,同时还提供了大量非食用性的化工产品。而生物技术特别是在基因工程研究领域内的快速进展则使人类进一步拓宽了植物的应用范围,植物作为反应器生产外源有用生物制剂成为可能。从本质上讲,植物生物反应器是指通过基因工程途径,以常见的农作物作为“化学工厂”,通过大规模种植生产具有高经济附加值的医用蛋白、工农业用酶、特殊碳水化合物、生物可降解塑料、脂类及其他一些次生代谢产物等生物制剂的方法。这些外源物质最有价值的是抗原蛋白和疫苗等,目前使用的疫苗主要是通过微生物发酵或动物细胞组织培养获得的,需要复杂的生产设备,生产工序烦琐,生产成本较高,不易保存和运输,这些弊端使得疫苗在经济落后的发展中国家推广起来比较困难,普通人群不易接受,但如果采用植物反应器就可以回避这些弊端。

在植物生物反应器研究中,最受人们关注同时研究进展也最快的是生产各种疫苗用的抗原蛋白。国内外多个实验室相继在烟草、马铃薯、番茄、苜蓿和莴苣中表达了乙肝表面抗原、大肠杆菌热敏毒素 B 亚基、霍乱毒素 B 亚基、诺瓦克病毒壳蛋白和狂犬病毒 G 蛋白等抗原,并利用在植物中表达的抗原进行了动物和人体的免疫试验,获得了大量有价值的研究数据,为今后利用转基因植物生产疫苗奠定了良好基础。世界上第一次植物来源的重组药用蛋白临床应用研究是由美国星球生物技术有限公司完成的,他们利用转基因烟草中表达的抗体 sIgA 生产新药 CaroRxTM,主要目的是预防和治疗由细菌引起的龋齿。临床试验证实 CaroRxTM 可以有效清除人口腔内的变异链球菌(*S. mutans*)并预防口腔龋齿。欧洲科学家在转基因烟草中表达了中和人类免疫缺陷病毒的单克隆抗体 2G12,在临床试验中并没有发现安全问题。

我国植物生物反应器的研究始于 20 世纪 90 年代初期,虽然在构建高效植物表达载体和培育转基因植物等主要技术环节上与国外相差无几,但在研究的广度和深度上还有待加强。2004 年,刘高峰等将乙型肝炎病毒包膜的蛋白基因导入马铃薯和番茄中,获得了高效表达该外源基因的工程植株,小鼠口服接种试验表明该重组抗原蛋白可诱导特异性的保护性抗体产生,且已经在环境中释放。2018 年,武汉大学杨代常教授通过水稻表达了人血清白蛋白并实现了商业化。

五、植物细胞工程技术在农业中的应用

植物是最早被认定具有细胞全能性的,它在任何条件下、任何细胞中都可以发育成一个新个体,这也是植物细胞工程相关技术的理论基础。随着现代生物技术的进步,越来越多的植物细胞工程技术在农业领域中成功应用。

(一)植物细胞和组织培养技术的应用

植物细胞和组织培养技术是基于植物的全能性,可以快速产生出再生植株,保持亲本的优良性状。可以采用营养体繁殖的植物,采用此技术不仅可以快速繁殖,还可以生产脱毒植株。众所周知,马铃薯和香蕉容易受病毒侵染,可以采用基于组织培养的茎尖脱毒技术,获得脱毒苗,提高产量和品质。

(二)单倍体育种技术的应用

纯系在传统育种中十分重要,一般通过多代自交才能选出性状稳定的优良自交系。例如玉米,一般需要 4 ~ 6 年才能获得,而且在理论上并非所有的等位基因 100% 纯合,但利用单倍体育种技术可以迅速获得稳定的纯系。花药组织培养技术就是一种非常有效的途径,通过花药离体培养等获得的单倍体,以及自然或人工的染色体加倍后可获得纯合的二倍体植株,单倍体育种一般只需 2 年就能获得 100% 纯合的纯系,提高了育种效率。我国采用此技术培育了水稻、烟草、小麦、茄子、甜椒等作物的新品种或品系。

(三)细胞融合技术的应用

细胞融合技术可以是不同物种在细胞水平实现遗传物质的转移和重组,打破种属的界限,这样的结果对于常规育种是很难实现的。高中教科书中的细胞工程案例“白菜甘蓝”就是采用细胞融合技术育成的品种。

(四)植物再生体系的应用

植物再生体系对于植物转基因获得转基因植株十分重要,不同种属的植物其再生体系的条件是不一样的,因此针对每一种属的植物建立其再生体系是十分重要的工作。我国科学家针对濒危中药材植物成功建立了再生体系,目前已为 200 种药用植物建立了再

生体系，为保护我国优秀的中药材植物做出了巨大贡献。

第三节　生物技术与养殖业

养殖业是农业的主要组成部分之一，与种植业并列为农业生产的两大支柱。世界上许多发达国家，无论国土面积大小和人口密度如何，养殖业都很发达，除日本外，养殖业产值均占农业总产值的50%以上，如美国为60%，英国为70%，北欧一些国家为80%～90%。养殖业通常被认为是利用畜禽等已经被人类驯化的动物或鹿、麝、狐、貂、水獭、鹌鹑等野生动物的生理机能，通过人工饲养、繁殖，使其将牧草和饲料等植物能转变为动物能，以取得肉、蛋、奶、羊毛、山羊绒、皮张、蚕丝和药材等畜产品。近几年，由于研究发现很多野生动物有传播人畜共患病的危险，各国政府又出台了相关规定规范可养殖的野生动物种类。

养殖业的发展和种植业一样也需要大量的优良品种，需要不断地改良养殖动物的生产性状，才能达到高产、优质、高效的目标。由于动物不同于植物的生活方式和繁殖方式，其育种比作物育种有更多的局限性，往往需要大量的种群和长时间的选育才能使性状稳定。

一、动物繁殖育种新技术

优良品种在动物的繁殖生产中有十分重要的地位，针对动物的品种改良，不仅需要优质的种质资源，还需要先进的育种技术，而育种技术的进步又依赖于遗传理论的发展。遗传学发展到分子遗传学阶段，也给动物的育种带来了新的技术，包括以DNA分子为基础的标记辅助育种、转基因技术和基因诊断试剂盒育种等分子育种技术。直接与动物育种有关的现代生物技术包括动物转基因技术、胚胎工程技术、动物克隆技术及其他以DNA重组技术为基础的各种技术。

(一)动物转基因技术

动物转基因技术是将外源基因导入动物的基因组并获得表达的技术，由此产生的动物称为转基因动物，由此可见，动物转基因技术同样需要目的基因、合适的载体和受体细胞，但由于动物细胞不同于植物细胞，绝大多数不具备发育的全能性，不能发育成为完整的个体，只有受精卵才可以发育成个体，所以要得到转基因动物还需要细胞工程和胚胎工程技术的配合。基本步骤包括：外源基因的获得与鉴定；外源基因导入受精卵；转基因受精卵移植到母体子宫；胚胎发育；检测新基因的遗传性表达能力和遗传稳定性。外源基因导入受精卵是影响成功的因素之一，最初的方法主要是显微注射，即用显微注射器直接把外源DNA注射到受精卵的原核或细胞质中，注射到原核中基因的整合率高，但有些动物在显微镜下难以辨认原核，只能注射到细胞质中，很多鱼类就是采用注射到细胞质中获得成功的。这种方法对于显微操作技术要求高，仪器的要求也很高，因此很难达到要求。许多动物病毒在感染宿主细胞后会重组到宿主的基因组中，因此一些病毒载体被选择作为目的基因的载体感染动物细胞，获得转染细胞；在具体操作中也可以将病毒载体直接感染着床前或着床后的胚胎，还可以先整合到宿主细胞再通过宿主细胞与胚胎细胞共育感染胚胎。这种方法常用的病毒载体是逆转录病毒，但目前由于安全性和人们的接受程度问题在使用中受到一定的限制。利用精子携带外源基因进入卵子的能力,也可达到转基因的目的,就是将成熟的精子与外源 DNA 共育后,再精卵结合,但具体机制还不清楚,已经有科学家将此技术应用在家蚕的新品种选育工作中。

同源重组在转基因过程中被广泛地应用,但也逐渐暴露其自身不可避免的缺陷,这是因为同源重组必须严格依靠不同 DNA 片段间的高度同源性,而且同源重组效率很低。近几年,基因编辑技术和体细胞克隆技术的不断发展,为转基因动物的制备提供了一个良好的平台,特别是基因组编辑技术的发展。以 CRISPR/Cas9 为代表的第三代基因修饰技术已被广泛地应用在转基因研究中,解决了基因组编辑中基因敲除的定点突变、定点插入等技术瓶颈。

1. 转基因鱼

鱼类因其产卵量大、体外受精、体外孵化等特点,大大简化了转基因操作的步骤,因此转基因鱼是迄今为止最成功的转基因动物之一。转基因技术应用在鱼类的生产性研究主要集中在提高生长速度和抗逆性方面。转生长素基因可以明显提高鱼类的生长速度,转抗冻蛋白基因可以提高鱼类的抗寒能力。近年来,陆续有转荧光蛋白基因的转基因鱼问世,成为培育观赏鱼和用于环境污染检测用鱼新品种的有效技术。

我国的转基因鱼研究已达到了国际先进水平,早在 1984 年,我国学者朱作言首次用人的生长激素基因构建了转基因金鱼。此后,由朱作言领导的研究组率先构建了由鲤和草鱼基因组件组成的“全鱼”基因载体,并培育出快速生长的转“全鱼”基因黄河鲤,建立了鱼类基因打靶定点整合技术。2015 年,美国公布了其转基因三文鱼食品动物上市。该转基因三文鱼是将大洋鳕鱼(*Zoarces americanus*)的抗冻蛋白基因的启动子序列和奇努克鲑(*Oncorhynchus tshawytscha*)的生长激素基因转移到三文鱼体内,调节激素的合成,使转基因三文鱼可以在寒冷的水域中生存,并且在冬天也能继续生长发育。

2. 转基因家禽

常规的转基因动物操作方法对于家禽来说还是很难的,主要原因是禽类的繁殖系统有别于其他动物,一般家禽卵的受精是在排卵时发生的,受精卵从输卵管排出需要超过 20 h,产出时的卵已经有 6 000 多个细胞,因此在操作步骤上有很多不同。目前研究转基因家禽主要集中在转基因鸡,生产转基因鸡的方法可分为蛋产出前的操作和蛋产出后的操作两种类型,蛋产出前的操作是在受精后第一次卵裂前取出单细胞的卵,在体外进行转基因操作,而蛋产出后的操作主要是以逆转录病毒为载体,将外源基因注射到产出后的受精卵,孵化后得到转基因鸡。目前转基因鸡涉及的基因主要是以提高抗病性和改良生产性状的基因为主,例如用鼠的抗流感病毒基因 *Mx*1 导入鸡胚的成纤维细胞,表现出了对流感病毒的抗性,揭示了 *Mx*1 基因导入胚胎细胞产生抗病性的可行性。另外,还有人将牛生长激素基因导入鸡的品系,也获得了高水平表达牛生长激素的鸡,体重明显大于对照组。

3. 转基因家畜

目前,转基因猪、牛、马、羊、兔等已经纷纷获得成功,并逐渐走出实验室进入使用阶段,哺乳动物体外受精和胚胎移植技术为转基因的加速成功提供了有效的技术支持。转生长素基因和抗病性基因在转基因家畜中还是比较常见的,目前转生长素基因的猪和转 *Mx*1 基因的猪都表现出良好的抗病性和较高的生长速率。

（二）人工授精及精液冷冻保存

动物在自然状态下经过雌雄交配、受精、妊娠产下幼崽，一般情况下不能保证后代一定是优良个体。为了确保繁殖后代的优良，现代畜牧业采用人工授精技术使得优良的公畜得以发挥最大的种用价值。人工授精是利用合适的器械采集公畜的精液，经过品质检测稀释或保存等适当的处理，再用器械把精液适时地输入到发情母畜的生殖道内，以代替公母畜直接交配而使其受孕的方法。目前这种技术已经在现代养殖行业普遍应用，一方面，该技术能最大限度发挥公畜的种用价值，减少公畜的饲养量；另一方面，由于技术要求检测精液质量能及时发现母畜的不孕，阻断生殖系统传染病传播，同时冷冻精液可以远距离运输，配种不受地区限制。

（三）胚胎移植技术

胚胎移植是将一头良种母畜配种后的早期胚胎取出，移植到另一头同种的生理状态相同的母畜体内，使之继续发育为新个体，也就是通常所说的人工受胎或借腹怀胎，本质上就是产生胚胎的供体和养育胚胎的受体，分工合作，共同繁育后代。该技术最重要的意义在于可以使一头优良的母畜留下更多的后代，保证足够的后代种群数。另外，对于肉牛产双犊、提高生产率有好处。

（四）胚胎冷冻保存

胚胎冷冻保存技术一般包括胚胎的冷冻和解冻，在冷冻和解冻过程中，需要对抗冻剂的种类和浓度，已加入抗冻剂的速度、解冻的速度、稀释的速度和温度等参数进行优化研究，这些都是影响胚胎冷冻成功的关键。

（五）体外胚胎生产

体外胚胎生产是将原来在输卵管内进行精卵结合生成胚胎的过程人为地改在体外进行。这种技术结合胚胎移植技术可提供大量的商业性胚胎，如肉牛的双胎繁殖，还可以为克隆胚胎提供受体，并进行胚胎切割前的体外早期培养，以降低成本。体外生产胚胎的工艺过程主要包括卵母细胞体外成熟、体外受精和胚胎培养。这三个技术细节还有很多问题需要研究解决，目前科学家还不能保证卵母细胞体外成熟受精胚就能发育完成，还需要对控制卵母细胞成熟的机制加深了解。

（六）胚胎分割

胚胎分割是指一枚胚胎用显微手术的方法分割成 2 份、4 份甚至 8 份，经体内或体外培养，然后移植入受体子宫中发育，以得到同卵双生或同卵多生后代。这种方法的目的在于获得遗传上同质的后代，为遗传学、生物学和育种学研究提供有价值的材料。在家畜的养殖中，通过胚胎分割可以增加可移植胚胎的数量，有助于提高家畜的繁殖力，促进良种的推广。我国在 20 世纪 70 年代时就已经开展了此类技术的研究，并获得了突破性的成功，目前我国牛、羊胚胎分割技术已达到了国际先进水平，并已在生产中应用。

（七）性别控制

在动物的养殖中，不同的性别会产生不同的效益，比如奶畜，雌性后代的价值是雄性的数十倍甚至近百倍。而在肉牛、绵羊和猪则是以雄性增重快，肉质优，因此往往希望通过多产雄性后代来获得效益。因此，希望通过人为的手段能控制动物的性别。一般比较容易操作的方法是X精子和Y精子的分离,可以根据X精子和Y精子在形态、密度、活力、表面膜电位等方面的差异,采用流式细胞分类法、沉淀法、密度梯度法、凝胶过滤法、电容法等众多技术将精子进行分离,分离后的精子可以根据需要进行受精,后代在一定程度上达到满意的效果,但是这种准确率不是很高,由于比较容易操作,在普通的养殖户中推广。如果想准确地判定性别,还是采用一些细胞学、免疫学、分子生物学的方法来进行胎盘鉴定。细胞学方法是对胎盘的核型进行鉴定,各种家畜的染色体数目虽然不一样,但在早期胚胎发育过程中,雌性胚胎中的一条X染色体处于暂时失活状态,因此,从胚胎取出部分细胞直接进行染色体分析或体外培养后,在细胞分裂中期进行染色分析,可对胚胎进行性别鉴定,准确率可达100%。免疫学方法是利用H-Y抗血清或H-Y单克隆抗体,检测胚胎上是否存在雄性特异性H-Y抗原,从而鉴定胎胚的性别。分子生物学方法是通过雄性特异性*SRY*基因和PCR技术检测染色体上*SRY*基因的有无,有则判为雄性,无则判为雌性,该方法是近几年发展的新方法。还可以从胚胎上取下少量的细胞提取DNA,并将其Y染色体上特异的DNA序列做成探针进行杂交,结果为阳性则为雄性胚胎,否则为雌性胚胎。

(八)发情、排卵及分娩控制

近几年,规模化养殖越来越多,人们为了最大限度地提高母畜的繁殖效能,希望在非配种季节或哺乳乏情期使母畜发情配种,或者使产单胎的绵羊能够产双胎,进而需要对母畜的发情排卵和分泌进行控制,由此而产生的此类技术,大多是利用某些外源激素对母畜处理而使母畜按照要求在一定时间发情、排卵、配种和分娩。

二、饲料工业中的生物技术

生物饲料是指以饲料和饲料添加剂为对象,以生物技术为手段,利用微生物发酵工程开发的新型饲料资源和饲料添加剂,也主要包括一些饲料用的酶制剂、抗菌蛋白、天然植物提取物等,生物饲料的应用主要是可以降低畜禽粪氮磷的排放,大幅减轻养殖带来的环境污染。

目前大多数饲料用的酶制剂、添加氨基酸、维生素、抗生素和益生菌都是由微生物发酵工程技术生产的,比如β-葡聚糖酶、戊聚糖酶和植酸酶等,前两种酶制剂添加于以大麦、小麦、黑麦、燕麦和淀粉为主的家禽饲料中能分解饲料中的抗营养因子葡聚糖和戊聚糖,提高养分的消化利用率,从而提高饲料的吸收效率。在猪饲料中添加植酸酶,能够明显提高以植物源性原料为主的饲料中植酸磷的消化利用率,降低无机磷的添加量。由微生物发酵生产的维生素A、维生素C、维生素D和维生素E等各种维生素,除传统上普遍用于纠正畜禽的维生素缺乏症外,目前还广泛用于增强动物的抗应激、抗病和改善肉质。益生菌是可在动物和人体应用的一种微生物培养物,一般都是食用的真菌、酵母和细菌,它们可以在动物胃肠道的黏膜细胞上率先附着并大量繁殖,建立优势群体,可以抑制有害微生物的生长,进而保护动物的健康,促进其生长。由于益生菌有抗生素相似的功能,而又没有抗生素的耐药性和组织残留,所以近几年益生菌在饲料工业中广泛使用。

三、畜禽基因工程疫苗

畜禽等动物和人类一样,也经常受到一些病原微生物侵染而患病,一般情况下,针对一些病毒和细菌引起的疾病，最有效的防治手段是注射疫苗。常规疫苗（全病毒灭活苗和减毒活疫苗）制备工艺简单、价格低廉，而且对大多数畜禽传染病的防治是安全有效的。但近几年也有一些病毒采用了基因工程技术开发新型疫苗，这些疫苗一般采用常规的方法，难于培养病毒或者常规疫苗的效果比较差，这些情况下大都采用了基因工程技术去开发新型疫苗。此外，基因工程还可以生产无致病性的、稳定的细菌疫苗或病毒疫苗，还能生产出与自然性病原相区分的疫苗，提供了一条研制疫苗更加合理的途径，将有助于畜禽传染病的预防和治疗。

四、动物生物反应器

动物生物反应器是一个将外源目的基因导入，整合到动物基因组中，并可以遗传给后代，表达出相应目标蛋白的转基因动物，而这些目标蛋白可能通过动物分泌的乳汁、尿液、血液、精液、蛋清或蚕丝等分泌产生。与低等微生物作为一个反应器表达外源蛋白质的技术相比，动物生物反应器能对真核蛋白质进行加工，产生具有生物活性的蛋白质药物，也可以表达传统方法难以表达的蛋白质，并且后续的纯化简单，投资较少，成本低，对环境没有污染。

（一）血液生物反应器

血液作为生物反应器的目的是将外源基因表达的产物，直接从血液中分离，由于血液的特殊性，所以在血液中表达的蛋白不能影响动物本身的血液循环系统和动物的健康。用血液生物反应器能生产出的蛋白主要包括血红蛋白、血清蛋白、抗体、干扰素和胰蛋白酶等。目前，利用转基因猪表达人血红蛋白已经成功，不仅解决了血液的来源问题，也避免了血液途径的疾病感染，同时由于猪生长繁殖快，给血液市场带来了良好的前景。

（二）乳腺生物反应器

大部分哺乳动物都是通过乳腺分泌乳汁来哺育后代。乳汁中含有大量的蛋白质和活性物质。一头奶牛每天可以产奶蛋白约 1 000 g，一只奶山羊可产奶蛋白约 200 g，由于大部分的哺乳动物吃的是草，挤出来的是含有蛋白质的奶，如果通过转基因动物的乳腺表达供人类疾病治疗和保健用的蛋白，生产成本低，可以获得巨大的效益。目前，许多药用蛋白质已经通过乳腺生物反应器生产出来，例如乳铁蛋白、红细胞生成素、α-抗胰蛋白酶等。2006 年，欧洲批准了第一个由转基因羊生产的重组人抗凝血酶用于临床，我国科学家也成功地培育了乳汁中含有活性的凝血因子Ⅸ的转基因绵羊。

（三）膀胱生物反应器

膀胱是储存尿液的肌性囊状器官，正常的尿液中没有或仅有少量蛋白质，是因为肾小球和肾小囊在滤过血液的过程中，阻挡了血液中的蛋白质进入原尿。而膀胱生物反应器是通过基因工程手段，让膀胱细胞产生目的蛋白，与肾脏无关，膀胱及其下游再无对蛋白质进行有效滤过或重吸收的机制，所以尿液中含有蛋白质。尿液容易收集，而且尿中几乎不含脂肪和其他蛋白质，容易纯化，目前应用此反应器还主要是用来合成人生长激素。

（四）禽蛋生物反应器

大部分家禽以生产禽蛋繁殖后代个体，而且禽蛋产量高。禽蛋中的蛋白质成分单一，容易提纯，而且外源蛋白表达不参与机体代谢活动，对家禽安全。目前已经应用禽蛋生物反应器生产免疫球蛋白和干扰素等。

第四节　生物农药

作物在生长繁殖过程中必然受到外界生物胁迫的影响，这些生物胁迫主要是指植物遭受的病害、虫害、鼠害和草害。在相当长的一段时间内，应对这些生物胁迫主要是采用化学农药。特别是20世纪40年代发明有机化学农药之后，极大地增强了人类控制危害的能力，为挽回农作物产量损失做出了重大的贡献。但是，长期依赖和大量使用有机合成化学农药，已经带来了众所周知的环境污染、生态平衡破坏和食品安全等一系列问题，对推动农业经济实现可持续发展带来了许多不利的影响。

一、生物农药的国内外现状

国外发达国家对于生物农药的开发研究一直处于国际领先地位，特别是生物技术的崛起，带动了生物农药的快速发展，许多发达国家投入了相当大的力量，广泛地开展研究。比如，日本很早已使用有效霉素、春日霉素、多氧霉素、灭瘟素、四环菌素、双丙氨膦、灭粉霉素等几十种农用抗生素；美国投产的农用抗生素有 Avermectin、Gib、Berllin 等多个品种，畜用抗生素有 Monensin、Aver-mectin、Tylosin、Oleandomydin 等几十个品种；德国正在积极开发抗病杀虫农用抗生素 Nikkomycin；印度有处理种子用的金色制毒菌素和杂曲霉素，用于防治大麦、水稻等植物病害；俄罗斯有卡苏霉素、灰黄霉素、抗真菌素、植菌霉素、木霉素等农用抗生素用于防治豆类病害和棉花菌期。苏云金芽孢杆菌在美国、俄罗斯、法国、日本、比利时、保加利亚、朝鲜、瑞士均有生产。白僵菌在俄罗斯、法国、澳大利亚已商品化生产。病毒农药在美国、俄罗斯、加拿大、法国、澳大利亚发展较快。据报道，西方各国约有35%的害虫可用昆虫病毒防治，现在投入生产的病毒农药有几十种，在产量和应用上领先的是棉铃虫核多角体病毒。俄罗斯、美国、澳大利亚、加拿大、日本等国家已经开发出生物除草剂，如使用 CGA、CGJ 复合菌在大豆田和稻田的除草率能达到90% ~100%。

我国生物农药的研究始于20世纪50年代初，至今已有70年的历史。在国家主管部门的扶持下，经过近30年的发展，在生物农药的资源筛选评价、遗传工程、发酵工程、产后加工和工程化示范验证方面已经自成体系，至2020年我国已注册登记的生物农药品种达101个，截至2020年5月底，微生物农药登记产品47种，实际登记产品数量434个；生物化学农药产品28种，实际登记产品数量513个；植物源农药产品26种，实际登记产品数量273个。近10年来，我国在生物农药研究的关键技术与产品开发方面已取得了一批重大成果，苏云金芽孢杆菌杀虫剂、农用抗生素、棉铃虫 NPV、杀虫真菌剂等技术产品已经达到或部分超过国外同类先进水平，不但满足国内市场需求变化，而且走出国门，进入亚洲和欧美市场。转基因生物农药，如高效 Bt 和荧光假单胞菌的组合基因工程菌剂，其中 WG001 已于2000年通过安全性审批，允许生产和应用。蝗虫微孢子虫和绿僵菌杀蝗剂，在防治蝗灾方面起到了一定作用，总体水平处于世界先进水平。国内已研究出真菌杀虫剂工业化大规模生产新工艺——气相双动态固态发酵新技术，从根本上解决了常规开放式发酵易染菌、发酵参数难以控制、产品质量不稳定的弊端。我国的植物源农药也得到迅速发展，国内已成功开发了众多植物源农药，相当一部分已进行了工业化生产，其中除虫菊酯是国内生产技术最完备的植物杀虫剂品种。

二、生物农药的主要种类

生物农药是指利用生物活体或其代谢产物对害虫、病菌、杂草、线虫、鼠类等有害生物进行防治的一类农药制剂,或者是通过仿生合成具有特殊作用的农药制剂。生物农药按照其成分和来源可分为微生物活体农药、微生物代谢产物农药、植物源农药、动物源农药4种。其中,植物源农药主要包括植物源杀虫剂、植物源杀菌剂、植物源除草剂及植物光活化霉毒等。自然界已发现的具有农药活性的植物源杀虫剂有博落回杀虫杀菌系列、除虫菊酯、烟碱和鱼藤酮等。动物源农药主要包括动物毒素,如蜘蛛毒素、黄蜂毒素、沙蚕毒素等。昆虫病毒杀虫剂在美国、英国、法国、俄罗斯、日本及印度等国已大量施用,国际上已有40多种昆虫病毒杀虫剂注册、生产和应用。微生物活体农药和微生物代谢产物农药是利用微生物或其代谢物作为防治农业有害物质的生物制剂。其中,苏云金芽孢杆菌属于芽孢杆菌类,是目前世界上用途最广、开发时间最长、产量最大、应用最成功的生物杀虫剂;昆虫病源真菌属于真菌类农药,对防治松毛虫和水稻黑尾叶病有特效;根据真菌农药沙蚕素的化学结构衍生合成的杀虫剂巴丹或杀暝丹等品种,已大量用于实际生产中。

三、生物技术在生物农药开发中的应用

(一)RNAi干扰技术开发新型生物农药

RNA干扰(RNA interference,RNAi)是指由内源或外源的双链RNA引发的mRNA降解,导致特异性阻碍靶标基因表达的现象,普遍存在于生物体中。在20世纪90年代,科研人员陆续发现RNAi基因沉默现象。由于RNAi诱导基因沉默具有高效性、特异性以及简便性等优点,近些年该技术也用于新型农药开发中。

RNAi通过干扰与害虫生长发育相关基因的转录和翻译过程,阻止蛋白质的合成,导致害虫的环境适应能力降低或死亡。此类防治方法主要通过害虫取食来内化靶标基因的双链RNA。昆虫摄入与靶标基因具有高度特异性的双链RNA后,该双链RNA在中肠位置被吸收,若沉默的目标基因并非位于中肠,则沉默信号能通过细胞或组织间转导,到达被干扰的靶基因部位进行RNAi。运用RNAi技术进行害虫防治所选择的靶基因大致分为5种:害虫致死基因,与害虫抗性和免疫相关的基因(降低害虫对化学农药的抗性),与害虫生长发育有关的基因,与害虫产卵有关的基因,以及与嗅觉相关的基因(干扰害虫对作物的识别)。目前将双链RNA导入昆虫体内最受欢迎的方式是饲喂法,这种方式操作简单,易于实现,目前该方法已成功应用于褐飞虱(*Nilaparvata lugens*)、白蚁(*Reticulitermes flavipes*)、长红锥蝽(*Rhodnius prolixus*)和玉米根萤叶甲(*Diabrotica virgifera*)等多种害虫的防治中。饲喂法不需要专门的设备,而且运用该方法对RNAi开展研究也较为便捷,但该方法作用效果慢,并且处在卵和蛹阶段的昆虫因无法取食而不能受用。

(二)基于植物免疫原理的新型生物农药

免疫激活蛋白是一种广谱、高效、多功能的新型生物农药,又称蛋白质农药、植物疫苗等,是运用近代分子生物技术,从微生物中提取的能激活植物自身生长防卫系统的一类分子蛋白质。这类新型生物农药的研发主要基于对植物免疫研究的深入,植物和动物一样

具有高效而复杂的先天免疫系统。植物先天免疫系统可在未受特定病原微生物诱导的情况下,对病原体侵染发生快速的防卫反应。因此,植物也可以像动物一样,注射疫苗防治病原微生物的侵害。免疫激活蛋白能诱导和激活植物对病虫害的抗性,调节植物生长代谢系统,促进植物生长,提高作物产量,改善作物品质。其主要作用原理是通过与植物表面受体蛋白的相互作用,可诱导植物信号的转导,激活植物的一系列代谢调控反应,从而使植物对病虫害产生抗性,促进植物生长,提高作物品质,增加作物产量。

思 考 题

1. 举例说明现代生物技术在作物逆境抗性性状改良中的应用。
2. 举例说明现代生物技术在作物性状与品质改良中的应用。
3. 什么是植物生物反应器,有哪些方面应用?
4. 举例说明现代生物技术在动物生产上的应用。
5. 举例说明现代生物技术在动物繁殖上的应用。
6. 举例说明动物生物反应器有哪些。
7. 什么是新型生物农药,请举例说明其原理。

参考文献

[1] 崔宁波,宋秀娟. 国外转基因大豆种植与育种研究进展[J]. 东北农业大学学报,2015,46:103-108.

[2] 胡一鸣. 农业生物技术教程[M]. 成都:西南交通大学出版社,2015.

[3] 白辉,李莉云,刘国振,等. 水稻白叶枯病基因 *Xa*21 的研究进展[J]. 遗传,2006, 28:745-753.

[4] 刘蓉蓉. 转基因植物生产疫苗和药物的研究进展[J]. 生物技术通报,2017,33:17-22.

[5] 陈维忠, 郑企成. 植物细胞工程与分子育种技术研究[M]. 北京:中国农业出版社, 2003.

[6] 杨慧. 矮牵牛花色遗传研究进展[J]. 安徽农业科学, 2013, 41(27):10907-10908.

[7] 温莉娴, 周菲, 邹玉兰. 抗除草剂转基因水稻的研究进展[J]. 植物保护学报, 2018, 45(5):954-960.

[8] 哈达, 曹爱萍, 赵晨,等. RNAi 技术在植物抗病领域的应用研究进展[J]. 内蒙古大学学报:自然科学版, 2017, 48(4):445-451.

[9] 姚丽, 刘家勇, 吴转娣,等. 禾本科主要农作物抗虫转基因研究进展[J]. 甘蔗糖业, 2013(2):37-42.

[10] 张强. 未来几年农药市场面临的主要困境及发展趋势[J]. 农药市场信息, 2020, 666 (3):12-15.

[11] 施秀珍, 吴青君, 王少丽,等. RNA 干扰在昆虫中的作用机理及应用进展[J]. 生物安全学报, 2012, 21(3):229-235.

[12] 姚婷,石海林,杨琦，等. 蛋白质组学技术在微生物农药苏云金杆菌中的应用进展[J]. 农药，2020，59(12):12-15.

[13] 杨波，王源超. 植物免疫诱抗剂的应用研究进展[J]. 中国植保导刊，2019，39(2):24-32.

[14] 余泓，王冰，陈明江,等. 水稻分子设计育种发展与展望[J]. 生命科学，2018，30(10):6-11.

[15] 张慧展. 基因工程[M]. 上海:华东理工大学出版社，2016.

[16] 付强，张明，卢克焕. 家畜胚胎性别鉴定技术的研究进展[J]. 基因组学与应用生物学，2006，25(S1):162-166.

[17] 姚军. 动物生物反应器研究进展[J]. 中国畜牧兽医文摘，2006，25(1):54-56.

[18] 杨代常. 在水稻上种出"人血白蛋白"[J]. 中国农村科技，2016，6:30-33.

[19] KATHLEEN L, HEFFERON. Nutritionally enhanced food crops: progress and perspectives [J]. International Journal of Molecular Sciences, 2015, 16(2):3895-3914.

[20] 张立苹，郑新民. 体细胞核移植技术在猪育种上的应用[J]. 中国猪业，2017，12(9):38-39.

第八章　生物技术与食品

在我国,有一句古老的谚语“民以食为天“,可见食品在人们心中的地位。随着社会的进步,食品消费占家庭消费预算的比例也越来越大。食品的产业链主要开始于农业生产中的作物种植或动物养殖,终止于消费者对它们的利用。大部分的食品原材料都需要某种程度的加工才能被食用。蔬菜水果一般只经过简单的加工,而大部分的谷类和肉类都要经过某种深程度的加工才能够提供给消费者。

传统的酿造技术和发酵技术属于传统的食品生物技术,这些技术可以追溯到几千年前,那时已有面包、奶酪、葡萄酒和啤酒等发酵食品。而现在的食品生物技术不仅包括发酵食品产业、食品添加剂以及配料的生物制造产业,还有生物保健品等相关产业,另外还涉及食品生物技术在食品包装、质量安全检测和食品生产废物的处理等方面的应用。随着现代生物技术的进步,特别是细胞固定化技术、细胞融合技术、代谢工程技术、组学和合成生物学等技术的发展,也对现代食品生物技术的发展起到了极大的推动作用,不断开发新生物资源,使得食品行业在营养和功能食品开发、食品保藏及安全检测等方面也有了长足的进步。

第一节　生物技术在食品生产中的应用

食品生产是世界上的重要工业之一。农产品和消费者之间的环节就是食品加工业,通过它们,相对庞大的易腐烂的粗制农产品转变成货架上便利而美味的食品和饮料。随着全球人口的增加以及人们饮食结构从谷物类向肉类的转变,给粮食的生产带来巨大的压力,提高农作物的产量和转变食品生产方式都将是解决问题的关键。

一、蛋白质的生产

蛋白质是人体的重要组成成分,它的快速生产也是食品生产的研究重点。采用分子育种新技术可提高农作物的蛋白质组成和含量,本节主要介绍单细胞蛋白和人造肉。

(一)单细胞蛋白

利用微生物作为蛋白质“生产工厂”已经取得成功。单细胞蛋白(Single Cell Protein, SCP)生产技术是通过发酵获取酵母菌、细菌、霉菌以及培养蘑菇、单细胞藻类等微生物,进一步由此获取大量的蛋白质。微生物含有丰富的蛋白质,可为人类提供日益短缺的蛋白质。采用微生物的方法获取的蛋白质比种植业和养殖业快得多。微生物蛋白质的必需氨基酸含量略高于大豆蛋白质,是较优质的蛋白质,现在全世界的年产量已超过3 000 万 t,发展前景非常可观。单细胞蛋白在动物饲养方面有很广泛的应用,单细胞蛋白因含有丰富的蛋白质而且具有风味温和、容易储存等优点,可以代替传统的蛋白质添加剂,如鱼粉、豆粉;特别是在水产养殖上,养鱼、养虾等方面应用非常广泛,但是对于人食用单细胞蛋白,往往需要特殊加工,这是因为微生物蛋白含有较多的 DNA 和 RNA,核酸代谢会使人产生大量的尿酸,导致肾结石和痛风。因此,单细胞蛋白作为人类食品添加剂添加时,必须经过加工去除其中的大量核酸。此外,单细胞蛋白生产技术可以大大地提高工农业生产中的下脚料的利用率,比如稻壳、废渣、糖蜜、动物粪便和其他有机物等,这些都可以被微生物利用来生产单细胞蛋白,不仅解决环境污染问题,还能够得到可利用的蛋白质。

食用菌也是一种重要的食品,蘑菇类真菌富含蛋白质、多糖、维生素及其他营养成分而被广大消费者喜欢。有研究表明,很多食用菌是重要的医疗保健佳品,如灵芝(*Ganoderma lucidum*)。营养学家认为,食用菌的营养价值达到了植物性食品的顶峰,250 g干蘑菇相当于500 g瘦肉、750 g鸡蛋或3 kg牛奶蛋白质的含量,而且必需氨基酸齐全,含量高,组成合理,易被人体吸收利用。

利用藻类生产单细胞蛋白也有许多成功的案例,因为藻类可以以二氧化碳为碳源,以阳光为能源进行光合作用,在开放的环境中生长良好。在非洲和墨西哥,人民普遍食用螺旋藻(*Spirulina*)。有研究表明,螺旋藻干粉的蛋白质含量高达60%～72%,还含有维生素B_1、B_2、B_3、B_6、B_{12}以及维生素E等,是非常好的一种蛋白质食物。

(二)人造肉

人造肉主要分为素肉和培育肉。素肉是以植物为原料,尽可能地模仿出真正肉类的味道和营养成分。目前市面上的素肉主要成分一般是含黄豆血红蛋白的大豆蛋白肉。比如,素牛肉是把豌豆蛋白和椰子油组合在一起制成素肉饼。为了在口感上更接近于牛肉,加入一种类似血红素的物质"heme",使人造肉的口感和质感都与一般的牛肉非常相近,从感官上看具有类似血色的色泽。我国很多寺庙提供给香客的斋饭也有类似的素肉,口感上虽没有肉味,但感官上却十分逼真。

培育肉是荷兰科学家在2013年利用动物细胞培养出来的,具体方法是首先抽取动物身上的肌肉母细胞,然后放在培养液中并接入支架,再放入生物反应器中,借此培养出动物肌肉纤维。这种方法完全摆脱了饲养和屠宰动物的传统肉类生产方式,但这种技术目前还不够成熟,造价太高。

二、食品和饮料的发酵生产

发酵是人类很早就掌握的技术,主要是使口味平淡的原料发生感官的、物理的和营养方面的变化,改善风味和维生素成分,使某些植物性原料获得肉类的质地和口感,并且无病原微生物、无毒害。通过发酵技术生产出了很多食物,包括面包、乳酪、泡菜、酱油,以及一些发酵的饮料,如啤酒、葡萄酒、白兰地、威士忌和非酒精饮料(如茶类、咖啡、可可)等。随着现代技术的进步,越来越多的生物新技术应用在发酵生产上。

(一)酒精饮料的发酵生产

生产酒精饮料的历史,至少可以追溯到公元前10世纪,《齐民要术》中详细地记载了用米做甜酒的方法。到了宋代,用米酿酒的方法更多,而且技术已经很高明了。一般酒精发酵的原材料主要是一些糖类物质和淀粉类物质。糖类物质主要包括水果汁、树汁、蜂蜜等,淀粉类物质主要是谷类和块根类,这些物质通常在发酵前水解成单糖,再与微生物一起发酵,得到酒精。为了避免和粮食供给产生竞争,扩大发酵原料来源,新加坡国立大学的科学家研发出了一种新技术，将豆腐制作过程中多出来的液体制成一种美味可口的酒精饮料，并且富含抗氧化剂。由于制作豆腐过程中挤压成形会产生大量的液体，通常它们只能被倒掉而污染下水道，如果通过向豆腐中添加糖、酸和酵母，乳清能够得到利用，避免浪费的情况。

此外，还可以利用现代生物技术来改进酒类发酵中所用的酵母菌特性，提高其活性，增强发酵能力。最近，有科学家将枯草芽孢杆菌的淀粉水解酶基因克隆到啤酒、酵母中，使原来只能依赖单糖进行乙醇发酵变成能利用淀粉进行发酵，扩大了发酵底物的来源途径。

（二）奶制品的发酵生产

奶制品是由牛奶发酵获得的产品，这些发酵主要是由乳酸杆菌起作用，这样处理之后，使牛奶能够方便保藏和运输。乳酸杆菌对奶制品的发酵生产至关重要，它不仅可以抑制不良细菌的繁殖，还能够使奶制品的口味和质地发生变化。因此，奶制品具有不同的品种，比如奶油、酸奶和各种奶酪。奶制品中最主要的产品是奶酪，其生产过程是通过乳酸菌将乳糖转化为乳酸，蛋白质水解和酸化联合作用，使酪蛋白凝结。在蛋白质水解过程中，起作用的是凝乳酶，它使蛋白质形成一种凝胶分离出来，经脱水压成一定形状，熟化成奶酪。奶酪的生产过程中，可见凝乳酶起着非常重要的作用。传统生产凝乳酶由于来源广泛，不能达到标准统一，造成奶酪质量参差不齐。现在采用基因工程技术，获得遗传修饰的发酵菌种，可生产出与动物相同的凝乳酶，而且成分单一，作用时间更容易把握，生产出的奶酪质量也能够得到保证。

（三）谷类食品发酵

谷类食品的发酵主要是指常用的一些谷类、面粉与水、牛奶、盐、脂肪、糖或其他成分混合，再加入酵母菌，发酵时产生并释放出二氧化碳，膨胀形成酸面团，进而再加工成各类发酵食品，如面包、馒头、蛋糕等。在这个过程中，除了酵母产生的酶作用外，其他酶的加入也可以帮助发酵。现代生物技术主要是利用更多改良的酶来控制这一复杂的过程。一方面可以利用现代生物技术对酵母菌进行改良，使其产生更多活性高的酶；另一方面也可以采用不同的酵母菌及可食用微生物的多个组合进行混合发酵。

三、添加剂的生产

随着人们生活水平的提高，对食品的口感和风味也提出了更高的要求，食品添加剂的应用也越来越广泛。

（一）甜味剂

甜味剂可用于多种食品的生产，如软饮料、糖果、点心、果冻、冰淇淋、罐头食品、烘烤食品、发酵食品、腌制食品、调味剂及肉类食品等。目前常用的甜味剂是甜菜糖和蔗糖，但是随着人们生活水平的提高，这两种糖的生产已经满足不了市场需求，另外，人们也意识到食糖过多对健康不利，容易使血糖升高，有患糖尿病的风险。为此，科学家用生物技术方法研制了一种广受欢迎的甜味剂——阿斯巴甜（aspartame），它是一种二肽（L-天冬氨酰-L-苯丙氨酸甲酯）。经过安全试验研究，该甜味剂十分安全，它在体内并不能造成血糖升高，特别适合糖尿病、高血压、肥胖症、心血管疾病患者使用。此外，欧美科学家从非洲竹芋(*Thaumatococcus daniellii*)的浆果中提取的一种蛋白质索马甜化合物(目前已知是最甜的化合物),目前销售很广,由于它是一种蛋白质,有科学家考虑采用遗传工程菌来发酵生产。

(二)醋

醋是一种常用的食品添加剂,一般采用微生物酿造的方法来生产,发酵用菌为酵母菌和醋酸杆菌(*Acetobacter*)。食醋在居民生活中消费量很大,因此世界各国对于食醋的生产都十分重视。在我国生产醋的工厂很多,但生产工艺多采用生料制醋工艺,很容易受到各种微生物的污染,其中包括野生酵母菌,这些野生酵母菌可能会抑制酿造用的酵母菌生长,从而导致发酵失败。解决这个问题,可以通过选育具有嗜杀性的酵母菌解决。目前,高浓度的醋在国际上十分受欢迎,而我国尚未见到此类产品的一个主要原因是不具备能适应高浓度乙酸条件下进行发酵的醋酸杆菌菌株,我国科学家也正在采用多次回交、基因突变和细胞融合等现代生物学技术来培育嗜杀性酵母菌和适应高浓度乙酸条件下进行发酵的醋酸杆菌菌株。

(三)食用有机酸

食用有机酸主要包括柠檬酸、乙酸、乳酸、葡萄糖酸、苹果酸、酒石酸等,这些有机酸都是通过微生物的发酵制成的,其中柠檬酸在食品工业中的用途是最广的,因为大多数的饮料、糖果、果酱等都需要柠檬酸。我国柠檬酸的产量很大,主要以糖蜜为原料,通过黑曲霉(*Aspergillus niger*)发酵生产。其他的有机酸分别利用醋酸杆菌、德氏乳杆菌(*Lactobacillus delbrueckii*)、葡萄杆菌(*Gluconbacter*)、曲霉(*Aspergillus*)和根霉(*Rhizopus*)等发酵而成。

(四)氨基酸和维生素

氨基酸在食品和饮料供应中主要作为鲜味剂和营养添加剂使用。作为鲜味剂的氨基酸主要是谷氨酸和天冬氨酸的钠盐。作为营养添加剂的有甲硫氨酸、赖氨酸、色氨酸、半胱氨酸、苏氨酸和苯丙氨酸等。目前已知谷氨酸和赖氨酸分别由棒状杆菌(*Corynebacterium*)和短杆菌(*Brevibacterium*)发酵生产。已有科学家通过广泛筛选突变株,以培育出一些高产菌株,也有采用重组技术以提高上述菌株的生产能力的研究报道。

维生素通常是生物体内酶的辅酶和辅基,因此缺乏维生素将会影响酶的活性,进而影响生物体的代谢功能,严重的维生素缺乏将导致产生多种疾病,所以维生素常用作食物的补充物。目前维生素大多是由微生物发酵生产,因此针对发酵菌种的选育及基因重组等生物技术都可以改变维生素的生产量。

(五)着色剂

市场货架上五颜六色的食品,着色剂功不可没。着色剂有天然的,如辣椒红素、番茄红素、栀子色素、姜黄素等;也有合成的,如柠檬黄、胭脂红等,色价高且对环境条件相对稳定;微生物发酵的色素有红曲红色素、β-胡萝卜素、维生素 B 等,人们日常使用的红腐乳也是微生物发酵所得。红曲是由紫红曲霉、安卡红曲霉、巴克红曲霉等放于培养基内30 ℃摇床培养 3 周,得到深红色菌丝体液,干燥粉碎后用一定浓度的乙醇溶液或丙二醇提取过滤,浓缩、离心等方法而得到。也可将上述菌株接种于浸湿过的籼米、大米或糯米上,保持适宜的条件,产生红色米粒,即红曲色素($C_{22}H_{24}O_5$)或红曲黄素($C_{17}H_{22}O_4$)等。这些红色素可广泛用于化妆品、饮料、糕点的生产。这些技术的应用使天然食用色素的开发生产具有良好的发展前景。

(六)增稠、乳化、稳定剂

食品的增稠、乳化、稳定剂有天然的,如阿拉伯树胶、瓜尔豆胶、明胶、果胶等;合成的,如藻酸丙二醇酯、羟丙基淀粉醚等。微生物发酵产物,如黄原胶或汉生胶等。黄原胶是由2.8份D-葡萄糖、3份D-甘露糖及2份D-葡萄糖醛酸组成的多糖类高分子化合物,分子量在100万以上。

黄原胶是由野油菜黄单孢发酵葡萄等物质在pH 6.0~7.0环境中培养50~100 h产生的微生物胞外多糖,杀菌后用有机溶剂提取、烘干、粉碎等工艺制得的。最常用的生物反应器是通气搅拌罐,常用的培养基包括以葡萄糖、蔗糖和淀粉为主的碳源,以蛋白胨、豆饼粉、鱼粉为主的氮源以及无机盐、微量元素、谷氨酸等促进剂。黄原胶为浅黄色、淡棕色粉末,水溶液呈中性,易溶于水,低浓度黏度很高,不受温度影响,对酸和盐稳定,可用于乳品、饮料、果冻等食品的稳定剂、乳化剂、增稠剂。黄原胶用于乳化香精的生产可得到良好的效果,尤其是酸奶类乳化香精的制备。

(七)食品用香精香料

食品用香精香料是食品加工中重要的食品添加剂之一,它能增加食品香气、香味,改善口感,弥补生产加工带来的风味缺陷,可提高食品的质量档次。食品的种类也因使用香精香料的点缀而变得丰富多彩。食品香精香料的质量和安全性已引起人们和国家监督部门的高度关注,天然食用香精香料备受人们的青睐。食用香料分为天然香料、合成香料。天然香料一般是指通过物理方法如对天然芳香植物压榨、浸提、水蒸气蒸馏、超临界萃取等而获得的香料。根据国际香料工业组织规定,生物技术香料属于天然香料范畴。生物技术如酶技术、微生物发酵技术、基因工程等技术在香精香料方面的应用研究已引起香料界研究人员的高度关注。发酵工程可采用生物合成法或生物转化法进行天然香精香料的制备。如内酯是广泛存在于自然界中具有生物活性的一类香精香料,在食品和化妆品工业中有重要的应用价值。生物合成法是指利用真菌和酵母菌的自身代谢作用,在静置期合成和积累对于细胞生长非必需的次生代谢产物——内酯;生物转化法是指以羟基脂肪酸、非羟基脂肪酸和脂肪酸酯等为底物,在微生物体内酶的作用下转化成1-羟基脂肪酸,然后再进一步转化为内酯。发酵工程在天然奶味香精中的应用比较广泛。微生物发酵法产奶味香精是指采用乳杆菌、乳链球菌等微生物,以牛奶或稀奶油为底物,发酵生产奶味香精的方法。由于微生物细胞内含有的酶系种类繁多,发酵产生的奶味香气多样化,包含有机酸、醇类、羰基类、各种酯类、内酯类、硫化物等近百种香味成分,与天然牛奶十分接近,其香气自然、柔和,是纯人工调配技术所难以达到的。此外,产品的赋香效果好,添加这类香精,牛奶的奶香味饱满、绵长、逼真,能明显提高加香产品的质量档次。

由此可见,用生物法制备天然香精香料给香精香料工业带来了一次革命性的突破。生物法制备天然香精香料的进一步发展必将促进广泛应用高效的绿色生物催化过程改造传统的化学过程,以解决人类所面临的资源短缺、能源危机及环境污染等限制社会和经济发展的重大问题,也为食品添加剂行业其他天然食品添加剂如生物防腐剂、色素等的健康发展提供了一条良好的借鉴思路。

四、功能性低聚糖

功能性低聚糖又称寡糖，是一种非消化性糖，通常由2~7个单糖分子脱水通过α、β型等糖苷键连接形成的带有支链或直链的低度聚合糖，具有一定甜度、黏度和水溶性等糖类的特性。人体肠道内没有水解它们（除异麦芽酮糖外）的酶系统，因而它们不被消化吸收而直接进入大肠内优先被双歧杆菌所利用，是双歧杆菌的增殖因子。目前普遍认为功能性低聚糖包括水苏糖、棉籽糖、异麦芽酮糖、乳酮糖、低聚果糖、低聚木糖、低聚半乳糖、低聚异麦芽糖、低聚异麦芽酮糖、低聚龙胆糖、大豆低聚糖、低聚壳聚糖等。低聚糖在自然界普遍存在，有关低聚糖的提取分离纯化方法较多，主要有酶、膜分离、水浴、超声波辅助和微波辅助等5种提取纯化技术。各种技术各具特点，其中微波辅助提取和超声波辅助提取的提取时间短、提取率高，设备和提取工艺相对简单，可应用于工业上大规模生产。目前食品添加剂低聚糖产品大多采用酶提取法提取，即使用纤维素酶、果胶酶、蛋白酶等具有专一性和高效性的酶，将植物细胞壁、细胞膜破坏，使有效成分快速溶出的一种高效提取技术。

第二节　生物技术在食品加工中的应用

食品加工，是指直接以农、林、牧、渔业产品为原料进行的谷物磨制、饲料加工、植物油和制糖加工、屠宰及肉类加工、水产品加工，以及蔬菜、水果和坚果等食品的加工活动，以及薯类、脱水蔬菜、蔬菜罐头加工，是广义农产品加工业的一种类型。通俗地讲，食品加工就是把可以吃的东西通过某些程序，造成更好吃或更有益等变化，将原粮或其他原料经过人为的处理过程，形成一种新形式的可直接食用的产品，这个过程就是食品加工。生物技术广泛应用于食品生产加工中，在食品生产加工中的应用包括提高产品加工深度、提供食品添加剂、食品原料改造、微生物酶制剂。采用基因工程技术对动植物原料进行基因改造的育种技术应用已经在第7章有过介绍。

一、果蔬加工

（一）水果罐头加工

制作橘子罐头时，需要去除橘瓣囊衣，过去使用碱处理法，耗水量大，又费工费时，现采用黑曲霉产生的半纤维素酶、果胶酶和纤维素酶的混合物，可很好地去除橘瓣囊衣而避免上述缺点。橘子罐头常发现白色浑浊现象，这是由于橘肉中橙皮苷造成的，采用橙皮苷酶，可将橙皮苷水解成水溶性的橙皮素，从而消除橘子罐头的白浊现象，桃果肉含有红色花青素，罐藏时同金属离子作用而呈紫褐色，采用花青素酶处理桃酱、葡萄汁等即可脱色而提高经济价值，这是因为花青素酶可以水解花青素。

（二）改进果酒果汁饮料的生产工艺

橘苷酶可用于分解柑橘类果肉和果汁中的柚皮苷，以去除苦味，橙皮苷酶可分解橙皮苷，有效地防止柑橘类罐头食品出现的白色浑浊，果胶酶可用于果酒果汁的澄清，纤维素酶可将传统工艺中的果皮渣进行综合利用，促进果汁的提取与澄清，提高可溶性固形物的含量。目前已成功地将柑橘果皮渣酶解制取全果饮料,其中纤维素经纤维素酶水解后可转化为可溶性糖和低聚糖,构成全果饮料中的膳食纤维,具有一定的医疗保健价值。

果汁生产中首先用机械压榨,然后离心获得果汁,但果汁中仍含有较多的不溶性果胶而呈混浊状,可以通过外加酶制剂澄清果汁。例如苹果汁的提取就是在浑浊的果汁中加入果胶酶,并轻轻搅拌,在酶的作用下,不溶性果胶逐渐凝聚成絮状析出,从而获得清澈的湖泊色苹果汁。此外,还可以把纤维素酶和果胶酶结合使用,使果肉全部液化,用于生产苹果汁、胡萝卜汁、杏仁乳,产率高达85%。对于果酒的生产,果胶的存在会降低果酒的透光率,并极易产生浑浊和沉淀,经果胶酶澄清处理能去除果酒中的果胶,提高果酒的稳定性,采用传统工艺生产苹果酒,果香不足,新鲜感不强,将果胶酶应用于苹果酒酿造并服务于其他工艺改革可不断提高出汁率,提高果汁的过滤效率,延长苹果酒的储存期,提高设备利用率,进而使苹果汁透光率提高,酿出的苹果酒果香清新。

二、肉类和鱼类加工

(一)改善组织特性

很多蛋白酶可以促进肉类的嫩化。牛肉及其他质地较差的肉,结缔组织和肌纤维中的胶原蛋白及弹性蛋白含量高,且结构复杂,往往耐热键交联,形成很强的机械性能。因而肉质显得粗糙,难以烹调,口感也差,如果采用蛋白酶处理,可以使肌肉结缔组织中的胶原蛋白分解,从而使肉质嫩化,一般采用的嫩化剂主要是蛋白酶,这些蛋白酶包括植物性蛋白酶和微生物蛋白酶。具体使用是将酶涂抹在肉的表面或用酶液浸肉,另一种较好的方法是肌肉注射。

(二)转化废弃物

将废弃的蛋白质如杂鱼、动物血、碎肉等经蛋白酶水解,抽提其中蛋白质以供食用或用作饲料,是增加人类蛋白质资源的一项有效措施,其中以杂鱼和渔场废弃物的利用最为瞩目。海洋中许多鱼类因其色泽、外观和味道欠佳等原因都不能食用,而这类水产却高达海洋水产的80%左右,采用酶技术,使其中绝大部分蛋白质溶解,经浓缩、干燥可制成含氮量高、富含各种水溶性维生素的产品,其营养价值不低于奶粉,可掺入面包、面条中食用或用作饲料,其经济效益十分显著。

此外,用酸性蛋白酶在pH呈中性条件下处理解冻鱼类可以脱腥味,还可利用碱性蛋白酶水解动物血脱色来制造无色血粉,作为廉价安全的补充蛋白质资源已经用于工业化生产中。

三、食品包装

随着现代食品工业的发展和人们生活方式的改变,用已有的包装技术很难满足人们对包装的要求,现代生物技术应用在食品包装行业的创新,推动了包装行业的发展,现代生物技术在包装上的应用主要创造有利于食品保质的环境,使其能够抗氧化、杀菌、延缓食品变质速度或者有利于回收。

(一)防腐和除氧包装

食品腐变主要是由微生物导致的腐败变质和氧化两大因素造成的,因此除氧和控制微生物生长是食品保藏中的必要手段,葡萄糖氧化酶对氧具有非常专一的理想抗氧化作用,它能防止氧化变质的发生,或者延缓已经发生的氧化变质,目前已有国内外的不同厂家采用其作为包装除氧剂。

溶菌酶由于对人体无毒害,已被用于作为食品包装上的防腐剂,抑制微生物的生长繁殖。由于溶菌酶在含盐、糖等的溶剂中稳定耐酸且耐热性强,还可以用于水产、香肠、奶油、生面条等的保藏,有效延长保质期。将溶菌酶固定在食品包装材料上,生产出来的抗菌功效的食品包装材料可以达到抗菌保鲜的功能,例如制成的肉制品软包装可以经受巴氏杀菌,同时具有防止高温灭菌处理后制品脆性变差,甚至产生蒸煮味的缺点。

(二)可降解塑料包装

一直以来,塑料作为主要的包装材料使用,由于其是石油产品制成的,降解周期长达300~500年,造成了严重的环境问题,生物塑料即采用PHA(聚β-羟基脂肪酸酯)合成的可降解塑料,可制成塑料袋、塑料餐具、塑料瓶等,更重要的是生物塑料降解很快,在土壤中一般半年以内就能降解。PHA是一类微生物合成的大分子聚合物,结构简单,用细菌发酵的方法生产的成本是化学合成聚乙烯的5倍,这严重限制其商业化应用。目前,我国科学家采用新型的合成生物学技术,重构了PHA的生产过程,使其生产成本比现有技术降低一半,在2018年已具有10万t规模的产量,走在了世界的前列。

(三)渗漏和保鲜指示剂包装

反映商品质量的信息型智能包装技术主要是利用化学、微生物学和动力学的方法,通过指示剂的颜色变化记录包装商品在保质周期内商品质量的改变。记录包装内环境的变化主要采用的是渗漏指示剂,这种指示剂能够直接给出有关食品的质量、包装和预留空间的气体、包装的储藏条件等信息的能力,例如包装破损信息指示技术就是利用在包装材料中以氧敏性染料为指示剂,如果商品在运输过程中发生破损及遇到了氧,那么将发生化学反应。肌红蛋白指示剂是一种保鲜指示剂,它是将肌红蛋白指示剂贴在内装新鲜禽肉的包装浅盘的封盖材料内表面,其颜色变化与禽肉质量相关联。

第三节　生物技术在食品检测中的应用

随着社会的发展与进步,人们的生活质量得到了不断的改善,对于食品不仅要求吃得放心,更要求吃得健康。但是,最近几年食品安全问题仍然层出不穷,如苏丹红鸭蛋、三聚氰胺奶粉及牛奶、地沟油、毒豆芽、染色馒头、塑化剂有毒食品、双氧水凤爪、下水道小龙虾、农药残留敌敌畏、毒生姜、面粉增白剂等事件,不断出现在新闻报道中,产生了恶劣的社会影响,对食品企业的形象造成了极大的损害,同时也导致公众对有关部门的信心急剧下降。食品安全问题关系重大,除了因不良商家违法追求经济效益,也在于食品检验技术和惩治措施不到位,给了商家可乘之机。因此,食品安全问题需要监督部门监督、生产单位负责、社会公众监督和反馈,以及社会全体各阶层的不断努力。通过对食品的检测,能够科学地发现食品中潜藏的危险,从而达到保障食品安全的目的。一般来说,人们对于食品中的细菌种类和数量、食品的新鲜度、农药残留、食品的成分和含量以及是否为转基因食品关心度较高。

长期以来有着广泛应用的物理、化学、仪器等方法由于内在的局限性,已经不能满足现代食品检测的全部要求。随着生物技术的不断发展,其在不同的领域得到了广泛的运用。生物技术检测方法因具有精准、高效、灵敏、成本低以及应用范围广泛的特点,在食品检测方面也得到了迅速发展。具体常用的技术主要有生物传感器技术、PCR 技术、免疫学方法、生物芯片、DNA 探针等。

一、免疫学技术在检测中的应用

免疫学技术是以抗原抗体的特异性反应为基础建立起来的，由此衍生出的检测方法种类繁多，几乎所有的免疫学方法都可以用于食品安全检测，而在食品安全检测应用中有普及潜力的免疫学方法主要有以下几种。

(一)酶联免疫吸附测定(ELISA)

ELISA 方法是把抗原抗体免疫反应的特异性和酶的高效催化作用有机地结合起来的一种检测技术，具有选择性好、结果判断客观准确、实用性强、样品处理量大等优点，弥补了经典化学分析方法和其他仪器测试手段的不足。目前食品中许多致病菌如沙门氏菌、大肠杆菌 O157 等微生物都可以用此方法来进行检测。主要的药物残留如抗生素类、磺胺药类、呋喃药类、抗球虫类、激素药类和驱虫药类等的 ELISA 检测方法都已经建立，其中 T-2 毒素、黄曲霉毒素 B1、脱氧雪腐镰刀菌烯醇等的 ELISA 检测方法已列入我国标准方法中。但 ELISA 方法对试剂的选择性高，很难同时分析多种成分，对结构类似的化合物有一定程度的交叉反应，分析分子量很小的化合物或很不稳定的化合物有一定的困难。

(二)免疫胶体金技术

近年来，研究人员根据胶体金的物理及化学性能设计的各种检测方法能在几十分钟甚至几分钟内就获得检测结果,从而判断样品中是否含有待检测的物质,并初步判定是否超标，但是该方法不能进行准确的定量。在用胶体金同 ELISA 结合检测盐酸克伦特罗后发现该方法的敏感性和特异性均可达到 ELISA 的水平。所以,该方法具有良好的普及潜力。

(三)免疫磁珠法

免疫磁珠法是非常有效的从食品成分中分离靶细菌的方法。它应用抗体包被的免疫磁珠,同食品样品的提取液混合,样品中病原菌特异性地与抗体结合到固定的颗粒上,分离磁珠即可分离出病原菌,不仅缩短分析时间,而且克服了选择性培养基的抑制作用问题。2001 年世界标准化组织(ISO) 发布的《食品和动物饲料微生物学 检测大肠杆菌 O157 的水平方法》(ISO16654)就采用了免疫磁珠分离技术。该方法不仅能够节约时间，而且灵敏度也有很大的提高。

(四)免疫荧光技术

免疫荧光技术是用荧光素标记的抗体检测抗原或抗体的免疫学标记技术，又称荧光抗体技术。其原理是将抗体分子与一些示踪物质结合，利用抗原抗体反应进行组织或细胞内抗原物质的定位，目前对于痢疾志贺菌、霍乱弧菌、布氏杆菌和炭疽杆菌等的试验诊断有较好效果。荧光抗体技术的一种特殊应用是流式细胞分析，既可检测受染细胞内的病毒抗原，也可检测受染细胞表面的病毒抗原，另外该技术在检测抗生素残留方面也有一定的应用。

二、分子生物学技术在检测中的应用

现代生物学尤其是分子生物学的飞速发展，也为食品检测提供了先进的技术手段，尤其以PCR技术受到了食品检测领域专家的青睐，由于其具有快速、特异、灵敏的特点，在检测食品中致病微生物和追踪传染源方面已经被广泛地应用，该方法尤其适合于培养困难的细菌和抗原性复杂的细菌的检测鉴定。如沙门氏菌采用PCR检测试剂盒检测仅需要几个小时就能完成，而且其阳性率均比培养法高，培养法检测出阳性的样品在PCR方法中均为阳性。单核细胞增生李斯特菌（*Listeria monocytogenes*）是一种聚集性的革兰氏阳性菌，在李斯特属中的所有细菌中是唯一一个可在人类中感染的病原菌，对其检测采用PCR方法，主要是检测其细胞溶素A（*hlyA*）基因，该基因是单核细胞增生李斯特菌呈现毒性所必需的，因此检测十分准确。另外，在检测食品掺假问题上也具有独特的优势，判断食品中是否存在该物种成分，检测动物源性成分或植物源性成分，就可以判断食品的真实性，例如有些牛肉片中掺杂鸭肉，即可采用PCR的方法检测。目前，分子生物学技术结合免疫学原理发展出一些更快捷、更准确的方法，如免疫捕获法和芯片技术。

（一）免疫捕获PCR法

根据特异性抗体与病原菌菌体抗原特异性结合的免疫学原理，将特异性抗体包被于磁珠或PCR管壁上，富集或捕获菌悬液和标本中的病原菌，再进行PCR反应，即可检测目标病原菌。

（二）芯片技术

新近发展起来的生物芯片技术是一种典型且具有代表性的现代化检测技术，该技术以探针和信息技术为基础，运用光引导蚀刻原位合成技术，可以很好地评估食品的安全性和食品质量。该技术最大的优势是可以实现多个分析样品的检测，且分析时使用较少的试剂即可得出结果，具有高通量、高精密度的优点。目前市场上已经有基因芯片、微阵列芯片、微流控芯片、蛋白质芯片等商业化类型。

三、生物传感器在检测中的应用

生物传感器选用选择性良好的生物材料（如酶、DNA、抗原等）作为分子识别元件，当待测物与分子识别元件特异性结合后，所产生的复合物（或光、热）通过信号转换器变为可输出的电信号、光信号等并予以放大输出，从而得到相应的检测结果。生物传感器由于具有良好的敏感性、特异性，操作简便，反应速度快，正逐步挑战传统检测方法的主体地位。目前已经可以用于大肠杆菌O157：H7等多种细菌，而用电化学免疫传感器检测黄曲霉毒素M1，用光纤免疫传感器技术检测低水平的单核细胞增生李斯特菌，用压电晶体免疫传感器检测葡萄球菌肠毒素B都表现出明显效果。

四、转基因食品的检测

转基因食品曾经在社会各界引起过激烈的争论，但科学产业界倾向于支持在良好的科研基础上把转基因技术应用于食品生产，而多数绿色环保人士则持反对态度，但至今仍没有发现强有力的安全性质疑的证据。为了保护广大消费者的权益，满足其选择权和知情权，以及出于国际贸易的需要，转基因食品的检测越来越受到重视，因此有必要进行转基因食品的检测。由于转基因物质有可能在耕种、收获、运输、储存和加工过程中混到食品中，对食品造成偶然污染，因此，不论是对转基因食品贴示标签，还是对转基因或非转基因原料进行分别输送，转基因原料和食品的检测都是必不可少的。另外，要区分转基因和非转基因食品，对转基因食品进行选择性标记，对食品中转基因含量的多少加以限制，也需要明确和有效的检测技术。

转基因产品的检测实质是检测转基因产品中是否存在外源 DNA 序列或重组蛋白产物，由于转基因的动植物种类多，而且都是庞大的 DNA 含量，外源 DNA 含量很低，因此要求检测技术的灵敏度非常高。由于转基因生物的特征是含有外源基因和表现出转入基因的性状，因此，当前国际社会对转基因食品的检测往往采用的技术路线是：①检测插入的外源基因，应用的方法是 PCR 法、DNA 印迹法以及 RNA 印迹法生物芯片技术；②检测表达的重组蛋白，主要采用 ELISA、蛋白质印迹法及生物学活性检测等。

(一)PCR 检测

PCR 应用于转基因食品的检测，其灵敏、快速和简便的特点是无法比拟的，而且也是现在当前的主要检测方法，目前大多数植物性转基因产品中含有花椰菜花叶病毒(CaMV)的 35S 启动子和根癌农杆菌的 NOS 终止子的两个基因片段，因此 PCR 技术已用于检测转基因大豆、马铃薯等产品中的 CaMV 35S 启动子、T-NOS 和某些常用的目的基因，建立了 PCR 的定性检测方法。PCR 技术也可以用于定量检测，以大豆作为检测体，检出下限可以在 0.01% 以内，检测精度为 99%，在定量检测中也可采用专用的实时 PCR 装置，将极微量的 DNA 扩大 100 万倍以上，检出灵敏度高，比蛋白质为基础的免疫法灵敏 100 倍以上。但 PCR 技术也有不足，也有可能会出现假阴性或假阳性的结果。因为有一些植物土壤和微生物中也含有 CaMV 35S 启动子、T-NOS 和其他被检出的基因，以及样品在生产加工运输过程中偶然污染都会造成假阳性结果。

(二)ELISA 检测

ELISA 方法是检测转基因作物中重组蛋白产物的常用方法，目前在日本和美国已经出现了定量检测转基因“新”蛋白质试剂盒，但这种方法的不足是检测范围有限，主要应用于原料和半成品分析，在终端产品分析方面灵敏度低于 PCR 方法。该技术还需要合成特殊的抗体和新蛋白质的表达，而食品中这类新蛋白质的含量极低，常常达到 10^{-9} ~ 10^{-6}g，而且在食品生产和加工过程中蛋白质还会发生变化，在检测样品中转基因背景不清楚的情况下难以有效应用。

(三)芯片技术

目前生物芯片技术可以对大量基因成分同时进行高通量检测，但是还不够成熟，国内外目前已开发出利用 10 种以上常见转基因外源基因制备的可视化生物芯片，能够一次性检测多种转基因食品。

思 考 题

1. 蛋白质生产有哪些方式,如何实现?
2. 食品发酵的用途有哪些,举例说明。
3. 举例说明在食品包装上有哪些生物技术应用。
4. 食品检测新的生物技术有哪些?
5. 你对转基因食品有何忧虑? 说出你的理由?

参考文献

[1] 郎需龙, 刘文森, 王兴龙. 免疫学技术在食品安全检测中的应用[J]. 肉类工业, 2009(5):33-35.
[2] 陈永生. 食品添加剂概述[J]. 食品安全导刊, 2016(1X):76-77.
[3] 王伟平, 夏福宝, 吴思方. 红曲霉发酵法生产 Monacolin K 研究进展[J]. 药物生物技术, 2002, 9(5):301-304.
[4] 宋志刚, 凌沛学, 张天民. 黄原胶的生产开发及其在医药领域的研究进展[J]. 药物生物技术, 2013(6):574-577.
[5] 黄昆仑, 许文涛. 转基因食品安全评价与检测技术[M]. 北京:科学出版社, 2009.
[6] 黎重江. 浅析包装防伪中信息技术的应用研究[J]. 数码世界, 2020(1):30.
[7] 邹从早. 在食品检验中应用现代生物技术的途径分析[J]. 消费导刊, 2020(15):9.
[8] 宋力,赵晶晶,王战勇,等. 生物降解塑料降解技术及其前景展望[J]. 塑料, 2020, 49(5):88-90.
[9] 牛晓鸣. 现代生物检测技术在食品检验中的应用[J]. 中国食品, 2020, 807(23):123-124.
[10] 夏文水, 高沛, 刘晓丽,等. 酶技术在食品加工中应用研究进展[J]. 食品安全质量检测学报, 2015(2):568-574.
[11] 王守伟, 陈曦, 曲超. 食品生物制造的研究现状及展望[J]. 食品科学, 2017, 38(9):287-293.

第九章　生物技术与医药

全球人口老龄化、非传染性疾病、不可预判的突发传染性疾病等均已成为威胁人类健康生存的主要因素，全球对基于生命科学而衍生出的先进疾病诊断方法、预防治疗药物等方面的刚性需求始终强劲。生命科学理论和新技术发展日新月异，以抗体、疫苗、融合蛋白、细胞治疗和基因疗法等为典型代表的生物制药，凭借其较高的安全性和有效性，市场和患者的认可度持续增高，技术的更新迭代迅猛，新兴技术如 CRISPR-Cas 系统极大地推动了产业变革。更值得关注的是，我国近年来依靠科研工作者的不断努力，无论是疾病检测诊断试剂、抗体药物，还是疫苗研发的工作均取得了突破性进展。

第一节　生物技术与疫苗

人类在长期与传染性疾病以及恶性肿瘤等慢性疾病对抗的过程中，从被动免疫到主动预防，已经成功消灭或者有效阻滞了某些重大疾病的发生。天花是最具杀伤力的病毒性疾病之一，也是人类通过疫苗接种成功消灭的传染病之一。目前用于人类疾病防治的疫苗有二十多种。随着社会的高速发展，各种新型传染病及病原体不断出现，如传染性非典型性肺炎冠状病毒、人感染高致病性禽流感病毒、新型甲型 H1N1 流感病毒、埃博拉病毒、中东呼吸综合征冠状病毒以及新型冠状病毒等。新发的传染性疾病通常表现为传播速度快、致死率高，缺乏靶向治疗的特效药。因此，疫苗仍然是人们用于控制和预防传染病的最有效手段。

2019 年末全球爆发新型冠状病毒(简称新冠病毒)疫情，成功遏制病毒或其变异毒株的肆虐传播、降低重症的发生率，关键措施是群体进行疫苗免疫接种。近半个世纪以来，人均寿命能够大幅度延长的原因一方面是由于清洁饮用水的普遍使用，另一方面得益于疫苗接种普及率的大幅提高。因此，疫苗产业已经成为生物医药不可或缺的重要子领域，采用先进的生物技术方法研发可以预防或治疗疾病的疫苗始终是人们健康安全的重要保障之一。

一、疫苗概况

疫苗是通过外源性抗原来诱发接种机体产生特异性免疫应答反应，从而实现预防和治疗疾病，或达到特定医学目的的生物制剂。疫苗的出现是人类发展史上具有里程碑意义的事件之一。随着免疫学、生物化学、生物技术和分子微生物的发展，20 世纪后半叶全球疫苗的研制进入快速发展阶段。从技术路径的角度来看，从最开始的第一代传统疫苗包括灭活疫苗、减毒疫苗等，发展到第二代疫苗包括由微生物的天然成分及其产物制成的亚单位疫苗和将能激发免疫应答的成分基因重组而产生的重组蛋白疫苗，再到目前最新的第三代以 mRNA 疫苗、DNA 疫苗、重组载体疫苗为代表的基因疫苗。目前全球约有 68 种疫苗上市销售，能够预防近 34 种疾病，近年来的全球疫苗产业仍在蓬勃发展，全球上市使用销售量位于前五名的疫苗品种见表9.1。

表9.1　目前销量售位于前五名的疫苗品种

疫苗英文商品名	预防疾病	生产公司
Prevnar13	13价肺炎球菌疫苗	辉瑞
Gardasil	人乳头瘤病毒疫苗	默克
Fluzone	四价流感疫苗	赛诺菲
Pentacel	白喉、破伤风、百日咳、小儿麻痹和b型流感联苗	赛诺菲
Pediarix	白喉、破伤风类毒素、非细胞百日咳、乙肝(重组)、灭活脊髓灰质炎组合苗	葛兰素史克

此外,迄今已有以治疗疾病为目的的治疗性疫苗。预防性疫苗的接种对象一般为健康个体或新生儿,治疗性疫苗的接种对象则主要是患病的个体。预防性疫苗的使用目的是为了有效防止或阻断疾病的发生,而治疗性疫苗不仅具有预防疾病的重要作用,而且还能够在已感染或已患病的个体中激发特异性免疫应答,清除已经感染的病原体和细胞,达到治疗疾病的目的。它注重的是个体的病理学特殊性,针对性强,靶位的选择趋于特殊性。

疫苗的类型主要包括灭活疫苗、减毒活疫苗、亚单位疫苗、基因工程疫苗和核酸疫苗。

(一)灭活疫苗

灭活疫苗是最为传统的疫苗,一般选用免疫原性强的病原微生物,通过在细胞基质上进行培养后,采用物理或化学方法使具有感染性的病原微生物失去致病力而保留免疫原性,但没有免疫反应性,同时保持其抗原颗粒的完整性,再经过纯化后而制成。

灭活疫苗通过向体内注入经过人工灭活的病原微生物或其代谢产物(抗原),既可由整个病毒或细菌组成,也可由它们的裂解片段组成裂解疫苗。灭活疫苗使用的毒种一般是强毒株,但使用减毒的弱毒株也可具有良好的免疫原性,如用萨宾(Sabin)减毒株生产的脊髓灰质炎灭活疫苗。灭活疫苗已失去对机体的感染力,但由于保持其免疫原性,可以刺激机体产生相应的抗体,使得机体获得免疫力,抵抗野生型毒株的感染。灭活疫苗免疫效果良好,在2~8 ℃下一般可保存一年以上,没有毒力返祖的风险,其安全性较好,但生产周期较长(60天以上),疫苗进入人体后不能生长繁殖,对机体刺激时间短,其免疫原性变弱,要获得强而持久的免疫力,一般需要加入佐剂,并且多次免疫从而加强疗效。

已上市的灭活疫苗包括乙型脑炎灭活疫苗、甲型肝炎灭活疫苗、狂犬病疫苗、霍乱疫苗等,使用范围非常广泛。新型冠状病毒灭活疫苗含有失活病毒SARS-CoV-2,该灭活病毒依然保有一定抗原性,但却不会引发接种者感染新冠病毒,它可被免疫系统识别,激活免疫应答。成功建立免疫记忆后,接种者的免疫系统可在一段时间内对新冠病毒存在免疫抵抗力。目前,我国科兴生物(Sinovac)、国药(Sinopharm)以及印度Bharat Biotech的新冠疫苗均属于灭活疫苗。然而,由于灭活疫苗存在活性不足、生产周期长、载体转化率低等问题,不少国家已经开始研发最新疫苗类型。

(二)减毒活疫苗

减毒活疫苗是采用人工定向变异的方法,或从自然界筛选出毒力减弱或基本无毒的活微生物制成的疫苗。减毒活疫苗接种后，在机体内有一定的生长繁殖能力，可使机体发生类似隐性感染或轻度感染的反应，但不产生临床症状，免疫效果强而持久，一般只需接种一次且用量较小，除刺激机体产生细胞免疫和体液免疫外，尚能产生局部免疫保护。但减毒活疫苗须在低温条件下保存及运输，有效期相对较短，存在毒力返祖的风险。

（三）亚单位疫苗

亚单位疫苗在大分子蛋白质携带的多种特异性抗原决定簇中，只有少量抗原决定簇在保护性免疫应答过程中起重要作用。通过化学分解或有控制性的蛋白质水解方法使天然蛋白质分离，提取细菌、病毒的特殊蛋白质结构，筛选出具有免疫活性的片段制成疫苗。亚单位疫苗仅保留几种主要的表面蛋白质，去除了多数无关抗原诱发产生的抗体，从而减少了疫苗的副反应和不良反应的发生。A 群脑膜炎球菌多糖疫苗、伤寒 Vi 多糖疫苗是早期投入使用的亚单位疫苗，该类疫苗减少了全菌疫苗使用过程中所出现的不良反应；此外，流感裂解疫苗的免疫效果及安全性也已经在国内外广泛应用中得到了肯定。亚单位疫苗的不足之处是免疫原性较低，需与佐剂合用才能产生好的免疫效果。

（四）基因工程疫苗

基因工程疫苗是使用 DNA 重组技术，把病原体外壳蛋白质中能诱发机体免疫应答的天然或人工合成的遗传物质定向插入细菌、酵母或哺乳动物细胞中，使之充分表达，经纯化后而制得的生物制品。应用基因工程技术能够制备出不含有感染性物质的亚单位疫苗、稳定的活病毒载体减毒疫苗，以及能够同时预防多种疾病的多价联合疫苗。基因工程疫苗是继第一代传统疫苗之后利用生物技术方法产生的第二代疫苗，具有安全有效、免疫应答周期长久、联合免疫易于实现等优点。

（五）核酸疫苗

核酸疫苗是最近几年从基因治疗研究领域发展起来的一种全新的免疫预防制剂，是指将含有编码某种抗原蛋白基因序列的质粒重组体或小段多肽作为疫苗，直接导入受体细胞内，通过宿主细胞的转录系统转录并翻译成抗原蛋白，诱导宿主产生针对该抗原蛋白的免疫应答，从而使被接种者获得相应的免疫保护。核酸疫苗作为生物医药领域新发展的基因层面生物制品，在细菌、病毒、寄生虫和肿瘤等多种疾病的防控方面起到了至关重要的作用。

核酸疫苗主要分为 DNA 型疫苗和 RNA 型疫苗。DNA 型疫苗多应用于肿瘤，而目前已经使用或者正在研发的新冠病毒的核酸疫苗多属 mRNA 疫苗。核酸疫苗的接种方法以及调控因素对于诱发机体抗原蛋白的表达有很大影响，尤其是启动子和载体的选择。此外，核酸疫苗的接种方式多样，选择合适的核酸疫苗接种途径有助于提高疫苗的转化率。虽然核酸疫苗在实际应用中短期内仍不会代替传统疫苗，但在未来，核酸疫苗必将成为人类疾病防治等领域中一类不可缺少的生物制品，有广阔的应用前景。

二、病毒性疫苗

世界范围内许多广泛流行的传染病，特别是病原体为病毒的传染病，如人类免疫缺陷病毒（Human Immunodeficiency Virus，HIV）、流感病毒等仍是亟须接种疫苗，通过主动免疫来实现病毒感染和扩散的阻滞，但是由于病毒变异高发等原因，研发挑战性较大。进入

21 世纪以来,一系列呼吸道病毒传染性疾病,例如严重急性呼吸综合征冠状病毒(Severe Acute Respiratory Syndrome Coronavirus,SARS-CoV)、中东呼吸综合征冠状病毒(Middle East Respiratory Syndrome Coronavirus,MERS-CoV)以及 2019 年末开始出现的严重急性呼吸综合征冠状病毒-2(Severe Acute Respiratory Syndrome Coronavirus-2,SARS-CoV-2)等高致病性冠状病毒先后在全球不同人群中暴发流行,成为世界范围内的重大公共卫生威胁。因此,新型病毒疫苗已经是临床医学领域以及公共健康环境建设的研究热点。近年来,随着医学免疫学的基础理论、分子生物学、基因工程、高通量测序以及大数据分析等快速发展与完善,新技术和新平台为一系列疫苗的研发提供了更多可行的思路与解决方案。经过几代研究人员的技术积累、国家综合实力的上升、国际交流及人才的储备,我国新型疫苗的研发开创了新局面,疫苗研发的创新力也不断提升。

三、细菌性疫苗

细菌属于原核单细胞生物,具有独立生命活动能力,可以利用细胞分裂和定植的方式存活,一般偏好选择营养丰富、富氧或缺氧的环境条件。细菌不同于病毒,一方面是很多疾病的病原体,包括肺结核、淋病、炭疽病等致病菌或条件致病菌侵入血液循环中进行生长和繁殖,产生毒素以及一些致病性的代谢产物;另一方面,人们也利用益生菌来进行酿造和抗生素制备等。

细菌感染后,例如结核杆菌、志贺菌、伤寒沙门菌、霍乱弧菌、布氏杆菌和脑膜炎双球菌等可诱发传染性疾病;而肺炎链球菌、溶血性链球菌和金黄色葡萄球菌等感染后发病不属于传染性疾病。细菌侵入人体后是否引起感染,决定于宿主机体自身的免疫防御功能,以及细菌的毒力和数量等。在治疗细菌感染诱发的疾病方面,临床上的手段主要是采用抗菌类药物,尽可能将机体内的病原菌彻底清除。多年来,细菌感染以及由此诱发的感染性疾病仍严重威胁人类的健康,但是抗菌药物的过度使用极易导致单一药物耐药菌甚至是多重药物联合耐药菌的迅速增加,使细菌感染不能得到有效控制,为临床精准有效地阻滞细菌感染带来障碍,更加重了细菌感染性疾病预防和治疗的经济负担。

细菌性疫苗的出现,能有效保护易感人群,提高易感人群对特定病原菌的免疫抵抗,降低病原菌感染的发生率以及限制扩散,进而实现感染率高、传染扩散速度快的相关疾病的有效控制。所以,开发相关细菌性疫苗也一直是生物医药领域的研究热点。实践证明,细菌疫苗在过去一个多世纪的发展中取得了辉煌的成就,对预防细菌感染性疾病发挥了巨大作用。随着免疫学、分子生物学等学科的快速发展,细菌疫苗的类型、组成都发生了很大的变化,出现了组分疫苗和 DNA 疫苗等新型疫苗。

1. 组分疫苗

经典的减毒活疫苗和灭活疫苗是细菌疫苗研究的基础,但是这类疫苗成分复杂,存在能引起免疫副反应的物质,其安全性及有效性都有待进一步提高。随着生物科技的进步,人们对各种致病菌具体免疫组分的认识不断深入,组分疫苗孕育而生。目前,组分疫苗种类众多,实质上可以划分为多糖组分疫苗和蛋白质组分疫苗,具体使用的主要以多糖组分疫苗为主。1974 年批准生产的 A 群流脑多糖疫苗成为第一个诞生的细菌组分疫苗。1977 年肺炎链球(*Streptococcus pneumonia*, S. pn)14 价多糖疫苗投入生产,1983 年 WHO 专家建议用肺炎链球菌 23 价多糖疫苗代替 14 价多糖疫苗。在这一时期,人们还发现多糖及蛋白质的结合会激发T细胞介导的细胞免疫来帮助刚出生的免疫系统功能尚未发育完全的小动物产生免疫性，从而打开了研发多糖蛋白结合疫苗的大门。依据多糖蛋白结合技术研发出的破伤风类毒素为载体的b型流感嗜血杆菌多糖蛋白结合疫苗（PRP-T），对所有b型流感嗜血杆菌（Haemophilus influenzae type b ，Hib）侵袭性疾病的预防效果达95%，对Hib肺炎的预防效果甚至达到了100%。目前，肺炎链球菌荚膜多糖-CRM197疫苗、A群及C群流脑荚膜多糖蛋白结合疫苗已在临床上广泛应用。

许多细菌在生长繁殖的过程中能产生大量的蛋白质，其中部分蛋白质与细菌的黏附、侵袭密切相关。随着蛋白质组学和基因组学的快速发展，大量的蛋白质和其编码基因被筛选出来，蛋白组分疫苗由此成为细菌疫苗新的研究方向。20世纪80年代，Valenzuela将乙型肝炎病毒表面抗原基因片段重组到酿酒酵母中，重组后的酵母成功表达乙型肝炎病毒表面抗原（HBsAg）。默克公司生产的重组酵母乙肝疫苗获得美国FDA批准成功上市，成为第一个也是目前使用最成功的蛋白疫苗。葛兰素史克公司开发的重组伯氏疏螺旋体表面蛋白A（OspA）疫苗在美国批准上市。目前，霍乱弧菌、伤寒杆菌、痢疾杆菌蛋白疫苗的开发已进入动物试验阶段，幽门螺旋杆菌蛋白疫苗已进入Ⅲ期临床试验阶段。

2. DNA 疫苗

DNA疫苗安全性好，制备和储存方便，可以在同一种质粒载体上克隆多个目的基因从而达到一种疫苗预防多种疾病的效果。更重要的是，DNA疫苗模拟了自然状态下机体感染外源性病原微生物后，在体内表达外源性抗原以及诱生免疫应答反应的过程。1989年，Wolff将DNA质粒注射到小鼠的骨骼肌后，意外地发现外源基因可以在骨骼肌细胞中表达，并且表达产物的活性可持续长达约2个月时间。1992年，Tang等将CMV启动子表达的人生长激素基因（*hGH*）以基因枪注射的途径注入小鼠耳内，3～6周后在小鼠体内检测到高滴度的抗*hGH*特异性抗体。上述研究直接导致了DNA疫苗的诞生。目前，已有多种细菌DNA疫苗的研究正在全球范围内展开。

3. 超级细菌疫苗

超级细菌（superbugs）是指对抗生素具有超强耐药性的细菌统称。由于抗生素的过度使用问题日益严重，新的耐药细菌不断出现并呈全球化流行趋势，超级细菌的家族也越来越庞大，感染后诱发严重疾病，甚至可能面临无药可治的程度。针对超级细菌的流行趋势，研发新型抗生素或新的治疗手段迫在眉睫。新型抗生素的研发周期长，且细菌耐药的发展速度远远快于新药的研发速度。而疫苗接种在人类健康史上对于控制严重致病菌的感染、流行起到了重要的作用，特异性疫苗将从源头上控制超级细菌的传播与感染。肺炎链球菌结合疫苗（Pneumococcal Conjugate Vaccine, PCV）的使用已经证明疫苗可以降低耐药细菌的感染率以及细菌的耐药性。2010年新一代13价肺炎疫苗（PCV13）上市，该疫苗可以预防13种血清型肺炎链球菌，包括耐药的肺炎链球菌血清型19A，显著降低了耐药肺炎链球菌包括血清型19A的感染。肺炎链球菌疫苗的应用成为控制耐药细菌感染的一个成功范例。无论是抗生素耐药细菌还是抗生素敏感细菌，疫苗均可以减少其感染，并减少细菌的传播。

超级细菌疫苗的优势与特点：① 疫苗的使用不受临床现有细菌耐药机制的影响。② 疫苗可以大大降低细菌的感染从而减少抗生素的使用。减少抗生素的使用将降低抗生素耐药的选择压力，进而延缓细菌耐药的出现和传播，打破了“使用抗生素→耐药→抗生素滥用→泛耐药”的恶性循环。③ 疫苗具有非常强的特异性，仅仅针对特定的病原菌，不会对人体的正常菌群产生影响，克服了抗生素使用导致菌群失调的副作用。因此，超级细菌疫苗研发已被 WHO、欧美国家政府以及辉瑞、诺华和葛兰素史克等医药巨头公司高度重视。

四、寄生虫病疫苗

寄生虫病（parasitic diseases）是寄生虫侵入人体后而诱发的相关疾病，由于寄生虫种类以及寄生部位的不同，引起的病理改变和临床特征各不相同。寄生虫病在世界各地均有出现，尤其是贫穷落后、环境卫生条件差的地区多见，热带和亚热带地区更多，非洲、亚洲的发展中国家寄生虫的发病率较高。寄生虫病易感人群主要是接触病原体较多的劳动人员、免疫力受到破坏的个体以及免疫力较低的儿童。根据 WHO 统计结果，世界大约1/4的人口受到五大寄生虫（疟原虫、血吸虫、利什曼原虫、丝虫和锥虫）的感染。临床发病与否主要取决于侵入机体的寄生虫数量的多少和毒力的强弱以及寄主的免疫力高低。侵入寄主的寄生虫体数量越多、毒力越强，发病的机会就越多，病情也越重。寄主的抵抗力越强，感染后发病的机会就越小，即使发病，病情也较轻；寄生虫病发病的不同阶段亦是寄主与虫体相互斗争的过程。病理变化主要包括虫体对寄主组织的机械性损伤，虫体分泌的毒素或酶类引起的组织坏死，以及寄主反应引起的嗜酸性粒细胞和其他炎性细胞的浸润，甚至形成嗜酸性粒细胞性脓肿和对幼虫或虫卵产生的嗜酸性粒细胞性肉芽肿。

寄生虫病的预防和治疗采取综合措施，因地制宜，对不同病种采用不同的有效方法。主要包括：全覆盖积极治疗感染的患者，快速减少虫体储存的寄主，进而消除传染源，切断传播途径，如消灭媒介昆虫或中间寄主。加强卫生教育，以改变不良的卫生和饮食习惯，不喝生水，不吃不熟的食物。加强人群免疫力和个人防护，如应用蚊帐避蚊等。从生物学角度，采用先进的分子生物学手段，寄生虫病疫苗是更有效预防和治疗的保障。截至目前，寄生虫病疫苗的类别包括低毒野生型活疫苗、减毒疫苗、灭活疫苗或死疫苗、组分疫苗（包括提取物及代谢产物）、合成及重组抗原疫苗、抗独特型疫苗和裸 DNA 疫苗。目前尚无被普遍采用的寄生虫病疫苗，Ada（1993）总结其原因如下：获得足够虫源的难度较大；多数寄生虫为多细胞生物，涉及的抗原成分较为复杂，很难准确找到保护性抗原，对其引起的机体保护性免疫反应也尚未完全了解清楚；寄生虫具有多种免疫逃避的手段，已有了解的方式主要包括抗原变异、抗原摹拟、侵入宿主 DNA、获得宿主蛋白或以宿主抗原进行伪装等，进而躲避免疫系统的防御性清除；寄生虫病临床的病程多变，一般引起慢性长期感染，病期因寄生虫生活史中形态不同而不同，常存在数个阶段，一种疫苗可能需要针对不止一个疾病阶段产生保护力。

目前主要用于临床的寄生虫病疫苗有疟疾疫苗、血吸虫病疫苗、原虫疫苗和蠕虫病疫苗等。疟疾是由恶性疟原虫在人体红细胞内不断增殖引起的，主要通过蚊子叮咬传播，疟疾长期在非洲、亚洲南部和南美洲等热带发展中国家肆虐，造成了极大的人员伤亡和经济损失。青蒿素及其衍生物的发现和使用，挽救了上千万人的生命，屠呦呦也因此荣获2015 年诺贝尔生理学或医学奖。然而，疟疾仍然是全世界范围内面临的主要公共卫生问题，全世界有 89 个国家将近 32 亿人有感染疟疾的危险，这几乎占全世界人口的一半，每年记录在案的疟疾感染病例超过 2 亿，死亡人数达 40 万，其中大多数是儿童。近几十年来，科学家一直致力于研发抗疟疾疫苗，希望从根本上消灭疟疾，构建无疟疾世界。2020年发表的一项研究估计，向疟疾病例最多的国家提供疫苗每年可预防530万疟疾病例和24 000例5岁以下儿童死亡。2021年10月，世界卫生组织建议为高危儿童接种具有历史意义的"突破性"疟疾疫苗（RTS，S/AS01）。据英国《新科学家》杂志报道，基于试点项目数据，世界上首款疟疾疫苗已被批准在撒哈拉以南非洲及其他疟疾传播中高风险地区的儿童中普遍使用，这是迄今唯一已获证明可显著降低儿童罹患疟疾概率的疫苗。

五、治疗性疫苗

治疗性疫苗是在已经感染病原微生物或已经患有某些疾病的个体中，通过诱导机体的特异性免疫应答，从而达到治疗或者防止疾病恶化的天然、人工合成或用基因重组技术表达的产品或制品。20世纪90年代前医学界普遍认为，疫苗只能作为预防疾病发生而使用。随着免疫学研究的发展，人们发现了疫苗的新用途，即可以治疗一些难治性疾病。从此，疫苗兼有预防与治疗双重作用，治疗性疫苗属于特异性主动免疫疗法。

治疗性疫苗作为一种新型制品，国内外已经在基础理论、临床前、临床研究和应用与技术等方面积累了大量经验。迄今已有多款治疗性肿瘤疫苗问世，为晚期患者开启长生存模式。例如，树突状细胞疫苗实际上早已在动物试验和早期的临床试验中取得了很多重大突破，其中脑瘤、肾癌、黑色素瘤的树突细胞疫苗研发已进入三期临床试验阶段，有望上市。具体事例包括：① 新型胶质瘤疫苗3年生存期提升达84%，引起轰动。近期，德国国家癌症中心的科学家研发了一款针对IDH1突变的肽段疫苗，以皮下注射方式进行接种，方便可靠。该疫苗在93.3%的患者中成功激活了针对性的免疫反应，未能激活机体免疫反应的2名患者无一例外在治疗2年内出现了肿瘤复发，全组患者3年生存率高达84%。② 新型树突细胞疫苗曙光出现，15个月总生存期达76%。AV-GBM-1是一种患者自体的特异性树突状细胞疫苗，在对延长新诊断的胶质母细胞瘤患者的中期总体生存期展现出极大的潜力。接受AV-GBM-1治疗的50例可评估患者的15个月的总生存率为76%，而对照组的287例接受标准治疗的患者的12个月和15个月的总生存率分别为61%和48%。这表明，接受AV-GBM-1治疗的患者15个月的总生存率提高了28%，疗效格外显著。③ 有效率翻倍，新型树突细胞疫苗ilixadencel（伊利沙定）进军肾癌一线治疗，ilixadencel是一款同种异体树突状细胞（DC）疫苗。研究显示，ilixadencel联合靶向抗癌药舒尼替尼（索坦，通用名：sunitinib）一线治疗新诊断的晚期转移性肾细胞癌（mRCC）患者，与单独采用舒尼替尼治疗的患者相比，总缓解率提高一倍，完全缓解率更高，缓解更加持久。

第二节　生物技术与疾病诊断

传染性疾病的病原体较多，传统的检测技术具有检测周期较长、检测技术手段复杂、精确度较低等弊端，延长了传染病病原体的检测周期，极不利于传染性疾病病原体的确诊和治疗。生物技术诊断方法，尤其是分子诊断技术的引进，采用先进的新一代测序和生物芯片技术等，对传染病病原体进行检测，其具有确诊时间短的优势，对传染病病原体检测具有重要的应用价值和实践意义。

一、ELISA 技术与单克隆抗体

酶联免疫吸附测定(Enzyme-Linked Immunosorbent Assay,ELISA)是一种标记的免疫测定,是免疫测定的金标准。该免疫学测试非常敏感,可用于检测定性或定量物质,包括抗体、抗原、蛋白质、糖蛋白和激素。ELISA 检测方法是以免疫学抗原抗体特异性反应为基础,与酶对底物的高效催化作用相结合的一种生化检测技术。抗体是机体免疫系统产生的蛋白质,可以在特定区域结合抗原。抗原是一种蛋白质,可以是外源性的生物大分子,也可以是内源性的蛋白,当与抗体结合时,会通过人体的免疫系统诱发一系列信号。这种相互作用在 ELISA 中得到利用,仅需少量测试样品即可鉴定特定的蛋白质抗体和抗原。免疫酶技术是将酶标记在抗体/抗原分子上,形成酶标抗体/酶标抗原,即酶结合物。该酶结合物的酶在免疫反应后,作用于底物使之显色,根据颜色的有无和深浅,依赖于特异性抗体结合靶抗原,检测系统则指示抗原结合的存在和数量。ELISA 技术的具体操作流程是利用聚苯乙烯微量反应板(或球)吸附抗原/抗体,使之固相化,免疫反应和酶促反应都在其中进行。在每次反应后都要进行反复的洗涤,既保证反应的定量关系,也避免了末反应的游离抗体/抗原的分离步骤。在 ELISA 技术中,酶促反应只进行一次,而抗原、抗体的免疫反应可进行一次或数次,即可用二抗(抗抗体)、三抗再次进行免疫反应。

目前常用的几种 ELISA 技术有:测定抗体的间接法、测定抗原的双抗体夹心法和测定抗原的竞争法等。

ELISA 具有广泛的应用,包括针对人类免疫缺陷病毒(HIV)的快速抗体筛选测试、病毒、细菌、真菌、自身免疫性疾病,食物过敏源,血型,孕激素 hCG,实验室和临床研究的检测,法医毒理学和其他诊断。新型冠状病毒 COIVD-19 也可以通过 ELISA 方法进行检测。血清学诊断对于轻到中度的 COVID-19 患者尤其重要,这些患者可能在发病两周之后被检出。血清学诊断也正在成为了解社区中 COVID-19 传播范围和识别潜在“已获得免疫通行证”个体的重要工具。在 HIV 检测中,通常会使用基于 ELISA 的间接检测来对收集的血液或唾液样本进行检测。ELISA 是用于 HIV 检测的筛查工具,由于潜在的假阳性,最终的诊断依然需要通过进一步测试。在食物过敏中,ELISA 的演变在过敏研究和诊断中发挥了重要作用。科学家已开发出可检测皮克级过敏源数量的超灵敏 ELISA。食物过敏在公共卫生范围内可能危及生命,因此,ELISA 对维护人类医疗健康具有重大意义。随着科学的进步,基于多学科、多领域的系统创新加快了 ELISA 技术的更新和迭代的步伐。英国伦敦帝国理工学院研究人员成功开发新型 ELISA 技术,酶用来控制金纳米颗粒的累积,通过颜色变化来检测超低水平的蛋白,仅用肉眼即可读取检测结果,无须昂贵的仪器和烦琐的试验步骤。密歇根大学安娜堡分校与复旦大学信息学院在共同开发一种新型光微流激光 ELISA 技术,比传统 ELISA 技术的创新在于以荧光产物为激光增益介质,利用高品质因子的光学微腔产生激光输出,在固定的泵浦功率下,产生激光的阈值时间和被测目标分子的浓度呈反比,不同的浓度对应不同的阈值时间,由此,将阈值时间作为该技术中的探测信号。该技术将应用于癌症和艾滋病等重大疾病的早期检测与诊断以及单个酶分子催化机制研究。

单克隆抗体在重大疾病的诊断和防治过程中,同样发挥着不可替代的重要作用。当前,新型冠状病毒肺炎康复患者的血浆疗法被用于临床治疗新冠肺炎重症患者,实际上是基于冯·贝林开创的抗体过继被动免疫疗法。新冠病毒 IgM/IgG 抗体胶体金法快速检测试剂盒已经被广泛用于临床诊断使用,同样依赖于杂交瘤单克隆抗体技术。

二、分子诊断技术

分子诊断技术是指采用 DNA 或 RNA 作为诊断的材料,通过分子生物学技术检测目的基因的有无、缺陷或者表达异常,从而对机体的生理状态以及疾病情况做出基于分子水平的判断。基本原理是检测受检者的核酸定量、结构以及表达功能是否异常,以确定受检者分子水平的异常变化,因此对严重威胁人类健康的重大疾病的预防、预测、诊断、治疗和预后均具有重要的意义。通俗简单地讲,多数基于分子生物学水平的方法学技术都属于分子诊断技术,比如 PCR 技术和基因测序技术等。按照技术原理,可以将已经使用的分子诊断技术大致分为 PCR 技术、分子杂交、基因测序、核酸质谱和生物芯片五类。截至 2020 年上半年,分子诊断产品获批数量超 1 200 项。从目前市场分子诊断产品来看,基于核酸诊断技术的产品仍占主要地位。从各类技术类别来看,PCR 技术由于壁垒相对较低,国产化程度高,占分子诊断产品总量的 70% 以上。

(一)基于分子杂交的分子诊断技术

20 世纪 60—80 年代是分子杂交技术发展最为迅猛的时期,由于当时仍无法对检测样本中的目的基因进行人为扩增,只能通过已知基因序列的探针对靶序列进行捕获检测。液相和固相杂交基础理论、探针固定包被技术与 cDNA 探针人工合成技术的出现,为基于分子杂交的体外诊断方法进行了早期的技术储备。

1. DNA 印迹技术(Southern Blot)

DNA 印迹技术始于 20 世纪 70 年代中期,通过限制性内切酶将 DNA 片段化,再进行不同长度 DNA 片段分离,然后转印至醋酸纤维膜上,使膜上的 DNA 变性与核素标记的寡核苷酸探针进行分子杂交,经洗脱后以放射自显影鉴定待检的 DNA 片段-探针间的同源序列。这一方法由于同时具备 DNA 片段酶切与分子探针杂交,保证了检测的特异性。因此,一经推出后便成为探针杂交领域最为经典的分子检测方法,广泛运用于各种基因突变,如缺失、插入、易位等,及限制性酶切片段长度多态性(Restriction Fragment Length Polymorphism,RFLP)的鉴定中。Alwine 等于 1977 年推出基于转印杂交的 Northern Blot 技术也同样成为当时检测 RNA 的标准。

2. ASO 反向斑点杂交(Allele-Specific Oligonucleotide Reverse Dot Blot,ASO-RDB)

使用核酸印迹技术进行核酸序列的杂交检测具有极高的特异性,但存在操作极为烦琐、检测时间长的缺点。20 世纪 80 年代初建立的样本斑点点样固定技术克服了之前的不足。通过在质粒载体导入单碱基突变的方法,构建了首条等位基因特异性寡核苷酸探针(Allele-Specific Oligonucleotide,ASO),更使对核酸序列点突变的检测成为可能。之后 Saiki 等首次将 PCR 的高灵敏度与 ASO 斑点杂交的高特异性进行融合,实现了利用 ASO 探针对特定基因多态性进行分型。随后的 ASO-RDB 方法实现了对同一样本的多个分子标记基因的分型、突变进行高通量检测,可筛查待检样本 DNA 的数十种乃至数百种等位基因,具有操作简单、快速的特点,一度成为基因突变检测、基因分型与病原体筛选最为常用的技术。

3. 荧光原位杂交(Fluorescence In Situ Hybridization,FISH)

FISH 源于以核素标记的原位杂交技术,Rudkin 等首次使用荧光素标记探针完成了原位杂交的尝试。在 20 世纪 80—90 年代,细胞遗传学和非同位素标记技术的发展将 FISH 推向临床诊断的实践应用。相比于其他仅针对核酸序列进行检测的分子诊断技术,FISH 结合了探针的高度特异性与组织学定位的优势,可检测定位完整细胞或经分离的染色体中特定的正常或异常 DNA 序列;由于使用高能量荧光素标记的 DNA 探针,可实现多种荧光素标记同时检测数个靶点。

如今,FISH 已在染色体核型分析、基因扩增、基因重排、病原微生物鉴定等多方面中得到广泛应用。通过比较基因组杂交(Comparative Genomic Hybridization,CGH)与光谱核型分析(Spectral Karyotyping,SKY)等 FISH 衍生技术,使其正在越来越多的临床诊断领域中发挥作用。

4. 多重连续探针扩增技术(Multiplex Ligation Dependent Probe Amplification,MLPA)

MLPA 是 2002 年由 Schouten 等首次报道,每个 MLPA 探针含有化学和 M13 噬菌体衍生法制备合成的两个荧光标记的寡核苷酸片段,每个探针都包括一段引物序列和一段特异性序列。在 MLPA 反应中,两个寡核苷酸片段都与靶序列进行杂交,再使用连接酶连接两部分探针。连接反应高度特异,如果靶序列与探针序列不完全互补,即使只有单个碱基的差别就会导致杂交不完全,使连接反应终止。连接反应完成后,用一对荧光标记的通用引物扩增连接好的探针,每个探针扩增产物的长度都是唯一的。最后,通过毛细管电泳分离扩增产物,便可对核酸序列进行检测。由于巧妙地借鉴了扩增探针的原理,MLPA 最多可在 1 次反应中对 45 个靶序列的拷贝数进行鉴定。

MLPA 具备探针连接反应的特异性与多重扩增探针杂交的高通量特性。经过技术的不断成熟和发展,MLPA 已成为涵盖各种遗传性疾病诊断、药物基因学多遗传位点鉴定、肿瘤相关基因突变谱筛查、DNA 甲基化程度定量等综合分子诊断体系,是目前临床最为常用的高通量对已知序列变异、基因拷贝数变异进行检测的方法。

5. 生物芯片

生物芯片是通过光导原位合成或微量点样等方法,将大量生物大分子如核酸片段、多肽分子、组织切片和细胞等生物样品有序地固化于支持物的表面,组成密集二维的矩阵,然后与带有标记的待测生物样品中的靶分子进行杂交,再通过特定的仪器对杂交信号进行快速、高通量和高效的检测分析,从而判断待检样品中靶分子的有无以及含量的多少。由于生物芯片常采用硅片作为固相支持物,并且在制备过程模拟计算机芯片的制备技术,由此得名。1991 年 Affymetrix 公司利用其研发的光蚀刻技术制备了首个以玻片为载体的微阵列,标志着生物芯片正式成为可转化应用的分子生物学技术。目前该技术应用广泛,例如疾病预测、疾病诊断、司法鉴定、个体化治疗、国家安全等。

截至目前,芯片技术已经得到了长足的发展,如果按结构对其进行分类,基本可分为基于微阵列(microarray)的杂交芯片与基于微流控(microfluidic)的反应芯片两种。

(1)基于微阵列的杂交芯片。

微阵列基因组 DNA 分析(Microarray-based Genomic DNA Profiling,MGDP)芯片主要分为两类,微阵列比较基因组杂交(array-based Comparative Genome Hybridization,aCGH)和基因型杂交阵列(SNP array)。顾名思义,aCGH 芯片使用待测 DNA 与参比 DNA 的双

色比对来显示两者间的拷贝数变异（CNV），而单核苷酸多态性（Single Nucleotide Polymorphism，SNP）芯片则不需要与参比 DNA 进行比较，直接通过杂交信号的强度来显示待测 DNA 中的 SNP 信息。技术更新迭代后，目前已研发出可同时检测 SNP 与 CNV 的高分辨率混合基因阵列芯片。MGDP 芯片主要用于发育迟缓和先天性异常畸形等儿童遗传病的辅助诊断以及产前筛查。经过临床验证，通过 MGDP 芯片进行染色体不平衡的检测与 FISH 的诊断符合率可达 100%。随着表观遗传学的发展及其在疾病发生发展中的关键作用日益得到重视，目前也已出现 microRNA 芯片、长链非编码 RNA（long noncoding RNA，lncRNA）芯片等。类似于 MGDP 芯片，表达谱芯片（Gene Expression Profiling array，GEP array）使用反转录生成的 cDNA 文库与固定于芯片载体上的核酸探针进行杂交，从而检测杂交荧光信号的强度判断基因的表达情况。相较于基因组杂交，GEP 芯片是对生物学意义更为重要的转录组信息进行检测，对疾病的诊断与预后判断具有重要的生物学意义。目前使用 GEP 芯片对急性髓细胞白血病、骨髓增生异常综合征等血液病以及神经退行性变等进行诊断、分类和预后评估效果理想。

流式荧光技术又称液相芯片或悬浮阵列，是技术更新后逐渐发展起来的多指标联合诊断方法。传统固相芯片是将检测使用的探针锚定在固相载体表面进而捕获目的序列，此项技术以荧光编码微球为核心，将聚苯乙烯微球标记成不同的荧光颜色，并对其进行编码得到具有上百种荧光编号的微球，使得不同的探针能够通过微球编码得以区分。利用混合后的探针-微球复合物与待测样本进行杂交，使微球在流动鞘液的带动下通过红绿双色流式细胞仪，其中红色激光检测微球编码，绿色荧光检测经杂交后核酸探针上荧光报告基团的信号强度，一次完成对单个样本中多种靶序列的同步鉴定。此技术融合了流式细胞仪原理、激光分析和高速数字信号处理等，具有高通量、高灵敏度、多指标并行分析检测等特点，可以用于免疫分析、核酸研究、酶学分析、受体和配体结合识别等多方面、多领域。目前，该技术已在囊性纤维化等遗传性疾病诊断、多种呼吸道病毒鉴定及人乳头瘤病毒分型等方面取得了广泛的应用。

（2）基于微流控的反应芯片。

1992 年 Harrison 等首次提出了将毛细管电泳与进样设备整合到固相玻璃载体上构建“微全分析系统”的构想，通过分析设备的微型化与集成化，完成传统分析实验室向芯片实验室（lab-on-chip）的转变。微流控芯片（microfluidic chip）是将生物、化学和医学分析过程中样品的制备、反应、分离和检测等基本操作单元集成到一块微米尺度的芯片上，自动完成分析全过程，并已经发展成为生物、化学、医学、流体、电子、材料和机械等学科交叉的研究领域。微流控芯片由微米级流体的管道、反应器等元件构成，与宏观尺寸的分析装置相比，其结构极大地增加了流体环境的面积/体积比，以最大限度利用液体与物体表面有关的包括层流效应、毛细效应、快速热传导和扩散效应在内的特殊性能，从而在一张芯片上完成样品进样、预处理、分子生物学反应、检测等系列试验过程。

目前使用微流控芯片进行指导用药的多基因位点平行检测是主要临床应用领域，普遍认为的生物芯片如基因芯片、蛋白质芯片等只是微流量为零的点阵列型杂交芯片，功能有限，属于微流控芯片的特殊类型，而微流控芯片具有更广泛的类型、功能与用途，可以开发出生物计算机、基因与蛋白质测序、质谱和色谱等分析系统，成为系统生物学发展的重要技术支撑。

(二)核酸序列测定分析技术

核酸序列测定分析是直接捕获核酸序列信息的唯一技术手段,是分子诊断技术的一项重要分支。虽然分子杂交、分子构象变异或定量 PCR 技术在近几年已得到了长足的发展,但其对于核酸的鉴定都仅仅停留在间接推断的假设上,因此对基于特定基因序列检测的分子诊断,核酸测序仍是技术上的标准。

1. 第一代测序

1975 年由 Frederick Sanger 所提出的双脱氧链终止法以及 1977 年由 Walter Gibert 所提出的化学修饰降解法被称为第一代测序技术,为核酸测序时代拉开了序幕。

目前,基于第一代测序技术的测序仪几乎都是采用 Frederick Sanger 提出的链终止法。

链终止法测序的核心原理是利用 2′与 3′不含羟基的双脱氧核苷三磷酸(ddNTP)进行测序引物延伸反应,ddNTP 在 DNA 合成反应中不能形成磷酸二酯键,DNA 合成反应便会终止。如果分别在 4 个独立的 DNA 合成反应体系中加入经核素标记的特定 ddNTP,则可在合成反应后对产物进行聚丙烯酰胺凝胶电泳(Polyacrylamide Gel Electrophoresis,PAGE)及放射自显影,根据电泳条带确定待测分子的核苷酸序列。Appied Biosystems 公司在 Sanger 法的基础上,于 1986 年推出了首台商业化 DNA 测序仪 PRISM 370A,并以荧光信号接收和计算机信号分析代替了核素标记和放射自显影检测体系。该公司于 1995 年推出的首台毛细管电泳测序仪 PRISM 310 更是使测序的通量大大提高。Sanger 测序是最为经典的一代测序技术,仍是目前获取核酸序列最为常用的方法。

第一代测序分析技术的优势:准确性远高于第二、第三代测序,因此被称为测序行业的“金标准”;每个反应可以得到 700 ~ 1 000 bp 的序列,序列长度高于第二代测序;价格低廉,设备运行时间短,适用于低通量的快速研究项目。劣势:由于一个反应只能得到一条序列,因此测序通量很低;虽然单个反应价格低,但是获得大量序列的成本很高。

2. 第二代测序

高通量测序技术 (High-Throughput Sequencing, HTS) 是对传统 Sanger 测序技术的变革,可一次对几十到几百万条核酸分子进行序列测定,使得对一个物种的转录组和基因组进行细致全面的分析成为可能。目前常见的高通量第二代测序平台主要有 Roche 454、Illumina Solexa、ABI SOLiD 和 Life Ion Torrent 等,其均通过 DNA 片段化构建 DNA 文库,文库与载体交联进行扩增,在载体面上进行边合成边测序的反应,使得第一代测序中最高基于 96 孔板的平行通量扩大至载体上百万级的平行反应,完成对海量数据的高通量检测。

第二代测序技术的优点:一次能够同时得到大量的序列数据,相比于第一代测序技术,通量提高了成千上万倍,而且单条序列成本非常低廉。缺点:序列读长较短,Illumina 平台最长为 250 ~ 300 bp,454 平台也只有 500 bp 左右;由于建库中利用了 PCR 富集序列,因此有一些含量较少的序列可能无法被大量扩增,造成一些信息的丢失,且 PCR 过程中有一定概率会引入错配碱基;想要得到准确和长度较长的拼接结果,需要测序的覆盖率较高,导致结果错误较多和成本增加。

第二代测序技术的应用:第二代测序是现阶段科研市场的主要平台,主要应用于基因组测序、转录组测序、群体测序、扩增子测序、宏基因组测序、重测序等。由于成本较低,第二代测序在医学领域应用也十分广泛,主要包括癌症基因组、遗传病基因组、肿瘤与代谢疾病等。

3. 第三代测序

第三代测序技术的核心理念是以单分子为目标的边合成边测序，该技术的操作平台目前主要有 Helicos 公司的 Heliscope、Pacific Biosciences 公司的 SMRT 和 Oxford Nanopore Technologies 公司的纳米孔技术等。第三代测序技术进一步降低了成本，可对混杂的基因物质进行单分子检测，故对 SNP、CNV 的鉴定更具功效。但是目前其进入产品商业化，并最终投入临床应用仍有很长的距离。

未来基因测序技术的发展方向是以更快的速度获取序列信息及更准确的碱基识别方式，更理想的测序深度，更便捷的测序平台，更简单的操作，更低的测序成本。基因测序技术的发展历程如图 9.1 所示。

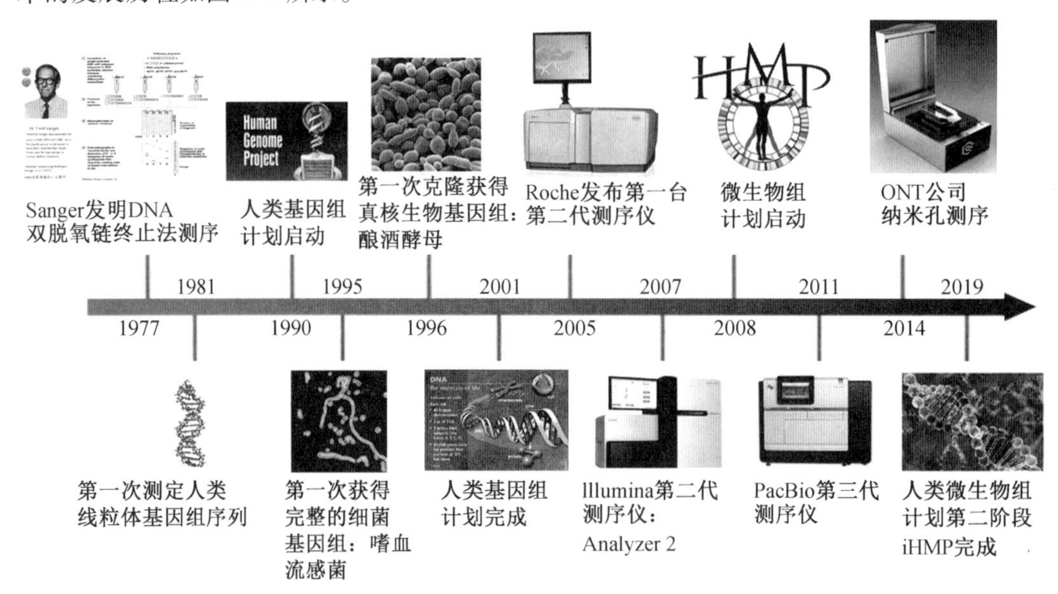

图 9.1　基因测序技术的发展历程

(三)基于分子构象的分子诊断技术

1. 变性高效液相色谱(Denaturing High-Performance Liquid Chromatography,dHPLC)

1997 年，Oefner 和 Underhill 建立了利用异源双链变性分离变异序列和使用色谱洗脱鉴定的技术，称为 dHPLC，该技术可自动检测单碱基置换及小片段核苷酸的插入或缺失。对于存在一定比例变异序列的核酸双链混合物，其经过变性和复性过程后，体系内将出现 2 种双链：一种为同源双链，由野生正义链-野生反义链或变异正义链-变异反义链构成的核酸双链；另一种为异源双链，即双链中 1 条单链为野生型，而另 1 条为变异型。由于部分碱基错配的异源双链 DNA 与同源双链 DNA 的解链特征不同，在相同的部分变性条件下，异源双链因存在错配区而更易变性，被色谱柱保留的时间短于同源双链，故先被洗脱下来，从而在色谱图中表现为双峰或多峰的洗脱曲线。由于该技术使用了较高分析灵敏度的色谱技术进行检测，可快速检出<5% 负荷的变异序列。但需注意的是，由于该技术主要通过异源双链进行序列变异检测，不能明显区分野生型与变异型的纯合子。

2. 高分辨率熔解分析(High-Resolution Melting Analysis,HRMA)

Wittwer 等首次革命性地使用过饱和荧光染料将 PCR 产物全长进行荧光被动标记，

再通过简单的产物熔解分析对单个碱基变化进行鉴定。该技术的原理也是通过异源双链进行序列变异鉴定。待测样本经 PCR 扩增后，若存在序列变异杂合子，则形成异源双链，其熔解温度大大下降。此时由于双链被饱和染料完全填充，其产物熔解温度的变化便可通过熔解曲线的差异得以判定。对于变异纯合子而言，HRMA 也可利用其较高的分辨率完成 PCR 产物单个位点 A∶T 双键配对与 G∶C 三键配对热稳定性差异的鉴定，但是对于Ⅱ、Ⅲ类 SNP 的纯合子变异则无法有效区分。

如何利用 DNA 构象对序列进行推测，从而避免成本较高的序列测定或操作烦琐的杂交反应一直是分子生物学研究与应用的热点问题。目前，使用构象变化对序列变异进行间接检测的便捷性已得到一致肯定，尤其是 HRMA 可完成对变异序列单次闭管的扩增检测反应。但需要注意的是，由于基于构象变化的分子检测手段多无法通过探针杂交或核酸序列测定对检测的特异性进行严格的保证，因此其只适合大规模的初筛，而真正的确诊仍需要进行杂交或测序的验证。

（四）定量 PCR（quantitative PCR，qPCR）

相比于其他分子诊断检测技术，qPCR 具有两项优势，即核酸扩增和检测在同一个封闭体系中通过荧光信号进行，杜绝了 PCR 后开盖处理带来扩增产物的污染；同时通过动态监测荧光信号，可对低拷贝模板进行定量。正是由于上述技术优势，qPCR 已经成为目前临床基因扩增实验室接受程度最高的技术，在各类病毒、细菌等病原微生物的鉴定和基因定量检测、基因多态性分型、基因突变筛查、基因表达水平监控等多种临床实践中得到大量应用。但如何消除各类生物学变量所引起的检测变异，减少或抑制试验操作与方法学中的各种干扰因素是 qPCR 技术面临的难题。

1. 实时荧光定量 PCR（real-time PCR）

（1）双链掺入法。

20 世纪 90 年代初，Higuchi 等通过在 PCR 反应液中掺入溴乙啶对每个核酸扩增热循环后的荧光强度进行测定，提出了使用荧光强度与热循环数所绘制的核酸扩增曲线，定量反应体系中初始模板的反应动力学模型，开创了通过实时闭管检测荧光信号进行核酸定量的方法。核酸染料可以嵌入 DNA 双链，且只有嵌入双链时才释放荧光，在每一次的扩增循环后检测反应管的荧光强度，绘制荧光强度-热循环数的 S 形核酸扩增曲线，以荧光阈值与扩增曲线的交点在扩增循环数轴上的投影作为循环阈值（Cycle threshold，Ct），则 Ct 与反应体系中所含初始模板数量呈负指数关系，推断初始模板量。随后 Morrison 提出了使用高灵敏度的双链染料 SYBR Green Ⅰ进行反应体系中低拷贝模板定量的方法，这一方法操作简便，但由于仅使用扩增引物的序列启动核酸扩增，其产物特异性无法得到充分保证。虽然在实时荧光定量 PCR 反应后可通过熔解曲线对产物特异性进行检验，但其特异性明显逊于使用荧光探针进行检测，因此双链掺入法并未在临床实践中得到认可。

（2）Taqman 探针。

由于双链掺入法存在特异性较低的问题，1996 年 Heid 综合之前发现的 *Taq* 酶的 5′核酸酶活性与荧光共振能量转移（Fluorescence Resonance Energy transfer，FRET）探针的概念提出了使用 Taqman 探针进行 qPCR 的方法。Taqman 探针的本质是 FRET 寡核苷酸探针，在探针的 5′端标记荧光报告基团，3′端标记荧光淬灭基团，利用 *Taq* 酶具有 5′和 3′外切酶活性，在 PCR 过程中水解与靶序列结合的寡核苷酸探针，使荧光基团得以游离，释放荧光信号。从而使能够与靶序列杂交的探针在扩增过程中释放荧光,通过 real-time PCR 的原理对其进行定量。由于其超高的特异性与成功的商品化推广,Taqman 探针已经成为目前临床使用最为广泛的 qPCR 方法,其在各种病毒基因定量检测、基因分型、肿瘤相关基因表达检测等方面具有着不可替代的地位。

(3)分子信标。

1996 年,Tyagi 等提出了使用分子信标(moleuclar beacons)进行 qPCR 的方法,分子信标是 5′与 3′端分别标记有荧光报告基团与淬灭基团的寡核苷酸探针,其两端具有互补的高 GC 序列,在 qPCR 反应液中呈发夹结构,荧光基团与淬灭基团发生 FRET 而保持静息状态。当 PCR 反应开始后,茎环结构在变性高温条件下打开,释放荧光;在退火过程中,靶序列特异性探针则与模板杂交保持线性,不能与模板杂交的探针则复性为茎环结构而荧光淬灭,通过检测 qPCR 体系中退火时的荧光信号强度,可以 real-time PCR 原理特异性检测体系中的初始模板浓度。相比于 Taqman 探针,分子信标使用发卡结构使荧光基团与淬灭基团在空间上紧密结合,大大降低了检测的荧光背景,其检测特异性较 Taqman 探针更高,更适合等位基因的分型检测。

(4)双杂交探针。

1997 年,Wittwer 等发明了使用标记荧光供体基团与荧光受体基团的 2 条相邻寡核苷酸探针的 qPCR 方法。双杂交探针所标记的供体基团和受体基团的激发光谱间具有一定重叠,且 2 条探针与靶核酸的杂交位置应相互邻近。仅当 2 条探针与靶基因同时杂交时,供体与受体基因得以接近,从而通过 FRET 发生能量传递,激发荧光信号,荧光信号强度与反应体系中靶序列 DNA 含量呈正比。由于使用了 2 条探针进行靶序列杂交,该方法的特异性比传统单探针检测体系得到了极大的提升。

2. 数字 PCR

早在 20 世纪 90 年代就出现了使用微流控阵列对单次 qPCR 反应进行分散检测的概念。基于这一理念,Vgelstein 与 Kinzter 于 1999 年提出了数字 PCR(digital PCR)的方法,对结肠癌患者粪便中的微量 *K-RAS* 基因突变进行了定量。相比于传统的 qPCR 方法,数字 PCR 的核心是将 qPCR 反应进行微球乳糜液化,再将乳糜液分散至芯片的微反应孔中,保证每个反应孔中仅存在小于等于 1 个核酸模板。经过 PCR 后,对每个微反应孔的荧光信号进行检测,存在靶核酸模板的反应孔会释放荧光信号,没有靶模板的反应孔则没有荧光信号,以此推算出原始溶液中待测核酸的浓度。因此,数字 PCR 是一种检测反应终点荧光信号进行绝对定量的 qPCR 反应,而非以模板 Ct 值进行核酸定量的 real-time PCR。

经由 Quantalife 公司(已于 2011 年被 BIO-RAD 收购)开发的微滴式数字 PCR 是首款商品化的数字 PCR 检测系统,目前已被广泛运用于微量病原微生物基因检测、低负荷遗传序列鉴定、基因拷贝数变异与单细胞基因表达检测等多个临床前沿领域。与传统 qPCR 相比较,该技术具有超高的灵敏度与精密度,使其成为目前 qPCR 领域的新星。

第三节　生物制药

生物制药在生物技术迅猛发展的背景下逐渐成为生物产业的主导,并占据了核心地位,尤其在国家安全、人民健康和生物安全等方面,成为坚实的保障盾牌。更值得注意的是,自2020年以来在全球抗击“新型冠状病毒疫情”的斗争中,更加突出了生物制药与人类健康之间至关重要的紧密联系。

截至目前,生物医药产业主要包括治疗药品、生活保健品、疾病诊断与检测试剂、医疗器械与设备、医用材料与辅料和制药装备等。

一、抗生素及天然药物

抗生素的定义首先出自于20世纪40年代链霉素的发现。临床常用的抗生素包括β-内酰胺类、氨基糖苷类、大环内酯类、林可霉素类、多肽类、喹诺酮类、磺胺类、抗结核药、抗真菌药及其他抗生素。

β-内酰胺类抗生素是指分子结构中含有β-内酰胺环的一大类抗生素,包括青霉素类、头孢菌素类及非典型β-内酰胺类(如头霉素类、碳青霉烯类、单环β-内酰胺类以及β-内酰胺酶抑制剂),该类抗生素应用广泛,细菌耐药性问题比较突出。

然而随着多重耐药细菌引起的感染率急剧上升,人们开始关注氨基糖苷类抗生素作为几种重要的治疗革兰氏阴性病原体的方案之一,并且发掘了其在治疗感染性疾病、艾滋病和遗传性疾病方面的潜力,使这一类抗生素重焕生机。氨基糖苷类抗生素的抗感染应用主要包括以下几个方面:①治疗下呼吸道感染。最初由于氨基糖苷类抗生素具有对下呼吸道感染的良好抗菌活性和极强的穿透肺部屏障能力,因此成为治疗下呼吸道感染的优选药物。但随着研究及应用的深入,由于药物在肺泡内衬液中浓度较低,发炎的肺组织内存在的酸性pH使氨基糖苷类抗生素失活,有很高的肾毒性风险,氨基糖苷类抗生素不再是用于治疗肺炎的优选抗菌药物。②治疗感染性心内膜炎(IE)。氨基糖苷类抗生素长期以来一直是IE的主要治疗手段。庆大霉素与细胞壁活性剂均被列于临床指南推荐的治疗方案中。③治疗尿路感染UTI。氨基糖苷类药物在尿液中的浓度达到血清浓度的25~100倍,大约99%的给药剂量最终在尿液中被原样排出,其主要通过肾小球滤过排出体外。因此,氨基糖苷类药物是治疗复杂UTI的一种非常有效的工具。④抗病毒和抗艾滋病病毒(HIV)。研究表明,氨基糖苷类抗生素和氨基糖苷类衍生物/结合物能够靶向HIV生命周期中的多个步骤,并且对特定靶标呈现出较高的特异性。此外,氨基糖苷类抗生素在治疗遗传性疾病方面具有一定潜力。

二、基因工程药物

基因工程技术是现代遗传学基础理论与先进分子生物学技术方法有机结合之后孕育而生的,主要是利用重组DNA技术,将生物体内生理活性物质的基因在细菌、酵母、动物细胞或转基因动植物中大量表达生产的新型药物。基本流程是将目的基因用DNA重组方法连接到载体上,然后将重组体导入靶细胞(微生物、哺乳动物细胞或人体组织靶细胞),使目的基因在靶细胞中得到表达,最后将重组表达的目的蛋白进行提纯后生成药物制剂。通过此种操作方法,可实现在体外将 DNA 序列重新设计、组装和修饰,进而获得具有靶向性、符合靶向某种疾病治疗需求的特定序列。之后将人工构建所得的外源序列转入受体细胞内,基于遗传物质的遗传特性进而实现生物结构和功能的改造,从而使细胞表达出的蛋白或者生物体的相关性状符合人们的要求。

利用基因工程技术获得的重组蛋白,能够靶向某种特定疾病即为基因工程药物。基因工程药物是以致病的源头为切入点,基于致病基因高通量的生物学分析基础上,对基因的表达和功能进行聚类筛选,快速研究并设计出有效的新药,在核酸水平对疾病进行治疗。与传统药物相比,基因工程药物具有多项独特的优势:首先,低成本且高产出,在药物的生产过程中,参照疾病治疗的实际需求特征来设计重组 DNA 或者改造生物的特性,进而获得质量稳定的动植物或微生物制品,相较于传统药物的生产流程此种方式的投入成本更低,而生产效率却有了大幅的提升,在重组 DNA 一次转入后,细胞及其子代可以永久性具有某种特性;其次,基因工程药物的生产过程相较于传统的工业生产更为环保并且耗能低,符合可持续发展的要求。基因工程药物生成过程没有消耗不可再生资源,部分原料甚至可以循环利用,同时尽可能较少或者不产生工业废物和污染物;再次,基因工程药物在药物的疗效方面具有更高的持续性和可靠性,以及自我扩增的能力,可以实现精准控制药物发挥作用的位置、给药时间和剂量,能够长时间维持药物治疗效果,并且有效避免药物对于机体正常细胞的毒害。

三、治疗性抗体

抗体一方面是生物医学科学不可或缺的研究工具,另一方面也是多种严重威胁人类健康的重大传染性疾病以及恶性肿瘤等预防、诊断与治疗的利器。机体的免疫系统中最早被用于疾病临床治疗的免疫分子就是抗体。特别是面对多种病毒性疾病,至今临床上仍没有效果理想的特效药,尤其是抗原变异率较高的病原体。相比小分子药物,单克隆抗体药物机理清晰,对靶点的选择性高、特异性强、副作用低。据统计,美国 FDA 批准上市的抗体药物迄今已多达 90 多种,适应症范围覆盖了各类肿瘤、多种自身免疫性疾病、眼科以及一些罕见病等。目前,全球正在进行Ⅰ、Ⅱ期临床试验的抗体药物超过 550 种,另有 79 种抗体药物已进入开发的最后阶段。近年来,抗体药物已经多次被应用于“阻断”艾滋病病毒、埃博拉病毒、中东呼吸综合征(MERS)病毒等的侵入,用来刺激或启动患者免疫系统的防御功能。此外,在应对肿瘤和炎症的治疗中,治疗性抗体类药物同样也显示出优势,比如治疗风湿性关节炎的修美乐、治疗乳腺癌的赫赛汀等世界知名药物都属于治疗性抗体领域。

治疗性抗体的分子机制以往仅限于 Fab 片段中可以中和相应病原体的抗原表位,具有特异性的保护作用。形成抗原-抗体复合物之后可以被吞噬细胞吞噬,或者激活自然杀伤细胞介导的细胞毒作用(Antibody-Dependent Cell-Mediated Cytotoxicity, ADCC),或者是通过激活补体形成攻膜复合体杀伤细胞。近年来研究发现,抗体的 Fc 端在单抗治疗的过程中发挥着更多、更复杂的生物学作用。已知多种免疫细胞的表面具有 Fc 段的受体,可以结合 Fc 段后激活多种免疫细胞,促进细胞因子的产生,影响调节性 T 细胞的功能,上调细胞毒性 T 细胞的杀伤作用,促进 B 淋巴细胞分泌抗体等。

四、生物疗法

生物疗法是生物技术手段激发受试者的机体免疫来抵抗、抑制和清除外源性抗原物质，有效清除机体内的异物，例如肿瘤细胞等。作为新型治疗方式，生物治疗是继手术、放疗和化疗后发展的第四类癌症治疗方法，包含多种类型，大体分为细胞治疗与非细胞治疗（如抗体和基因疫苗等）。其中，自体细胞免疫治疗技术是目前应用比较成熟的生物治疗技术，并已被批准进入我国临床应用。

自体免疫细胞治疗，是一种应用最广、最成熟的肿瘤生物治疗技术。通过在实验室中应用高端生物技术对杀癌免疫细胞进行大量的活化培养，使其具有高效识别和杀灭癌细胞的能力，再回输患者体内，以达到治疗肿瘤的目的。其中，免疫细胞的培养技术是核心部分。基本原理是提取病人体内不成熟的免疫细胞，应用国际最新的生物技术在体外进行培养后回输到病人体内，不仅可以准确高效地杀灭肿瘤细胞，还能激发机体产生抗肿瘤的免疫反应，从而使免疫系统发挥正常作用以杀死肿瘤细胞，并启动免疫监视防止肿瘤的转移和复发。

第四节　基因治疗

基因治疗（gene therapy）是指将外源的正常基因导入机体的靶细胞中，用来纠正或补偿体内基因发生的缺陷或异常改变，以达到疾病治疗的目的。其中，包括转基因等技术的应用，即将外源基因通过基因转移技术插入病人的受体细胞中，使外源基因制造的产物能治疗某种疾病。从广义上来说，基因治疗还可包括从 DNA 水平采取的治疗某些疾病的措施和新技术。基因治疗产品通常由含有工程化基因构建体的载体或递送系统所组成，其活性成分可以为 DNA、RNA、基因改造的病毒、细菌或细胞等。根据基因载体类型的特性差异，基因治疗产品主要可分为病毒载体的基因治疗产品、以质粒 DNA 为载体的基因治疗产品、RNA 类基因治疗产品，以及采用细菌微生物为载体的基因治疗产品。其中，以病毒和质粒 DNA 为载体的基因治疗产品较为常见。

目前，在全球范围内已有多个基因治疗产品获得批准上市。例如，Luxturna 用于治疗 *RPE*65 基因突变造成的视网膜营养不良，CAR-T 细胞用于治疗多种恶性血液肿瘤，以及 Strimvelis 用于治疗腺苷脱氨酶缺乏导致的重症联合免疫缺陷。2021 年 6 月，我国首款细胞治疗产品抗人 CD19 自体 CAR-T 阿基仑赛注射液（FKC876）获国家药监局上市批准，用于治疗成人复发难治性大 B 细胞淋巴瘤。2021 年 9 月，CAR-T 细胞治疗产品瑞基奥仑赛注射液（JWCAR029）亦正式获得批准，是我国的第二款获批上市的 CAR-T 细胞治疗产品。

一、免疫治疗

免疫治疗也称为生物疗法，是一种新型的肿瘤治疗方法，可增强身体对抗癌症的天然防御能力。免疫系统一方面识别和清除外来入侵的细菌、病毒等，另一方面免疫系统也会自己清除体内非常小的肿瘤。然而随着年龄的增长，免疫力逐渐下降。癌症的发生好比是癌细胞与免疫系统在身体里面的一场战争，最后免疫系统战败，癌细胞胜出，在身体里任意生长，诱发癌症。免疫系统战败的原因有很多，归根结底有两个：①癌细胞伪装得好，使得树突细胞无法识别和杀灭癌细胞；②体内免疫细胞数量下降，没有足够的 T 细胞去消灭癌细胞。

免疫疗法会通过一些方式来阻止或减缓癌细胞的生长，帮助免疫系统更好地识别和攻击癌细胞。利用免疫系统的特定药剂，如抗体，激活体内癌症“斗士”。

通过释放免疫系统对癌症的攻击分子“刹车”机制来消灭癌细胞，免疫系统能够识别机体组织器官细胞中的异常变异，并激活针对恶性转化细胞特异抗原的 T 细胞反应，防止宿主的癌症发生发展。免疫治疗的主要类别包括单克隆抗体/免疫检查点抑制剂、免疫调节剂、过继性细胞疗法、癌症疫苗和溶瘤病毒五类。

PD-1 / PD-L1 和 CTLA-4 等免疫分子影响免疫系统控制肿瘤的发展至关重要，这些调控途径的关键点通常被称为免疫检查点。许多癌症会通过这些途径逃避免疫系统的“追杀”。免疫检查点抑制剂的特异性抗体可以阻断这些途径来应对癌症。一旦免疫系统能够发现并应对癌症，它就可以阻止或减缓癌症的发展。截至目前，已有 6 种 PD-1 免疫检查点抑制剂在欧美几十个国家上市，包括 3 种 PD-1 抗体和 3 种 PD-L1 抗体。

免疫调节剂与单克隆抗体一样，这种非特异性免疫疗法也有助于免疫系统破坏癌细胞。大多数非特异性免疫疗法在放化疗之后或同时给予。这类非特异性免疫疗法有两种常见的类型：①α 干扰素，是癌症治疗中最常用的干扰素类型；②白细胞介素，有助于免疫系统产生破坏癌症的细免疫胞，常用的有白细胞介素-2。

过继性免疫细胞治疗是通过采集人体自身的免疫细胞，经过体外培养使其数量扩增呈千倍增多，靶向性杀伤功能增强，然后再回输到患者体内，从而杀灭血液及组织中的病原体、癌细胞、突变的细胞。免疫细胞治疗具有疗效好、毒副作用低或无毒副作用、无耐药性的显著优势，成为继传统的手术疗法、化疗和放疗后最具有前景的研究方向之一。

几十年来，癌症疫苗已经成为免疫疗法的一种形式，通过引发针对肿瘤特异性或肿瘤相关抗原的免疫应答，促进免疫系统攻击携带这些抗原的癌细胞。癌症疫苗可以由多种组分制成，包括细胞、蛋白质、DNA、病毒、细菌和小分子，以此产生免疫刺激分子，其中包括预防性癌症疫苗和治疗性癌症疫苗。预防性癌症疫苗用于预防某些 HPV 感染与宫颈癌、阴道癌、外阴癌、阴茎癌、肛门癌、直肠癌和头颈癌，HPV 疫苗是最知名的癌症预防性疫苗，它能够预防人乳头瘤病毒感染。治疗性癌症疫苗主要类型有抗原疫苗、肿瘤细胞疫苗、DC 疫苗、核酸疫苗、其他疫苗。全球首个也是目前唯一一个获得美国食品和药物管理局批准的是 Provenge(sipuleucel-T)，该疫苗第一次实现了利用患者自身的免疫系统攻击癌细胞的设想。

溶瘤病毒指的是一类能够有效感染并消灭癌细胞的病毒。由于病毒的特性，这种疗法既可以系统施用，也可以局部施用，对原发和转移性肿瘤进行治疗。当癌细胞在病毒的感染下破裂死亡时，新生成的病毒颗粒会被释放，进一步感染周围的癌细胞。从机理上看，它不仅能对肿瘤进行直接杀伤，还有望刺激人体的免疫反应，增强抗肿瘤效果。目前，溶瘤病毒在其他实体瘤中也取得了很大突破。

在 2019 年 AACR 年会上发表的一项小型的研究表明，大多数三阴乳腺癌的患者在接受基因型溶瘤病毒(T-VEC，Imlygic)和新辅助化疗治疗后均获得病理完全缓解(pCR)。DNX-2401 是一种新型的针对脑瘤的溶瘤腺病毒，具有肿瘤选择性，具有增强感染性和强大复制能力。

免疫疗法仍无法与手术、化学疗法和放射疗法相比。然而，免疫疗法已被用于治疗多种癌症。可以进行免疫治疗的癌症约有十几种，黑色素瘤、肾癌、肉瘤以及实体瘤，如肺癌、胃癌、结直肠癌等。免疫治疗现在越来越广谱，毒副作用比较轻，但是在免疫治疗过程中，一定要对病人进行筛选，严格掌握免疫治疗的适应症及禁忌症。免疫治疗的副作用一旦出现，很可能是致命性的，比如肺间质的改变、间质性肺炎和心肌损害等，会使病人的死亡率增高。免疫治疗的前景非常好，随着临床研究的不断深入，免疫治疗在对各种实体瘤上可能都会有新的突破。

二、干细胞治疗

干细胞具有自我复制和多向分化潜能，在一定条件下可以形成各种组织和器官的原始细胞，称为“万能细胞”。干细胞疗法是将健康的干细胞移植到患者体内或自身体内，以修复病变细胞或重建正常细胞和组织。干细胞表面的抗原表达很弱或没有表达。患者自身免疫系统对这些未分化细胞的识别能力很低，无法判断其属性，从而避免了器官移植引起的免疫排斥和过敏反应，使同种异体干细胞移植到人体内变得非常安全。在临床研究中，大量的临床病例研究表明，干细胞疗法除少数患者发热、头痛外，无严重不良反应，临床应用十分安全。

干细胞治疗的原理是通过调节细胞因子、修复受损组织细胞、通过细胞间相互作用和产生细胞因子抑制受损细胞的增殖和免疫反应，从而发挥免疫重建的作用。干细胞治疗从根本上消除了疾病的致病基础，在概念上完全不同于传统的治疗方法，主要强调通过修复人体免疫细胞来治疗各种疾病。从理论上讲，干细胞治疗技术的应用可以治疗各种疾病，如神经系统疾病、循环系统、骨骼疾病、心脑血管疾病，与许多传统疗法相比具有无可比拟的优势。干细胞治疗安全性：①无毒，无副作用；②在尚未完全了解疾病发病的确切机理前也能应用；③对于某些症状，干细胞移植效果明显，一次性植入，效果持久；④移植材料来源丰富；⑤是免疫治疗和基因治疗的最佳载体；⑥治疗范围广，理论上可以治疗大多数疾病；⑦对传统疗法认为“不治之症”的疾病带来新的治疗方法和希望；⑧组织修复和再生的唯一方法。

当新型冠状病毒肆虐时，Kunlin Jin 等国际研究人员凭借对干细胞的认知，开始测试干细胞是否可以用来增强人体的免疫系统，以抵御 COVID-19 肺炎。早期的发现是有希望的，他们对这种治疗方法作为一项长期研究，我国患者的测试结果表明静脉输注临床级的人骨髓间充质干细胞是治疗 COVID-19 肺炎，包括老年重症肺炎患者的一种安全有效的方法。

思　考　题

1. 对抗传染性疾病尤其是新型冠状病毒肺炎疫情，疫苗的作用至关重要，简述说明已有灭活苗、减毒活疫苗、核酸疫苗和亚单位疫苗的各自特征。

2. 结合新型冠状病毒核酸检测，试述定量 PCR 的原理。

3. 试述免疫治疗的基本特点及其应用。

参考文献

[1] 廖联明. 生物制药值得关注的七大趋势[N]. 医药经济报, 2021-04-07.
[2] 王春丽,黄瑶庆,李子艳,等. 全球生物制药行业专利态势分析[J]. 科技导报, 2021, 39(2):73-82
[3] 于晓辉. 人用疫苗规模化生产工艺与技术[J]. 生物技术,2017(2):51-58.
[4] 宋思扬,楼士林. 生物技术概论 [M]. 4 版. 北京:科学出版社,2014.
[5] 张林生. 生物技术制药[M]. 北京: 普通高等教育出版社,2015.

第十章　生物技术与生物质能源

第一节　生物能源概述

一、能源面临的问题

能源，是关系国计民生的必要产业，是经济社会发展的重要基础，它贯穿人们的衣、食、住、行，从生到死。人类使用的三大主要能源是原油、天然气和煤炭，它们共同帮助人类享受工业文明带来的便利，但这三大主要能源都是不可再生的能源。据国际能源机构的统计，这三种能源还能供开采的年限分别只有 40 年、50 年和 240 年。资源短缺、能源危机和环境污染已成为全球关注的严重问题，寻求可部分替代化石能源且污染较少的生物能源正成为许多国家未来经济发展的主要动力之一。我国是能源消耗大国，能源资源总量仅为世界的 10%，人均资源占有量约为世界平均值的 40%。2016 年查明煤炭资源储量为 1.60 万亿 t，石油为 35.0 亿 t，天然气为 5.44 万亿 m^3。随着我国经济的日益快速发展，能源供需矛盾和环境问题将会日益严重，现状堪忧。但由于 1978 年以来我国总的能源利用率已超过 30%，能源分布不均匀，能源产量低和农村能源供应短缺等因素，致使能源供应趋于紧张。对于我国来说，过度依赖石油存在的问题包括：①国内资源短缺和国际石油争夺剧烈的双重风险；②汽油、柴油的性能已不能满足汽车高水平和高清洁的可持续发展要求；③油价居高不下，用户负担增加；④依靠进口，要花费大量外汇，影响国内就业。因此，充分、有效和科学地开发利用生物质能是未来缓解我国能源矛盾的理想途径之一，也是我国经济长远持续发展的重要目标之一。

20 世纪 70 年代全球性的石油危机爆发后，新能源在全球范围内受到重视。目前人们熟知的新能源包括核能、太阳能、风能、地热能、波浪能、氢能等，但是这些新能源均受到一定条件的制约。核能由于众所周知的安全原因受到人们的关注，无论是切尔诺贝利事故、大亚湾核电厂还是福岛核泄漏都让人心有余悸。太阳能、风能、地热能和海洋能对地理环境、季节、气候和环境的要求较高。氢能适合于一切需要燃气的地方，但是目前工业化的氢气由水电解制取，其制取成本较高，需要大量的电力。

二、生物能源定义和特点

生物能源又称绿色能源，是指利用生物可再生原料及太阳能生产的生物质能及利用生物质生产的能源，如燃料乙醇、生物柴油、生物质气化及液化燃料、生物制氢、沼气等。生物能源是从太阳能转化而来的，其转化过程是通过绿色植物的光合作用将二氧化碳和水合成生物质，生物质能的使用过程又生成二氧化碳和水，形成一个物质的循环，理论上二氧化碳的净排放为零。生物质可以很好地把太阳能吸收和储存起来。太阳能照射到地球上后，其能量一部分转化为热能，一部分则被植物所吸收，转化为生物质能。由于转化为热能的太阳能能量密度非常低,从而不容易被人类所收集,只能利用很少的一部分,其他大部分就储存于大气和地球中的其他物质中。生物质在光合作用下,能够把太阳能收集起来,储存在有机物中,这些能量是人类发展所需能源的基础。基于这种独特的形成过程,生物质能既不同于常规的矿物能源,又有别于其他的新能源,从而具有两者的特点和优势,成为人类最主要的可再生能源之一,开发和使用生物能源符合可持续的科学发展观和循环经济的理念。因此,利用高新技术手段开发生物能源,已成为当今世界发达国家能源政策的重要内容,但是通过生物质直接燃烧获得的能量是低效而不经济的。随着工业革命的进程,化石能源的大规模使用,使生物能源逐步被煤、石油和天然气为代表的化石能源所替代。但是,随着工业化的飞速发展,化石能源也被大规模利用,产生了大量的污染物,破坏了自然界的生态平衡。

生物能源的载体是有机物,所以这种能源是以实物的形式存在的,是唯一一种可储存和运输的可再生能源。而且它分布最广,不受天气和自然条件的限制,只要有生命的地方就有生物质存在。生物质能源已成为我国仅次于煤炭、石油、天然气的第四大能源。生物能源作为可再生、污染极小的能源,具有无可比拟的优越性,必将为21世纪的经济发展和环境保护注入强大的推动力。与石油、煤炭等能源相比,生物能源具有以下特点。

(一)生物质能源总量十分丰富

生物质能源是世界第四大能源,仅次于煤炭、石油和天然气。生物质能源蕴含量巨大,而且属于可再生能源。只要有阳光存在,绿色植物的光合作用就不会停止,生物质能源就不会枯竭。根据生物学家估算,地球陆地每年生产1 000亿~1 250亿t生物质;海洋每年生产500亿t生物质。生物质能源的年生产量远远超过全世界总能源需求量,相当于目前世界总能耗的10倍。2010年我国可开发为能源的生物质资源为3亿t。随着农林业的发展,特别是薪炭林的推广,生物质能源还将越来越多。

(二)生物质具有可再生性

生物质能源和太阳能等同属可再生能源,资源丰富,可保证能源的永续利用。生物质能源由于通过植物的光合作用可以再生,大力提倡植树、种草等活动,不但植物会源源不断地供给生物质能源原材料,而且还能改善生态环境。

(三)生物质能源污染相对较小

由于生物质燃料硫、磷、氮含量低,燃烧过程中不产生二氧化硫和五氧化二磷,因而不会导致酸雨产生,不污染环境。同时,生物质作为燃料时,在生长时需要的二氧化碳相当于排放的二氧化碳的量,因而对大气的二氧化碳净排放量近似于零,可有效地减轻温室效应。

(四)生物质能源原料上的多样性

生物燃料可以利用农作物秸秆、林业加工剩余物、畜禽粪便、食品加工业的有机废水废渣、城市垃圾,以及低质土地种植各种各样的能源植物。最新的研究发现,藻类作为生物质能源的原料具有无可比拟的优势。

(五)生物质能源的产品多样性

能源有三大终端市场:热力、电力和交通动力,生物质能源作为可再生燃料,可储存、可运输，生物质能源在技术层面上可以发电、供热，也可以作为交通燃料，能源产品有液态的生物乙醇和柴油，固态的原型和成型燃料，气态的沼气等多种能源产品。既可以替代石油、煤炭和天然气，也可以供热和发电。未来生物质能源可能在三大能源终端市场全面取代化石能源。

另外，发展生物质能源还具有以下优势：

①生物质能源是唯一能大规模替代石油燃料的能源产品，而水能、风能、太阳能、核能及其他新能源只适用于发电和供热。

②生物质能源具有对原油价格的抑制性。生物燃料将使原油生产国从 20 个增加到 200 个，通过自主生产燃料，抑制进口石油价格，并减少进口石油花费，使更多的资金能用于改善人民生活，从根本上解决粮食危机。

③生物质能源的带动性。生物燃料可以拓展农业生产领域，带动农村经济发展，增加农民收入，还能促进制造业、建筑业、汽车等行业发展。在我国发展生物燃料，还可推进农业工业化和中小城镇发展，缩小工农差距，具有重要的政治、经济和社会意义。

④生物质能源可创造就业机会和建立内需市场。巴西的经验表明，在石化行业 1 个就业岗位可以在乙醇行业创造 152 个就业岗位；石化行业产生 1 个就业岗位的投资是 22 万美元，燃料行业仅为 1.1 万美元。联合国环境计划署发布的“绿色职业”报告中指出：“到 2030 年可再生能源产业将创造 2 040 万个就业机会，其中生物燃料 1 200 万个。”

三、生物质能源的来源

生物质能源燃料来源品类繁多，主要有林业资源、农业资源、城市固体垃圾（MSW）和工业废水等，不同原料因为自身不同的特性致使其在实际应用中各具特点，它们的优缺点如图 10.1 所示。例如，常见的木材残余物分布极为广泛，但能量密度相对较低，且可再生性和环保性不如农业废弃物。而环保性能佳的农业废弃物，含水率则较高。此外，生物质能源的获得与全球各个地区自身的资源结构以及技术水平有很大的关系。

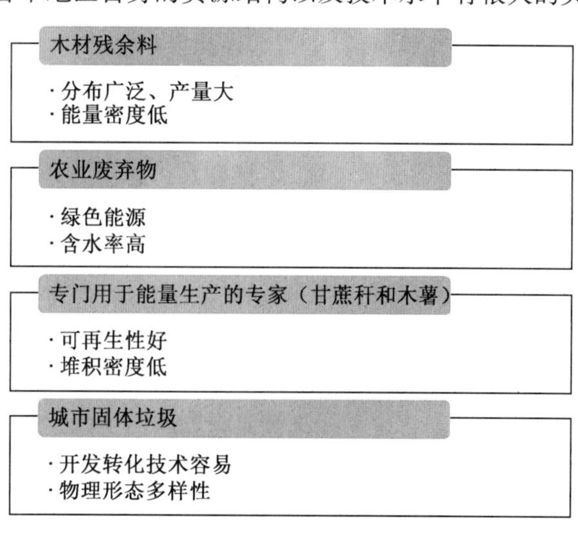

图 10.1　生物质能源不同材料的优缺点

(一)林业资源

林业生物质资源是指森林生长和林业生产过程中提供的生物质能源,包括薪炭林,在森林抚育和间伐作业中的零散木材,残留的树枝、树叶和木屑等;木材采运和加工过程中的锯末、木屑、梢头、板皮和截头等;林业副产品的废弃物,如果壳和果核等。第七次全国森林资源清查结果显示,我国森林面积为19 545.22万hm^2,森林覆盖率为20.36%,林业“三剩物”(采伐剩余物、造材剩余物、木材加工剩余物)资源丰富。“十二五”期间国务院批准全国每年限额采伐指标为2.7亿m^3,可产生采伐、造材剩余物约为1.2亿t。全国每年原木加工总量约为9 330万m^3,按木材加工剩余物为原木的34.4%计算,全国木材加工剩余物约为3 200万m^3,换算质量约为2 890万t。

(二)农业资源

农业生物质资源是指农业作物、农业生产过程中的废弃物,如农作物收获时残留在农田内的农作物秸秆,以及农业加工业的废弃物,如农业生产过程中剩余的稻壳等。能源植物泛指各种用以提供能源的植物,通常包括草本能源作物、油料作物、制取碳氢化合物植物和水生植物等几类。我国是农业大国,2011年全国粮食总产量达到57 121万t,其中稻谷20 078万t,小麦11 792万t,玉米19 175万t。农作物剩余物包括稻草、麦秆、玉米秆(芯)、棉秆和其他一些谷物的秸秆等。2010年全国秸秆理论资源量为8.4亿t,可收集资源量约为7亿t,其中稻草约2.11亿t,麦秸约1.54亿t,玉米秸秆约2.73亿t,棉秆约2 600万t,油料作物秸秆(主要为油菜和花生)约3 700万t,豆类秸秆约2 800万t,薯类秸秆约2 300万t。

(三)城市固体废物

城市固体废物主要由城镇居民生活垃圾,商业、服务业垃圾和少量建筑业垃圾等固体废物构成。其组成成分比较复杂,受当地居民的平均生活水平、能源消费结构、城镇建设、自然条件、传统习惯以及季节变化等因素影响。随着城市化进程的不断加快,我国城镇垃圾产生量急剧增加,且增长势头不减。目前,我国人均年产垃圾约在450 kg以上,并以每年约9%的速度递增,垃圾的历年堆存量达到60多亿t。我国的城镇垃圾主要由厨余垃圾、废纸、废织物、塑料、陶瓷、瓦片等组成。

(四)生活污水和工业有机废水

生活污水主要由城镇居民生活、商业和服务业的各种排水组成,如冷却水、洗浴排水、盥洗排水、洗衣排水、厨房排水、粪便污水等。生活污水可根据不同来源分为三类:一是洗涤用水,比如洗衣、洗澡过程中大量使用洗涤剂、沐浴液等,这些用品中含大量有机氮、有机磷,如不进行处理排到环境中,尤其是排到湖泊中,很容易造成湖泊富营养化,导致赤潮或水华;二是人们排出的粪便和冲厕用水,不进行处理排到环境中,如再被人们利用,容易造成肠道疾病,危害健康;三是厨房用水,含大量油脂、蛋白质和淀粉物质,如排入下水道后不经处理,会在厌氧菌作用下生成恶臭物质,不仅影响空气质量,还会滋生蚊蝇,诱发传染病。2014年我国城镇生活污水排放量为510.3亿t,工业有机废水主要是乙醇、酿酒、制糖、食品、制药、造纸及屠宰等行业生产过程中排出的废水等,其中都富含有机物。2014年我国工业废水排放量为205.3亿t,而这些有机物可以作为微生物的能量来源。从生物制氢的成本角度考虑,利用这些单一基质制取氢气的费用比较高,而利用工农业有机废水等廉价的复杂基质来制取氢气，能使废物得到资源化处理，降低生产成本。目前利用混合菌种产氢技术逐步成熟，并取得了较大成果。

生物质能源由于分散性和能量密度较低，其规模利用和高效利用都较困难，所以经济效益较差，这也是目前生物质能源不能成为商品能源的主要原因。因此，对于未来生物质能源开发趋向，不仅需要回归理性，冷静看待和分析生物质能源当前的开发热潮，而且需要从实证到规范，采用适当的政策与地域分工协作。从经济效益看，不同条件和不同技术方法效益差别很大，在生物质集中的地方采用大规模直接燃烧利用的效益比较好，而在生物质分散的地区，采用气化利用可以取得较好的效果。

四、生物质能源的分类与应用

按照产品来进行分类，目前已经把生物质能源分为三代。第一代生物质能源包括固体生物燃料、液体生物燃料和气体生物燃料。固体生物燃料包括生物质直接燃料和固体成型燃料，液体生物燃料包括生物乙醇和生物柴油，气体生物燃料包括沼气和生物制氢。第二代生物质能源主要是以植物纤维为材料，生产生物乙醇、柴油等。第三代生物质能源是利用藻类来生产生物质能源。

现阶段，生物质能源中起主导作用的还是第一代生物质能源，与植物纤维和藻类相比，第一代生物能源技术相对成熟，能源多样化，从发电到固体燃料，从乙醇到柴油，从甲烷到氢气等多种优质能源。目前世界各国在第一代生物质能源的选择和发展上取得不小的成就，但侧重点不同，如美国更加重视玉米乙醇，而巴西以甘蔗乙醇为主，德国更多的是生物柴油。

20 世纪 70 年代全球性的石油危机爆发后，以生物质能源为代表的清洁能源在全球范围内受到重视。国际可再生能源机构(IRENA)的统计数据显示，全球范围内的生物质能源产业达到前所未有的高度。过去十几年是生物质能源发展最为迅猛的时期，在美国、巴西、欧盟等地区呈现多元化的推广与应用，取得了良好的社会效益、经济效益和环境效益。2010 年世界生物质能源产量约占人类总能源产量的 10%，且这个比例越来越大。2016 年世界生物质燃料产量增长了 2.6%，美国贡献了增量的最大部分(193 万 t 油当量)，全球生物质乙醇产量增长了 0.7%，生物质柴油产量上升 6.5%；2017 年，全球生物基材料与生物质能源产业规模超过 1 万亿美元，世界生物燃料产量达到 8 412.1 万 t 油当量，同比增长 3.5%。其中，美国的产量增长最快，达到 95 万 t 油当量。2018 年 10 月 8 日，国际能源署(IEA)发布的《2018 年可再生能源：2018—2023 年市场分析和预测》报告显示，未来 5 年可再生能源将保持持续强劲增长的态势，占全球能源消费增长的 40%。尽管太阳能和风能吸引了无数眼球，但 IEA 认为，2018—2023 年生物质能源将成为全球增长最快的可再生资源。全球经济合作与发展组织(OECD)发布的《面向 2030 生物经济施政纲领》战略报告预计，2030 年全球将有大约 35% 的化学品和其他工业产品来自生物制造；生物质能源已成为位居全球第一的可再生能源，美国规划到 2030 年生物质能源占运输燃料的 30%，瑞典、芬兰等国规划到 2040 年前后生物质燃料完全替代石油基车用燃料。生物质能源在全球能源市场取得的广泛应用并非偶然。

21 世纪是科学技术迅速发展的新世纪，可持续发展也是当前经济发展的趋势所在。面对化石能源的枯竭和环境的污染，生物质能源的开发和利用为经济的可持续发展带来了光明。生物质能源作为可再生、环保的新能源,具有无法超越的优越性,必将推动21世纪的经济发展和环境保护工作更上新台阶。

第二节 生物质发电

生物质发电是利用生物质所具有的生物质能进行发电,是可再生能源发电的一种,包括农林废弃物直接燃烧发电、农林废弃物气化发电、垃圾焚烧发电、垃圾填埋气发电、沼气发电。我国生物质能源的利用潜力巨大(表10.1),目前全国农作物秸秆年产生量约为8亿t,除部分作为造纸原料和畜牧饲料外,大约3.4亿t可作为燃料使用,折合约1.7亿t标准煤;林业废弃物年可获得量约为9亿t,大约3.5亿t可作为能源利用,折合约2亿t标准煤;甜高粱、小桐子、黄连木、油桐等能源植物(作物)可种植面积达2 000多万 hm^2,可满足年产量约5 000万t生物液体燃料的原料需求;畜禽养殖和工业有机废水理论上可年产沼气约800亿 m^3,全国城市生活垃圾年产生量约为1.2亿t。目前,我国生物质资源转换为能源的潜力约为4.6亿t标准煤,已利用量约为2 200万t标准煤,还有约4.4亿t可作为能源利用。今后随着造林面积的扩大和经济社会的发展,生物质资源转换为能源的潜力可达10亿t标准煤。可见,我国生物质能源的利用潜力巨大,也将为我国生物质发电产业带来无限契机。

表10.1 我国生物质能源的利用潜力

资源	可利用资源量		已利用资源量		剩余可利用资源量	
	实物量	折合标准煤量	实物量	折合标准煤量	实物量	折合标准煤量
农作物秸秆	34 000	17 000	800	400	33 200	16 600
农产品加工剩余	6 000	3 000	200	100	5 800	2 900
林业木质剩余物	35 000	20 000	300	170	34 700	19 830
畜禽粪便	84 000	2 800	30 000	1 000	54 000	1 800
城市生活垃圾	7 500	1 200	2 800	500	4 700	700
有机废水	435 000	1 600	2 700	10	432 300	1 590
有机废渣	95 000	400	4 800	20	90 200	380
合计		46 000		2 200		43 800

一、欧美生物质发电现状

现阶段全球生物燃料中主要是第一代生物燃料在起主导作用。相比先进的植物纤维燃料和藻类燃料,第一代生物燃料技术成熟,能源形态多样化,包括电力、固体燃料、液体燃料以及气体燃料等多种优质能源。纵览全球,生物质发电、城市固废发电、天然气装机容量和发电量在亚洲、欧洲、北美和南美等地区都处于领先地位。自1990年起,丹麦首开生物质发电先河之后,全球各国积极支持和推动生物质发电项目,生物质发电得到了前所未有的发展,生物质能源装机容量实现了持续稳定的上升,2008年全球生物质能源装机容量为53.86 GW,至2017年达到109.21 GW,十年间增长了一倍多,年复合增长率达

8.23%。2018年全球生物质能源装机容量达117.25 GW,亚洲成全球生物质发电增长的主要推动力(图10.2)。其中,欧洲国家全球占比为32.48%;美洲国家全球占比为30.69%;亚洲国家全球占比为31.05%。在欧美等发达国家的生物质能源已是成熟产业,以生物质为燃料的热电联产甚至成为某些国家的主要发电和供热手段。以美国、瑞典和奥地利三国为例,生物质转化为高品位能源利用已具有相当可观的规模,分别占该国一次能源消耗量的4%、16%和10%。欧美等发达国家的生物质能技术和装置多已达到商业化应用程度,实现了规模化产业经营。

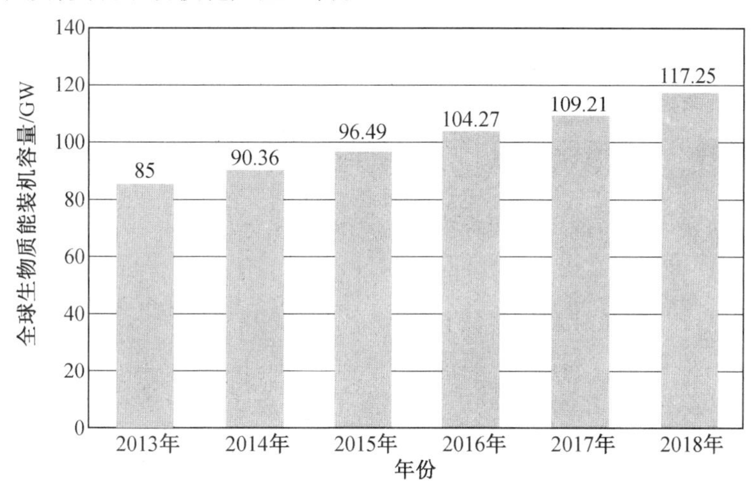

图10.2 2013—2018年全球生物质能源装机容量

2020年,西方工业国家15%的电力来自生物质发电,超过1亿个家庭使用的电力来自生物质发电,生物质发电产业还为社会提供了45万个就业机会。虽然美国的生物质发电累计装机容量低于欧洲,但美国的生物质发电技术处于先进水平,且美国已成为世界上主要的燃料乙醇生产国和消费国。据统计,目前美国已经建立了超过450座生物质发电站,且仍在不断增长。与此同时,美国生物质发电累计装机规模仍在不断增长。数据显示,2017年,美国生物质发电新增装机容量为0.17 GW,装机规模为13.07 GW,同比增长1.3%。而2008年美国的累计生物质发电装机容量不足10 GW。虽然增速有所下滑,但整体规模仍在增长。2018年美国的累计生物质发电装机容量在13.3 GW左右。

二、我国生物质发电现状

虽然我国生物质能源的开发和利用起步晚,但我国生物质能源开发利用在政策的支持下近年来实现快速发展。如今我国已成为全球最大的生物质直燃发电市场,能灵活应对多种燃料混烧的复杂情况。随着生物质发电产业日趋成熟,我国政府近年来对生物质发电产业的大力扶持尤其值得关注。政策支持和相应补贴,促进我国生物质发电市场蓬勃发展。数据显示,2020年,全国生物质发电新增装机543万kW,累计装机达到2 952万kW,同比增长22.6%;2020年生物质发电量为1 326亿kW时,同比增长19.4%。IEA认为2023年我国或将超越欧盟成为全球最大生物质能源消费国,而支撑我国生物质能源快速发展的一大动力就是我国政府对于行业发展的政策支持。在国家能源局印发的《生物质能发展"十三五"规划》中,明确提出了要在具备资源和市场条件的地区积极发展生物质成型燃料供热。生物质燃料供热将一定程度上缓解大气污染形势严峻的津京冀、长三角等地区的环境问题。

目前我国主要的生物质发电以农林生物质发电和垃圾发电为主，我国生物质发电产业发展呈现出明显的地域集中性特征。农林生物质发电项目主要集中在华北、东北、华中和华东地区，垃圾发电项目则主要集中在华东、华南地区，作为农业大国，生物质发电已成为缓解我国农业秸秆直接焚烧导致空气污染的重要途径之一。2020 年我国秸秆产量达 7.97 亿 t，可收集的秸秆资源量达 6.67 亿 t。2021 年我国秸秆产量达 8.02 亿 t，可收集的秸秆资源量达 6.71 亿 t，如此庞大的秸秆资源正适合发电。截至 2018 年底，我国农林生物质项目已遍布全国 25 个省、直辖市、自治区，山东、安徽、黑龙江、江苏等装机容量全国排名前 10 省的总装机容量为 651 万 kW，约占全国总量的 81%，10 省总发电量、上网电量分别为 324.5 亿 kW·h、294.9 亿 kW·h 时，在全国总量中的占比均达到 82%，我国大量有待利用的农业秸秆资源使生物质发电产业具备巨大的发展空间。

近年来随着处理、利用技术不断成熟，垃圾发电成为城乡基础环保设施的一部分，发展迅速。2016 年我国大、中城市生活垃圾产生量为 18 850.5 万 t，2019 年生活垃圾产生量增至 23 560.2 万 t。2021 年我国生活垃圾产量为 27 097.2 万 t。截至 2018 年年底，我国垃圾发电项目已覆盖全国 30 个省、直辖市、自治区，浙江、广东、山东、江苏等装机容量全国排名前 10 省的总装机容量为 696 万 kW，约占全国总量的 76%，10 省总发电量、上网电量分别为 378 亿 kW·h、305 亿 kW·h，在全国的占比均达到 78%。

生物质能源的利用潜力大，生物质发电产业的发展也为企业带来无限契机。生物质发电行业不仅仅能够带来经济效益，还能实现克霾减碳、清洁供暖等目标。未来随着生物质行业自身发展和技术进步，将逐步向热电联产方向提高效率以减少对国家补贴的依赖。同时，国家正在推进绿证购买形式的绿电指标，国家新能源补贴资金池短缺可以通过这种社会化的方式来运作，补助生物质发电产业，生物质发电行业未来发展前景可期。

第三节　生物燃料乙醇

一、生物燃料乙醇的特点与发展状况

目前，由于全球油价升高，因此各国都在努力开发可再生的替代能源，其中乙醇是最被看好的能源之一。生物燃料乙醇具有以下特点：

①可作为新的燃料，减少对石油的消耗。燃料乙醇作为可再生能源，可直接作为液体燃料或者同汽油混合使用，减少对石油的依赖，保障国家能源的安全。

②可直接作为液体燃料或者同汽油混合使用，而不用更换发动机。乙醇既可在专用的乙醇发动机中使用，又可按一定比例与汽油混合，在不对原汽油发动机做任何改动的前提下直接使用。乙醇是一种可再生燃料，可作为汽油的替代品，其辛烷值（评价燃料抗爆性能的指标，数值越大，抗爆性越好，越有利于发动机提高燃料的动力经济性能）达到 113，在目前车用燃料中是最高的。汽油中加入燃料乙醇可大大提高汽油的辛烷值，有效提高汽油的抗爆性。

③作为汽油添加剂，可减少汽油消耗量，增加燃烧的含氧量，使汽油更充分燃烧。乙

醇的氧含量达到 35%，可充当增氧剂促使汽油充分燃烧，减少汽车有害尾气的排放。

④生物燃料乙醇是可再生能源，若采用甜高粱、稻谷壳等生物质发酵，其燃烧所排放的 CO_2 和作为原料的生物源生长所消耗的 CO_2 在数量上基本持平，这对减少大气污染及温室效应意义重大。

乙醇的优点使得乙醇汽油在推广应用中取得了很好的环境效益，是目前解决城市汽车尾气污染的一种有效工具。同时，乙醇还可以广泛用于食品、饮料、医药、香精、香料等加工领域，是一种优良的日用化工基本原料。

1975 年巴西建成世界上第一个燃料乙醇项目，随后 1978 年美国、加拿大也相继建成燃料乙醇加工厂。此后的 20 年全球燃料乙醇生产一直稳步发展，直到进入 21 世纪，伴随国际油价的一路上升以及全球气候变暖舆论压力的陡增，各国纷纷举起低碳经济、绿色能源的旗帜，燃料乙醇作为汽油的良好替代品而备受推崇，促使世界燃料乙醇产量和消费量节节攀升。2017 年对于全球生物燃料产量增长贡献最大的是生物乙醇，乙醇的产量达 977.6 亿 L，同比增长 3.5%，全球乙醇产量规模已较 10 年前的 505.7 亿 L 上升了近 1 倍。2018 年全球燃料乙醇产量接近 1 000 亿 L（图 10.3）。

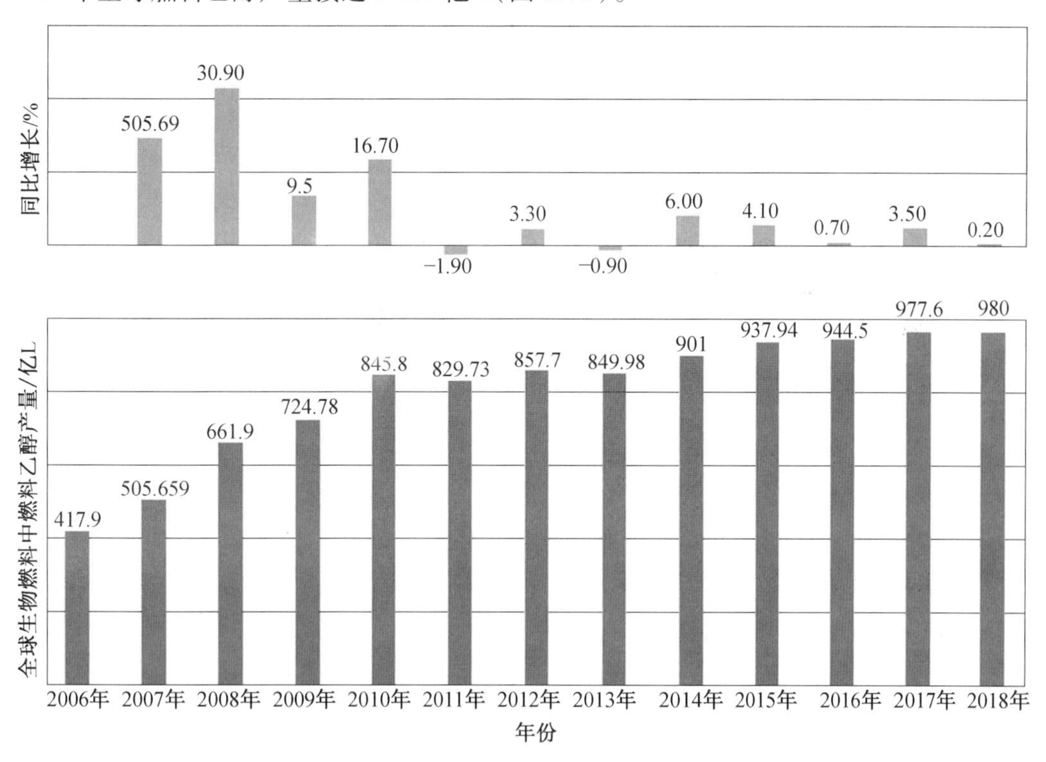

图 10.3　全球生物质燃料中燃料乙醇产量变化情况

美国是世界上最大的燃料乙醇生产国，是全球燃料乙醇产业发展的领跑者。玉米是美国第一大农作物，其种植面积和产量均为世界第一。得益于美国玉米种植业规模化程度高、技术先进，美国燃料乙醇的主要原材料 40% 来自于玉米。相比其他粮食作物小麦和水稻，玉米的光合作用效率高、产量高、种植范围广、抗逆能力强。美国使用 4 560 万 t 玉米燃料乙醇，占其汽油消耗的 10.2%，减少 5.1 亿桶原油进口，节省 201 亿美元，创造了 420 亿美元 GDP 和 34 万个就业岗位，增加税收 85 亿美元。

巴西是最早开发燃料乙醇的国家之一，是世界第二大乙醇生产国，仅次于美国。巴西土地资源丰富，自然条件优越，适合种植甘蔗。2010 年巴西甘蔗产量接近 7.3 亿 t，占全球甘蔗产量的 1/3。在发展燃料乙醇产业上，巴西选择种植广、产量大的甘蔗作为原料。甘蔗乙醇生产水平达到 1 t 甘蔗生产 90 L 含水乙醇或 85 L 无水乙醇。

我国进入 21 世纪开始发展燃料乙醇产业，在这期间，燃料乙醇产业取得一定的成绩，产量排在美国、巴西和欧盟之后。我国发展燃料乙醇产业的初衷是为了解决 20 世纪 90 年代中期粮食连年增产带来的粮食压库和陈化粮问题，2001 年国家发展和改革委员会（发改委）批准了 4 个陈化粮生产燃料乙醇试点项目，年生产能力达到 102 万 t。受粮食产量和耕地资源制约，以玉米为主的粮食乙醇存在与人争粮问题，我国主要以陈化粮为主要原料生产生物乙醇，但是随着陈化粮的消耗，玉米库存大幅下降，如果大规模发展粮食来源的乙醇势必会影响我国的粮食安全。2008 年国家发改委发布《可再生能源发展“十一五”规划》明确指出，今后主要鼓励以甜高粱茎秆、薯类作物等非粮生物质为原料生产燃料乙醇。国家发改委、国家能源局等十五部委于 2017 年 9 月下发的《关于扩大生物燃料乙醇生产和推广使用车用乙醇汽油的实施方案》中也提到对于粮食燃料乙醇应适当发展，科学合理地把控总量，应以纤维素燃料乙醇等先进生物燃料为大力发展对象，同时将 2025 年完成纤维素乙醇的规模化生产作为重要目标，这均表明目前第二代生物燃料乙醇尤其是纤维素燃料乙醇受到大力支持。截至 2018 年底，我国各类原料的生物燃料乙醇年设计产能约为 605 万 t，形成年混配车用乙醇汽油 2 000 万 t 以上的能力。2018 年我国生物燃料乙醇产量约为 340 万 t。

二、生物乙醇的菌种和原理

许多微生物都能利用糖化进行乙醇发酵，但在实际生产中用于乙醇发酵的几乎全是酒精酵母，俗称酒母。常用的酵母菌株有啤酒酵母（*Saccharomyces cerevisiae*）、南阳酵母（1300 及 1308）、拉斯 2 号酵母（*Rasse* Ⅱ）、拉斯 12 号酵母（*Rasse* ⅪⅠ）、M 酵母（*Hefe* M）、日本发研 1 号、卡尔斯伯酵母、粟酒裂殖酵母（*Schizosaccharomyces pombe*）和克鲁维酵母（*Kluyveromyces*. sp）等。除上述酵母菌外，一些细菌如森奈假单胞菌（Ps. *Lindneri*）和嗜糖假单胞菌（Ps. *saccharophila*），可以利用葡萄糖进行发酵生产乙醇。利用细菌发酵乙醇早在 20 世纪 80 年代初就引起了人们的注意，但此方法还未达到工业化，其中有许多问题有待研究。

利用酵母获得乙醇的原理是微生物在厌氧的条件下通过糖酵解过程（又称 EMP 途径）将葡萄糖转化为丙酮酸，丙酮酸进一步脱羧形成乙醛，乙醛最终被还原成乙醇的过程（图 10.4）。

(1) 葡萄糖(glucose) $\xrightarrow{\text{EMP}}$ 丙酮酸(pyruvic acid)

(2) 丙酮酸 ——→ 乙醇

丙酮酸(pyruvic acid) $\xrightarrow{\text{丙酮酸脱羧酶}}$ 乙醛(acetaldehyde)

乙醛 $\xrightarrow{\text{乙醇脱氢酶}}$ 乙醇(alcohol)

由葡萄糖生成乙醇的总反应式为

$$C_6H_{12}O_6+2ADP+2H_3PO_4 \longrightarrow 2CH_3CH_2OH+2CO_2+2ATP$$

图 10.4　乙醇生成机制

三、生物乙醇的原材料和工艺

目前生物乙醇根据原材料和工艺的不同,可以分成以玉米、小麦等粮食为原料的第 1 代;以木薯、甘蔗、甜高粱茎秆等为原料的第 1.5 代;以玉米秸秆等纤维素物质为原料的第 2 代。数据显示,当前我国燃料乙醇产量中,87% 原料来源为玉米,11% 为木薯、甘蔗,2% 为纤维素。不同燃料乙醇产率存在一定差异,见表 10.3。玉米生产燃料乙醇工艺,包括陈化水稻、小麦等作物,由于可消化问题粮、陈化粮,原料来源稳定、生产技术成熟,且可副产玉米油、酒糟蛋白饲料等,效益整体好。

第 1 代和第 1.5 代燃料乙醇技术,都是以糖质和淀粉质作物为原料,在第 1 代生物燃料中,乙醇生产一般以谷物(玉米、小麦等)、薯类(木薯、甘薯等)和制糖用植物(甘蔗、甜菜等)等为原料,预处理后发酵,成熟醪液蒸馏分离得到含水乙醇,再脱水成无水乙醇,最后变性处理(添加 2% ~5% 的变性剂,一般用汽油),成为燃料乙醇(作为与汽油混配的专用乙醇,不能食用)。

表 10.2　不同燃料乙醇产率比较

原料	产品年产量/($t \cdot hm^{-2}$)	糖或淀粉质量分数/%	原料乙醇产率/($L \cdot t^{-1}$)	乙醇年生产量/($kg \cdot hm^{-2}$)
玉米	5.0	69	410	2 050
小麦	4.0	66	390	1 560
水稻	5.0	75	450	2 250
甜高粱	34.5	14	80	2 760
木薯	40.0	25	150	6 000
甜菜	45.0	16	100	4 300
甘蔗	70.0	12.5	70	4 900

(一)淀粉质原料制乙醇

原料不同,乙醇的生产工艺有所区别。淀粉质原料制乙醇较为复杂,经济性一般,能量产出不高。淀粉质原料主要包括玉米、水稻、甜高粱、红薯、木薯、马铃薯、小麦、大麦、菊芋等。美国乙醇几乎全部以玉米为原料生产,法国用小麦生产少量乙醇,泰国用木薯生产部分乙醇。我国发酵乙醇的原料中,淀粉质原料占 80%,其中薯类约占 45%,玉米等谷物约占35%。玉米发酵制乙醇的工艺主要过程为:①原料预处理及玉米粉碎;②淀粉水解获得可发酵性糖;③糖液发酵制乙醇;④乙醇分离;⑤乙醇脱水制燃料乙醇(图10.5)。

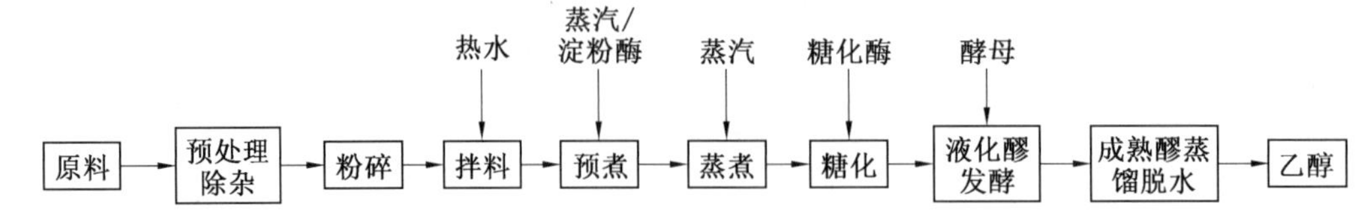

图10.5 淀粉质原料发酵制乙醇

(二)糖质原料制乙醇

与淀粉原料相比,糖质原料制乙醇相对简单、成本低、能量产出较高、竞争力强,典型代表是巴西的甘蔗乙醇,甘蔗乙醇的能量产率比玉米乙醇大4~6倍。除此之外,常用于生产乙醇的糖质原料有甜菜、甜高粱茎秆和糖蜜。但由于制糖业需要糖质原料,所以能用于发酵制乙醇的糖质原料数量受到限制。以甘蔗为原料生产燃料乙醇的主要过程为:①原料清洗;②粉碎、碾磨提取糖汁;③糖汁澄清、除杂、调解pH;④糖汁灭菌;⑤灭菌糖汁送入发酵工段生产乙醇,发酵酵母细胞重复使用;⑥发酵产生乙醇再经蒸馏、脱水获得燃料乙醇(图10.6)。副产物为甘蔗渣和滤饼,甘蔗渣可用于造纸行业,滤饼可以作为商品出售,用做动物饲料或堆肥。

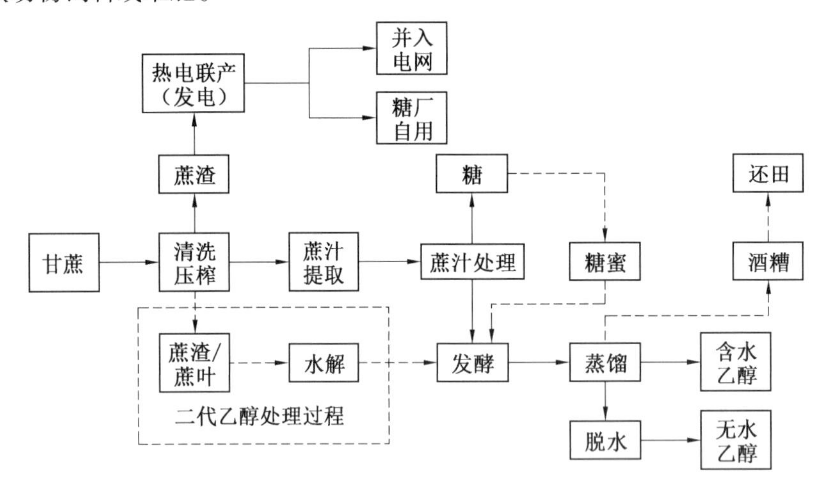

图10.6 巴西甘蔗工业(糖/乙醇/发电)生产工艺

(三)木质纤维素原料产乙醇

由于人多地少,为解决生物燃料与粮食间的“土地之争”,大力开发以纤维素为来源的第2代生物能源是一条可行的途径。纤维质原料主要包括农林废弃物、农作物秸秆、木屑等。纤维质是地球上资源储存量最为丰富的可再生资源,目前我国每年大约6亿t秸秆(相当于3亿t标准煤)尚未被利用。据测算,我国每年只要把农作物秸秆资源的一半转化为乙醇,就将超过每年汽油消耗量的1.2倍以上。不久的将来,极有可能引领生物质液体燃料产业实现变革,促使燃料乙醇由辅助的补充能源逐步提升为真正的替代能源。

纤维质原料的主要成分是纤维素、半纤维素和木质素。纤维素是由3,D葡萄糖基通过β-1,4糖苷键连接而成的线状高分子化合物,其基本组成单位是纤维二糖,具有较高的结晶度和聚合度。半纤维素是由戊糖（木糖、阿拉伯糖）、己糖（甘露糖、葡萄糖、半乳糖）和糖酸所组成的不均一聚糖，为异质多糖，其结构与纤维素不同。木质素是由苯基丙烷结构单元通过醚键、碳-碳键连接而成的芳香族高分子化合物。纤维素在生长状态下都被半纤维素和木质素紧密包裹成致密的结构，因此，为降解和利用原料中纤维素和半纤维素，以解除木质素束缚、降低纤维素结晶度为目的的预处理非常重要。

纤维材料转化为乙醇主要包括两个过程：一是纤维素、半纤维素降解为可发酵性糖，二是经微生物发酵产生乙醇（图 10.7）。主要的研究集中在三个方面：①高效、低成本的预处理技术以提高纤维质原料的转化效率；②选育高产纤维素酶的菌株，降低纤维素酶的生产成本，纤维素酶的回收利用；③选育能耐受高渗透压、耐高乙醇浓度、耐高抑制物耐受性和耐高温发酵优良特性的新型发酵菌株。

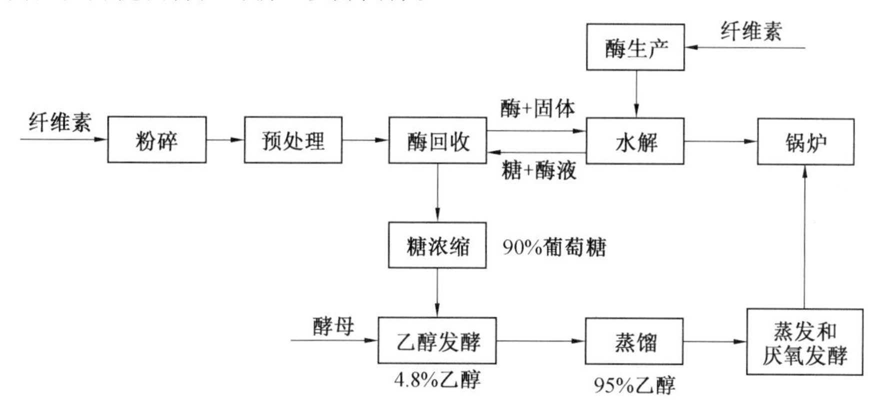

图 10.7　纤维素原料产乙醇工艺

虽然纤维质原料来源广泛，产量巨大，但它具有一些不利于大规模生产的特点，如分部区域相对分散；生产季节性强；堆积密度低（$<0.2\ t/m^3$）；收集半径有限；运输储存费用相对较高；利用规模受限等一系列问题。同时在技术上，由于纤维素特殊的理化特性（呈晶体状，极难降解）和木质素特定的固定连接作用，采用酶降解方法难以有实质性突破，而用强酸、强碱等物理化学处理方法不仅成本极高，还易造成环境再污染，因此大规模生产纤维素乙醇还有一定的局限性，亟须从能源作物选择、预处理、水解、发酵等关键环节上进行技术突破。目前，纤维素乙醇整体上处于中型示范向产业化推进的冲刺阶段，随着以基因技术为代表的现代科技的推广和应用，以纤维质为原料生产乙醇正在逐步成为现实。

第四节　生物制氢

一、生物制氢概况

在新能源开发利用研究领域，氢气是一类低排放、环境友好、可再生、能量高、不产生任何温室气体的清洁燃料，其燃烧产生的唯一产物为水，除了燃烧方式之外，也可通过燃料电池将氢能转换成电能，因此氢气被当作未来的理想燃料，有很好的发展前景，关于其利用、开发方面的研究一直没有间断。在氢气的利用范围实现不断扩展后，其需求量显著增加。基于市场的需要，各类型的制氢方法开始在实践中进行利用，其中比较常规的有水电解法、水煤气转化法以及甲烷裂解法等。从这些技术的具体应用来看，虽然可以获得氢气，但是会消耗大量的不可再生资源，所以是无法长期利用的。基于此，如何实现高效制氢成为摆在研究人员前面的重要难题。从世界各国的研究来看，在制氢的过程中，采用生物制氢技术可以有效解决相应的问题。生物制氢是利用生物学或光生物方法从水、有机废物或生物质等可再生资源中制取氢气的技术，对应的氢气被称为生物氢气。与传统的物理化学方法相比，生物制氢有节能、可再生和不消耗矿物资源等许多突出的优点，是未来规模化产氢的重要途径。现在越来越多的研究者将生物制氢作为新的制氢方法，美国、日本等研究较早，而且两国政府投入大量的人力、物力支持研究计划，预计在21世纪中期生物制氢可能大规模应用于实际中。我国生物制氢起步较晚，于20世纪90年代开始，研究进展迅速。哈尔滨工业大学在厌氧生物制氢方面取得了重要成果，使我国在世界氢能研究领域的生物制氢方面拥有了一席之地。

二、生物制氢原料和微生物

生物制氢原料来源丰富，比如可利用废水、废弃淀粉、蛋白质和脂肪等工农业废弃物生产，同时以木质纤维素为原料发酵产氢，逐渐成为备受关注的生物制氢方式。产生氢气的微生物很多，根据多年来对生物制氢微生物的研究，广义上主要是将产氢的微生物分成光合微生物和非光合细菌两类，其中的光合微生物主要包含绿藻、蓝细菌和厌氧光合细菌，非光合细菌主要包含严格的厌氧细菌、兼性厌氧细菌以及好氧细菌等。狭义上分为四大类，分别是绿藻、蓝细菌、光合细菌以及发酵型细菌，这种分类方法主要是从产氢微生物的种类来进行划分的。

绿藻、蓝细菌和光合细菌虽然都属于产氢的光合微生物，但是它们作用的条件各不相同，其中绿藻和蓝细菌主要是在光照、厌氧的条件下对水进行分解得到氢气，这种情况通常被研究者称为光解水产氢，而光合细菌通常是在光照、厌氧条件下对有机物进行分解得到氢气，这种产氢的方式通常被研究者称为光合产氢或者有机化合物的光合细菌的光分解法。这三者之间的主要区别在于绿藻和蓝细菌作用的底物是水，而光合细菌作用的底物是有机化合物，而通常将这三者划分在一起的原因主要是它们在进行产氢的过程中条件是一致的，都需要一定程度的光照和在厌氧条件下进行。

非光合细菌产氢微生物与光合产氢微生物的主要区别在于光合产氢微生物需要有光照，而非光合产氢微生物不需要光照，这一类产氢微生物主要是发酵型微生物，主要是在无光照、厌氧的条件下对有机物进行分解而产生氢气，这种产氢的方式也经常被人们称为暗发酵产氢或者有机化合物的发酵制氢法。

（一）微藻产氢机理

直接光解水产氢类似于植物或者微藻光合作用，不需要添加额外的有机物作为底物或能量来源。微藻利用太阳能直接将水分解产生电子，通过电子传递到氢化酶，将2个质子还原为氢气，是一种化学和生物有机结合的过程（图10.8）。微藻直接光解水产氢的代谢途径中，铁氧还原蛋白（FD）作为氢化酶的基本电子供体，这种不经过暗反应直接利用氢化酶产气的过程具有较高的光能转化效率。直接生物光解是一种非常有前景的办法，因为它利用太阳能很容易获得底物水转化为氢和氧。但PSⅡ光解水产生电子和质子的同时产生大量的氧气，氢化酶类对氧气极其敏感。因此，利用微藻直接生产氢气的关键问题在于解决如何将氢化酶与光合过程中产生的氧气隔离开来或者降低氧含量同时保证足够的氢离子传递到氢化酶,提高产氢效率。

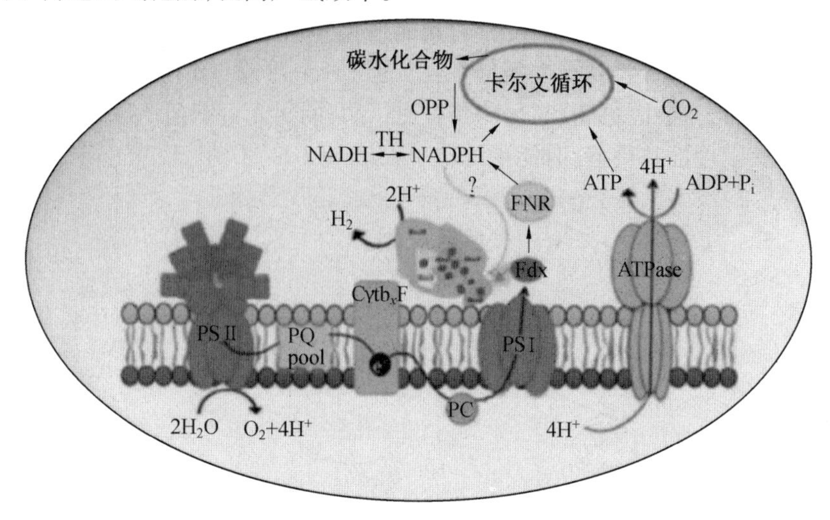

图 10.8　微藻产氢的直接生物光解途径

(二)蓝细菌产氢系统

虽然蓝细菌和绿藻均可利用体内的光合机构转化太阳能光裂解水产生氢气,但放氢机制却不相同。蓝细菌产氢系统为间接生物光解产氢系统,可以利用光合作用通过两个步骤合成并释放 H_2(图 10.9)。第一阶段微藻经光合作用储存能源、淀粉和糖原等碳水化合物;第二阶段碳水化合物分解催化质子产生氢气。在间接光解过程中,PS Ⅱ 捕获二氧化碳分解水产生氧气和还原型铁氧还蛋白。该过程的优势在于避开了氧气对氢化酶的抑制,光合作用积累的淀粉在暗反应阶段降解产生大量电子传递给质体醌,氢化酶利用电子传递链产生氢气。缺点是反应需消耗大量能量,光能转化效率低。间接光合产氢的另外一条途径是微藻卡尔文循环积累的有机物经三羧酸循环和糖酵解作用产生 NADPH, NADPH 氧化还原酶将 NADPH 生成 $NADP^+$ 并释放电子,电子通过质体醌库间接进入电子传递链由铁氧还原蛋白传递给氢化酶产生氢气。

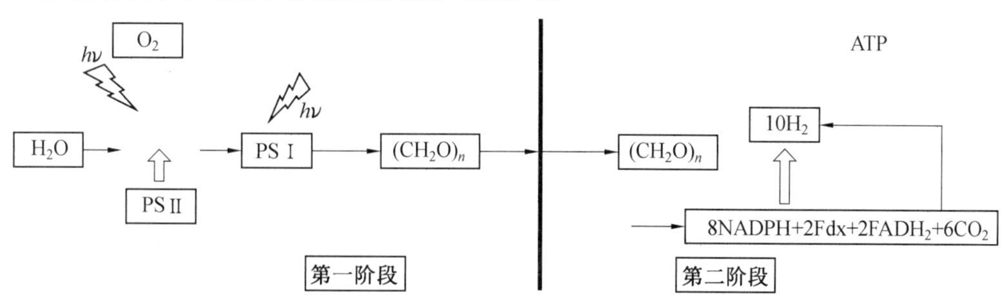

图 10.9　间接光合产氢过程

(三)光合细菌产氢机理

光合细菌属于原核生物,只含有光合系统Ⅰ(PSⅠ),电子供体或氢供体是有机物或还原态硫化物,主要依靠分解有机物产氢,在过程中不产生氧气。所以光合细菌光发酵制氢气的优点体现在不产氧气,同时也不会对产氢酶产生抑制效应,也就意味着不存在如同电解法制氢中的缺点，即氢气和氧气的分离问题。

光合细菌的光合放氢是在光合磷酸化提供能量和有机物降解提供还原力条件下由固氮酶催化完成的。产氢机理及途径可分为光能转化为磷酸能（ATP）、有机物代谢产生氢离子、光合细菌耦合还原性物质（固氮酶催化产氢）三个阶段（图 10.10）。在光合细菌内参与氢代谢的酶有三种：固氮酶、氢化酶和可逆氢酶，催化光合细菌产氢的主要是固氮酶。固氮酶在缺少其生理性基质 N_2 时能还原质子放出 H_2。

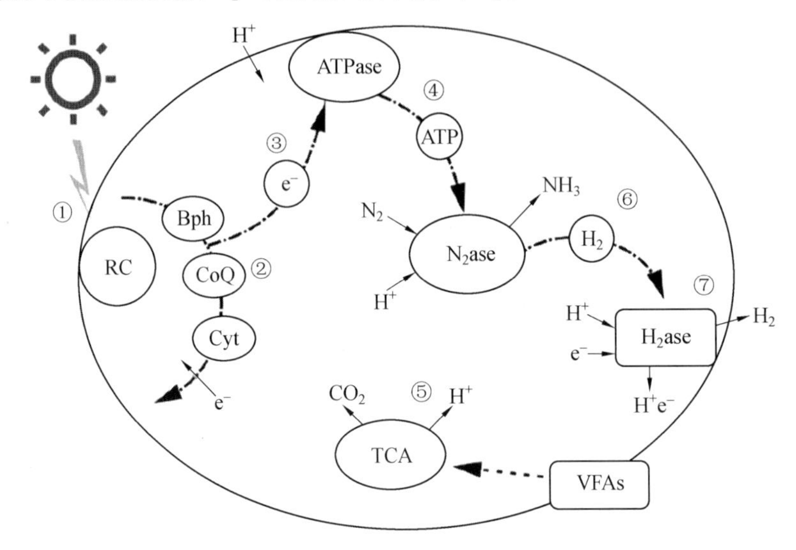

图 10.10 光合细菌的光合产氢途径

（四）非光合细菌产氢机理（发酵制氢）

非光合细菌微生物与光合细菌微生物的主要区别在于光合细菌以光为能源产氢，需要有光的参与，非光合细菌微生物产氢则大多是在无光照、厌氧的条件下将有机质发酵分解来产生氢气。这种制氢方式也常被称为发酵制氢法。厌氧微生物可以在没有光的环境中将复杂的有机聚合物水解成单体，单体进一步转化为有机酸和醇的混合物，并产生氢气，副产乙酸、丁酸、乳酸等。发酵制氢是一些严格厌氧菌和兼性厌氧菌利用碳水化合物、蛋白质等产生 H_2、CO_2和有机酸的过程。葡萄糖、六碳糖的同聚物、淀粉、纤维素和纤维素的多聚物都可以作为发酵底物。在厌氧发酵过程中，碳水化合物首先经 EMP 途径生成丙酮酸，合成 ATP 和还原态的烟酰胺腺嘌呤二核苷酸（$NADH+H^+$），然后通过 NADH 的再氧化产氢（图 10.11）。

发酵制氢过程无须光能和持续使用碳水化合物，产氢速率高，但产氢量相对较低，对反应器要求较高，过程产生大量二氧化碳，分离难度较大。在目前的研究中，通过提高光合效率增加碳氢化合物的积累，或消除或抑制产氢途径竞争的其他发酵途径，使更多分子流入产氢途径；控制 pH 保证氢化酶的活性等多种方式提高发酵产氢的效率。

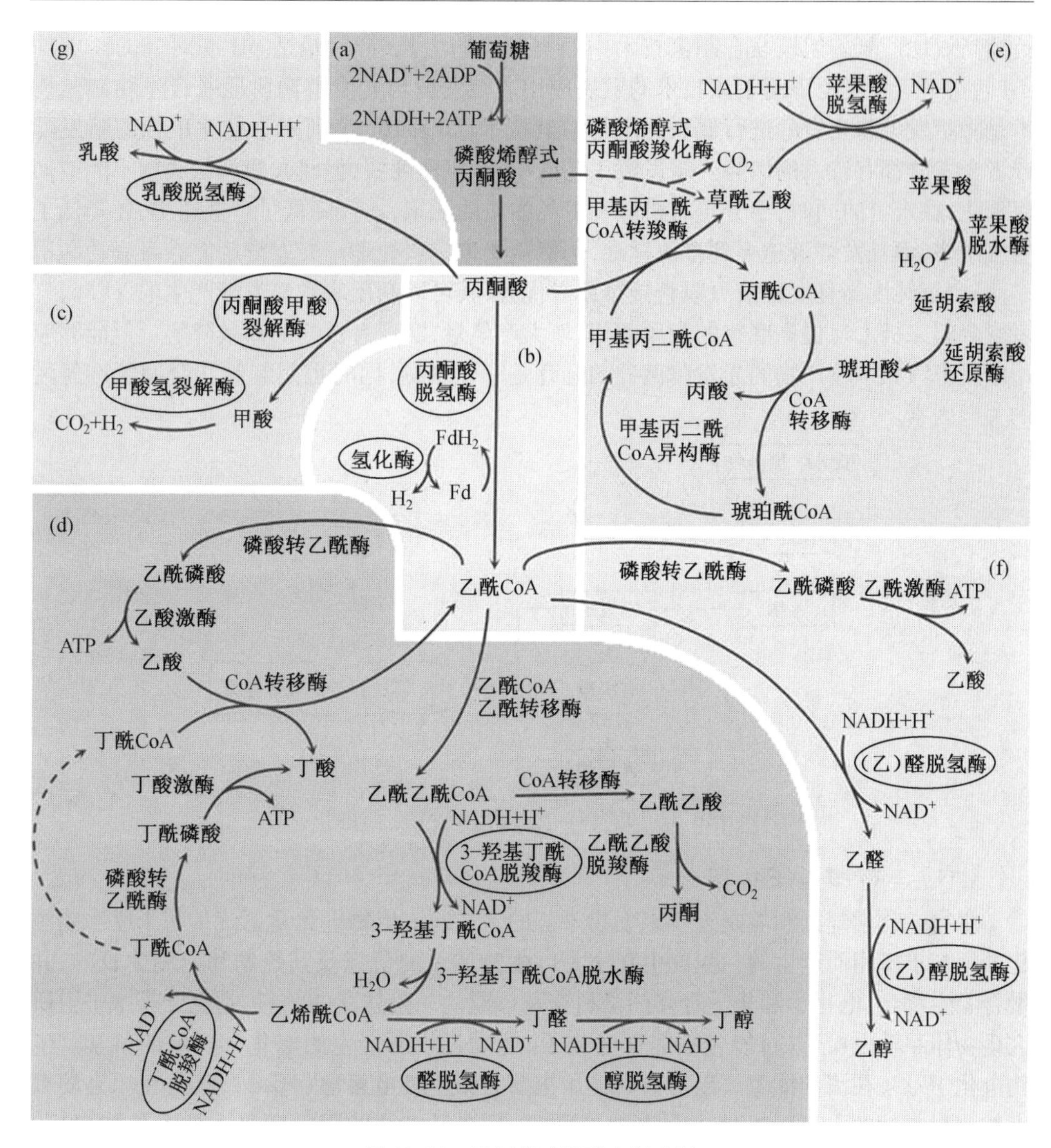

图 10.11　厌氧菌暗发酵产氢途径

（五）联合制氢技术

为了提高产氢量和产氢速率，增大底物利用率，以及更好地发挥菌种间的协同作用，联合制氢技术逐渐被人们关注和重视。目前研究的联合制氢技术包括同类群生物联合制氢、光合生物与暗发酵生物联合制氢、暗发酵与光发酵两阶段联合生物制氢、多阶段联合生物制氢等。同类群生物联合制氢，是具有相同或者相似代谢作用的生物混合在一起，在化学能的作用下发酵有机物得到氢气的过程。该技术产氢量高，成本低，但其中有机酸的产生导致产氢过程不能持续进行，有机物转化效率较低。光合生物与暗发酵生物联合制氢，是将藻类、蓝细菌、光合细菌等光合生物与暗发酵菌种二者联合起来制氢的技术，其化学方程式为：$C_6H_{12}O_6+6H_2O \longrightarrow 12H_2+6CO_2$。该技术能提高光能转换效率和底物利用效率，降低挥发酸（VAFs）对菌种的毒性，从而提高产氢量，有可能实现有机物的完全降解和持续高效地产氢。但该联合制氢技术中两类菌群的生长、产氢最适 pH 和对光的需求均不同,在一定程度上限制了该技术的发展应用。暗发酵与光发酵两阶段联合生物制氢技术是将暗发酵与光发酵进行偶联的生物制氢技术,如图 10.12 所示。它比单独的暗发酵或者光发酵都有较大的优势。暗发酵工艺简单,产氢速度快,但暗发酵产氢底物不能被彻底氧化,在产氢的同时,小分子有机酸和醇类物质的积累,不仅降低了产氢速率,还降低了氢气产率,而且发酵液达不到排放标准,仍然需要进一步处理。光发酵制氢具有底物利用率高、产氢纯度高且发酵液可以直接排放等优势,其可以利用底物暗发酵产生的 VFAs,二者联合起来极大地提高底物的利用效率,增大产氢量,实现有机物的高效降解。但能够应用暗发酵液相末端产物的光发酵菌种的选育是一个难题,同时也是制约联合制氢产氢量的关键因素。

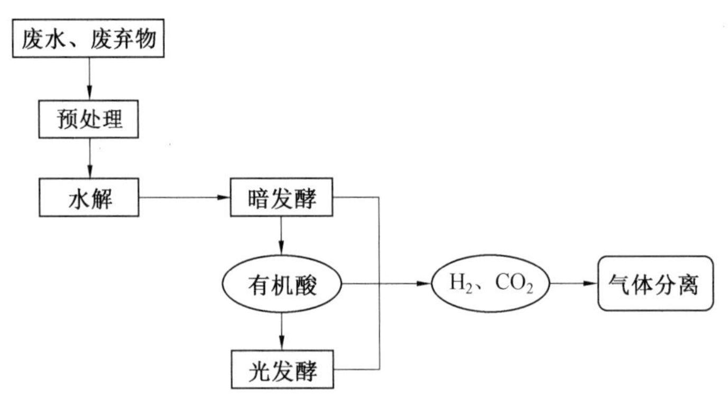

图 10.12 暗发酵-光发酵联合产氢原理图

(六)生物电化学辅助制氢

生物电化学辅助制氢是近年来生物产氢的新方向。生物电化学系统是基于废水能源化处理需求应用而产生的。生物电化学是以生物体系的研究及其控制和应用为目的,并融合了生物学、电化学和化学等多门学科交叉形成的一门独立的学科,是在分子水平上研究生物体系荷电粒子(可能包括非荷电粒子)运动过程所产生的电化学现象的科学。生物电化学系统在清洁能源产出方面的应用主要为微生物电解池(MEC),其是在原有的微生物燃料电池的空气阴极处进行密封处理,并且在反应器的阴阳两极上加上外加电压。MEC 产氢,由阳极室、阴极室和质子交换膜组成。它的阴极室、阳极室均为厌氧环境,同时外接一个电源。阳极反应是微生物代谢氧化分解底物生成氢离子、电子和二氧化碳,电子通过电子介体或微生物自身物质传递到 MEC 的阳极,并通过外电路到达阴极,氢离子通过质子交换膜扩散或直接转移到阴极。MEC 在较低的电源电压下氢离子和电子反应生成氢气。

MEC 制氢是一种很有前景的资源化利用和可再生氢气的生产方法,其产氢效率比微生物发酵产氢高,而且底物来源广泛,能将有机物彻底氧化。MEC 生物制氢在生物代谢的基础上直接产生氢气,具有清洁、可持续等诸多优点,在污染物的降解与清洁能源(氢气)产生等方面有广阔的应用前景。MEC 经过几年的发展,在产氢能力上有了很大的发展。然而,要想使 MEC 制氢成为一种能应用于实际的成熟技术,还有一些技术亟须解决。例如有机废水处理能力和产氢效率较低,还需进一步探索研究;阴极、阳极材料成本较高,需要开发新的、更有效的、成本低廉的、性能稳定的催化剂来降低 MEC 的构造成本；双室 MEC 阴阳极室之间的膜成本高，必须开发新的材料降低成本，而且必须有效解决极室之间的 pH 差值。随着分子生物学的不断发展，运用遗传和基因工程技术改善这些微生物的基因，培养具有较高的产氢速率的微生物可能是一个可行的选择。而产氢的微生物群落多样性尚未被发现，可以通过不同的方法鉴定产氢微生物的种属，选择优势菌种提高产氢效率。产氢的实际应用中另一个技术难题是氢气产生的不稳定性，可能源于产氢微生物代谢环境的要求，今后通过科学技术的发展，可低成本地建立模拟微生物生存环境以满足其生长代谢的要求。

第五节　生物柴油

一、生物柴油的特点

随着石油资源的日渐枯竭，车辆柴油化的日益加快以及人们环保意识的不断提高，极大地促进了替代燃料的开发进程。生物柴油是指以油脂类原料（如废弃的动植物油脂，简称废弃油脂）、非食用草/木本（如野生油料植物和工程微藻等水生植物）油料脂、餐饮垃圾油等为原料油或以废弃秸秆及其他固体生物质所生产的交通运输用清洁可再生液体燃料。生物柴油和石化柴油对比可见，与燃料乙醇类似，生物柴油也是一种安全的、可降解的、污染物（CO_2、PM 、CO、碳氢化合物等）排放低的清洁可再生燃料，有“绿色柴油”之称，其性能与普通柴油非常相似，是优质的石化燃料替代品。相比石化柴油，生物柴油在使用过程中具有环境效益明显的优势（表 10.3）。

表 10.3　生物柴油和石化柴油对比的优势和劣势

优势	劣势
原料可再生	多数汽车制造商生产的汽车仍不能使用生物柴油添加比例超过 5% 的混合柴油燃料
可用于多数柴油发动机，特别是更新的发动机	燃料经济性和动力性稍差（B100 低 10%，B20 低 2%）
空气污染物（除 NO_2 外）排放更低	目前生产成本更高
温室气体排放更低（如 B20 的 CO_2 排放减少 15%）	B100 通常不适合低温下使用
可生物降解	B100 对发动机寿命可能存在影响
无毒使用，处理过程更安全	一些情况下，NO_2 排放量可能稍高

①生物柴油中几乎不含硫，柴油机在使用时硫化物排放量极低，尾气中颗粒物含量及 CO 排放量分别约为石化柴油的 20%、10%，具有优良的环保性能。

②生物柴油的黏度大于石化柴油，可降低发动机缸体、喷油泵和连杆的磨损率，延长使用寿命。

③生物柴油中氧含量高，十六烷值高，具有良好的燃烧性能。

④生物柴油的闪点远高于石化柴油,在运输及储存过程中较为安全。

⑤生物柴油具有良好的可降解性,不会危害人体健康及污染环境。

生物柴油因具有可再生、易生物降解、无毒、含硫量低等优点,既可以单独做燃料使用,也可以与石化柴油调合使用,这种混合燃料不但改善了柴油机的排放特性,还能提高柴油的润滑性,降低磨损。具体的混合比例需要进行行车试验才能确定,目前主要的混合比例有 B2(添加 2% 的生物柴油)、B5 和 B20 。生物柴油作为运输燃料不需要改变现有石化柴油物流输配的基础设施,因此可避免再次投资。但生物柴油在使用过程中也暴露出一定的问题,对于饱和脂肪酸甲酯含量高的生物柴油,低温流动性差,在寒冷的季节易析出并堵塞输送管道,而饱和脂肪酸甲酯含量低的棉籽油、菜籽油等生物柴油则易氧化变质,不易储存。生物柴油以其优越的环保性能、可再生性及使用安全性受到了广泛关注。大力发展生物柴油产业,可缓解石油资源日益枯竭的矛盾,调整成品油的供应结构,减少尾气中的有害物质并降低排放量,优化农林业的种植结构,增加农民就业机会等。

二、全球生物柴油发展现状

近年来,世界生物柴油产业快速发展,2019 年全球生物柴油产能约为 4 500 万 t/a,产量约为 3 500 万 t,产量较 2010 年增长了约 1 000 万 t。欧洲、美洲和亚太地区是世界最主要的生物柴油生产和消费地区,其中欧洲、美洲生物柴油总产量约占世界总产量的 68%,印度尼西亚是亚太地区生物柴油产量最大的国家,2019 年总产量约为 680 万 t。欧洲、巴西、阿根廷、美国、印度尼西亚等是目前全球推广使用生物柴油的主要国家和地区(图 10.14)。欧洲由于柴油车占比较高,是世界生物柴油的主要消费地区,2019 年欧盟生物柴油消费量约为 1 800 万 t,北美地区生物柴油消费量约为 800 万 t。为了促进生物柴油产业健康发展,很多国家制定了生物柴油产品标准及生物柴油调合燃料标准,严格控制成品油中的关键指标。各国政府也采取相关措施,制定相关法律法规,为生物柴油产业的有序发展提供有力保障。欧洲、美国对生物燃料采用基于配额制的强制添加政策,即要求成品油销售企业按柴油销售量承担一定的生物柴油消纳量。巴西、印度尼西亚、阿根廷等则采用固定添加比例的方式推广含一定比例生物柴油的柴油。

在国家政策的鼓励和引导下,我国生物柴油产业随着国际油价和国内外市场供需情况的变化而变化。2004—2020 年,我国生物柴油产业大致经历了迅速发展、普遍经营困难和出口为主三个主要阶段。2004—2014 年,在国际油价逐步走高、国内柴油需求快速增加的大环境下,我国生物柴油产业快速发展,鼎盛时期全国共有生物柴油生产企业 120 余家,产能接近 400 万 t/a。2014—2017 年,受国际油价断崖式下跌、国内柴油消费量逐步回落、国内没有稳定销售渠道等因素影响,我国生物柴油生产企业经营普遍比较困难。2017 年后,随着欧盟对以餐饮废弃油脂为原料的生物柴油(第二类可再生燃料)需求增加,我国目前已经成为世界上最主要的以餐饮废弃油脂为原料的生物柴油出口国。2017—2020 年,我国生物柴油出口量从 17 万 t 增加至 90 万 t,生物柴油出口企业利润基本保持稳定。

虽然国家已制定出台《生物柴油产业发展政策》《生物质能发展“十三五”规划》等一系列政策措施,积极推进生物柴油生产和应用,但总体上看我国生物柴油产业发展仍然存在一些问题和制约因素。生物柴油行业是新兴行业,新技术、新设备的不断创新使行业正

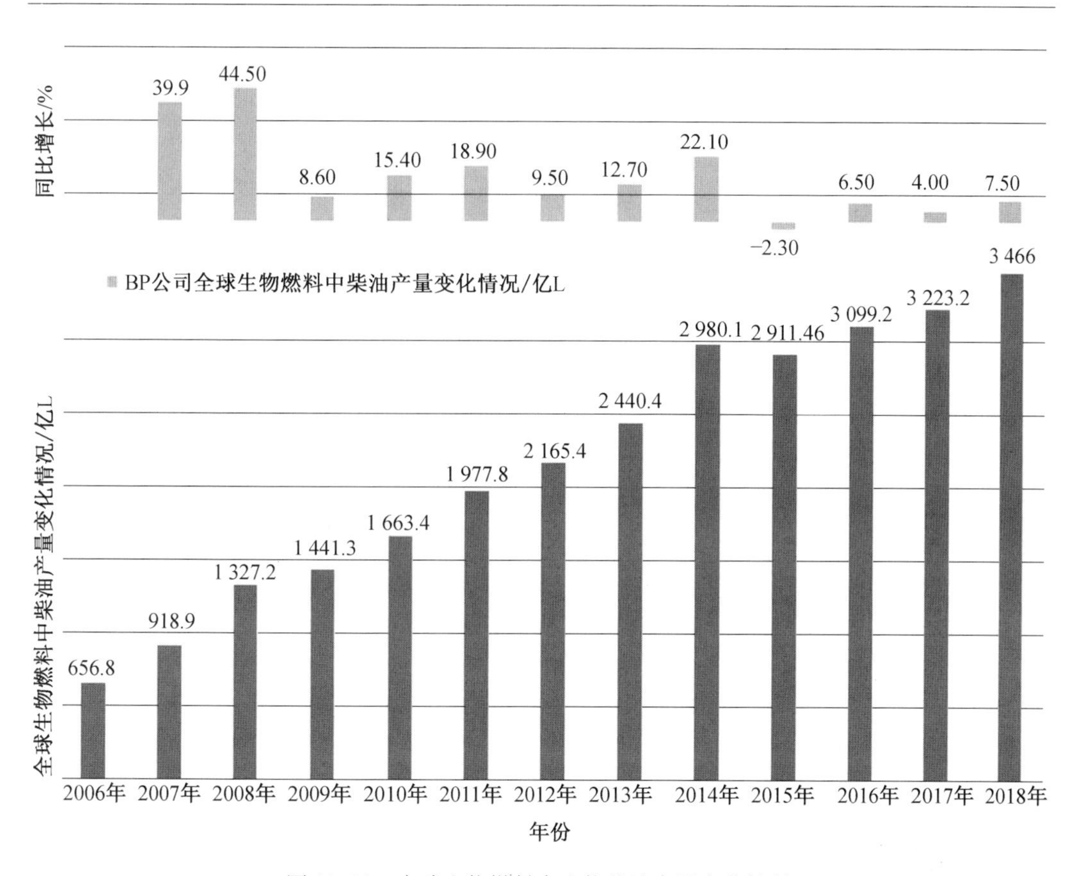

图 10.14 全球生物燃料中生物柴油产量变化情况

处于一个“百花齐放、百家争鸣”的发展阶段。在我国发展餐饮废弃油脂生物柴油(燃料)产业,既可以杜绝“地沟油”回流餐桌,又可以提高交通运输用能的可再生能源比例,更是推动碳排放达峰和碳中和工作的重要手段,真正实现了“一石多鸟”,是“变废为宝、化害为利”的重要工作。

三、生物柴油的加工原理

(一)第一代生物柴油加工原理

第一代生物柴油主要是通过植物油(如大豆油、花生油、菜籽油等)、废弃的餐饮油和动物脂肪等原料中的脂肪酸甘油三酯,与低链醇(主要是甲醇)通过酯交换反应而制取的以脂肪酸单酯为主的新型燃料,主要由含有 14 ~ 24 个偶数碳原子的长链脂肪酸甲酯组成,第一代生物柴油加工工艺成熟,主要过程包括甘油三酯与甲醇进行酯交换生成脂肪酸甲酯(生物柴油)、生物柴油的分离纯化干燥、其他有价物质(甘油、甲醇、游离脂肪酸)的回收等工艺过程。目前我国生产生物柴油的工业技术相对较成熟的有带压酸催化法、新型催化剂气相酯化法、水解固定化床酸化法及固定化酶催化法、超临界法 5 种。

1. 带压酸催化法

带压酸催化法是在常压酸碱催化法基础上的改进,在一定压力下采用酸催化酯化、酯交换反应制取脂肪酸甲酯,再用碱性催化剂进行酯交换反应,进一步将废弃油脂中的甘油三酯转化为脂肪酸甲酯和甘油(图10.15)。虽然反应周期较长,但前处理简单,整个流程工序少,简单前处理的条件下生物柴油收率能达到85%以上。生产过程中酯化、酯交换是间歇工艺,甲酯蒸馏是连续工艺,要求设备耐压、耐腐蚀,过程中有带酸废水和废气产生,投资和综合能耗相对较高。该方法更适合酸值较高的原料油,如酸化油等,若原料油酸值较低则产品收率会有所降低。

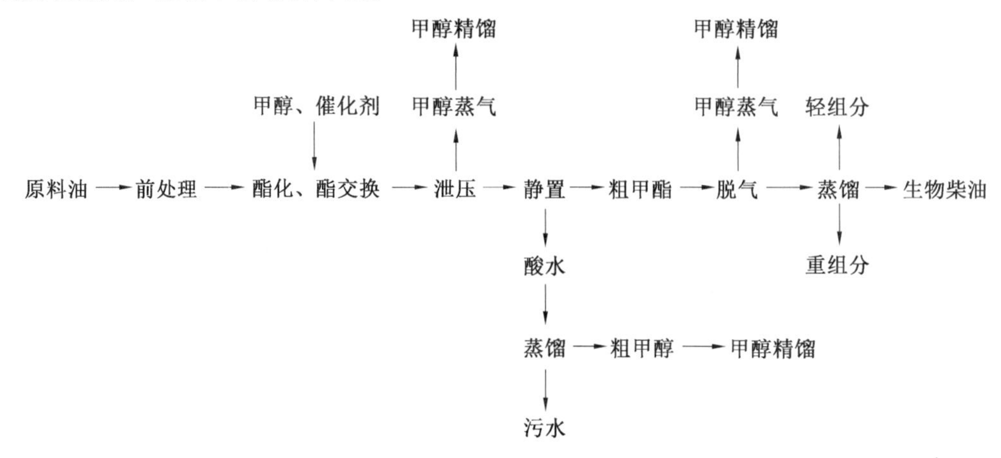

图10.15 带压酸催化法产生物柴油流程

2. 新型催化剂气相酯化法

新型催化剂气相酯化法使用新型催化剂,在较高温度下将甲醇汽化与原料油进行气相酯化,再进行连续酯交换。该方法提高了反应效率,使用新型催化剂,设备的材质要求低,无酸渣产生,废水排放量较少,反应时间短,生物柴油收率达到90%,是目前比较先进的生物柴油生产技术。同时避免了常规的浓硫酸作为催化剂,对设备耐腐蚀要求低,普通不锈钢就能满足需求。生产过程中酯化是间歇工艺,酯交换和甲酯蒸馏是连续工艺,废水量较少,有废气产生,投资较低,综合能耗低。该方法适用的原料有酸化油和地沟油。

3. 水解固定化床酸化法

水解固定化床酸化法先将原料油完全水解为脂肪酸,得到混合脂肪酸,再采用固定化床酸催化法制取生物柴油,无须碱催化酯交换工序。催化剂使用固定化床酸性催化剂,可重复使用,生产工艺连续化,原料适应性广,产品质量稳定,废水废气排放量少,甘油可回收,可生产混合脂肪酸和高附加值产品,投资与新型催化剂气相酯化技术相当,对设备的防腐要求不高;因水解蒸馏系统温度、压力较高,因此综合能耗相对较高,但产品收率高(92%以上),若算上高附加值产品,则综合产品成本显著降低,低于其他生物柴油生产工艺。

4. 固定化酶催化法

固定化酶催化法以脂肪酶为催化剂制取生物柴油,该法具有反应简单、反应温度较低、醇用量小、甘油易回收和无三废产生的优点。酶催化反应对原料及反应条件的要求比较高,反应过程中要严格控制pH、温度等条件,否则易使酶失活。在传统酶法基础上进行改进的固定化酶催化技术因其投资低、反应温度低、综合能耗低、无三废排放、可连续化生产等优点逐渐受到企业的关注,在国外已有企业推广生产。

5. 超临界法

利用超临界流体技术制备生物柴油是近几年发展起来的一种新方法，具有反应时间短，反应前处理和反应后处理相对简单等优点。它的制备原理是在超临界状态下，醇类物质与油脂因溶解度相近而互溶为一相，且超临界状态下流体的扩散系数大于液态时的扩散系数，可降低传质阻力，增大传质速率，加快反应速率。超临界状态下的甲醇既作为反应物又作为催化剂，具有价格低、反应快等优点。同时超临界甲醇法对原料要求不高，如废弃厨房油、动物油脂，同时，具有无须催化剂、收率高、后处理简单等优点。因此，该方法引起各国学者的高度重视。

（二）第二代生物柴油

第一代生物柴油相比普通石化柴油具有十六烷值高、闪点高、硫含量低、能利用废弃油脂作为原料等诸多优点，但第一代生物柴油存在缺陷，燃烧热值仅为普通石化柴油的87%，不能完全替代石化柴油，只能按照一定比例进行添加使用，且凝固点高，冬季无法使用。鉴于存在的问题，近几年，以深度加氢生成脂肪烃为核心的新的油脂加工技术获得了迅速发展，并且已经付诸工业化的第二代生物柴油。第二代生物柴油的主要成分是液态脂肪烃，在结构和性能方面更接近石油基燃料，加工和使用都比甲酯类燃料方便，因此，尤其受到石油炼制企业的欢迎。Neste Oil 公司已经开发了动植物油脂直接催化加氢制生物柴油专利技术，原料油经预处理除杂后，进行加氢及燃料稳定化处理，生成柴油、汽油以及液化石油气等（图 10.16）。该技术对原料适应性强，与现有炼油设施兼容性好，可利用现有炼油厂的物流系统、加氢装置和质量控制实验室等。目前，Neste Oil 公司已在芬兰波尔沃、荷兰鹿特丹及新加坡分别建厂，其产品销往德国及欧盟国家。

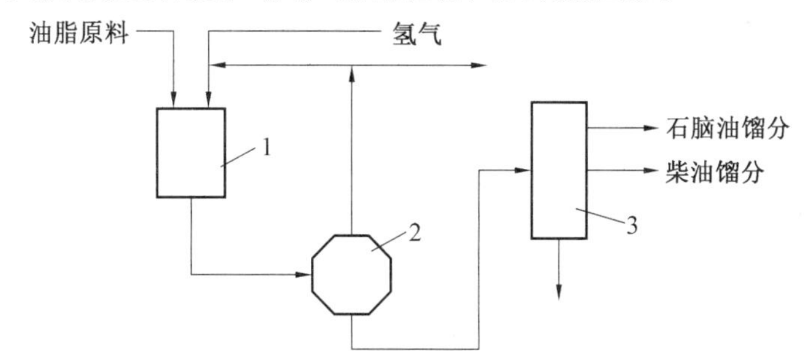

图 10.16　油脂加氢脱氧工艺流程示意图
1—催化反应器；2—气液分离器；3—精馏塔

第二代生物柴油在国际上被称为绿色柴油，其成分是 C12 ~ C20 的烷烃（大部分为 C15 ~ C18），结构和性能更接近石化柴油，能以更大的比例添加在石化柴油中。油脂直接加氢脱氧是指在高温高压下油脂的深度加氢过程。此时，羧基中的氧原子和氢结合成水分子，而自身还原成烃，同时生成少量的水、CO_2 和 CO 等气体。油脂直接加氢脱氧工艺简单，得到的柴油组分中主要是长链的正构烷烃，虽然具有很高的十六烷值，但因其浊点较高，低温流动性差，限制了低温区域的应用。在此技术上，开发出了油脂加氢脱氧再临氢异构工艺，就是在脱氧的基础上加上临氢异构阶段。异构化反应开始前，可以对物料进行反萃取操作，用水蒸气或气态烷烃、氮气和氢气等作为反萃取剂，采用逆流操作，对加氢后的物料进一步纯化。将第一阶段得到的正构烷烃进行异构化，得到高十六烷值的异构烷烃。临氢异构化得到的异构烷烃生物柴油不但保留了较高的十六烷值,而且具有较低的浊点,从而具有良好的低温流动性,可以在低温环境中与石化柴油以任意比例进行调配,使用范围得到进一步拓宽。

第二代生物柴油虽然提高了燃烧性,但缺点是采用的加氢催化剂通常为硫化态的物质,反应过程中硫易损失,需要不断添加含硫化合物保持催化剂活性,会导致含硫废气和含硫废液产生,需要增加配套废气及废水处理装置。另外,反应产物绝大多数为正构烷烃,凝固点较高,增加异构化装置,则投资成本会进一步增加。

(三)第三代生物柴油

因第二代生物柴油制备原料仅限于油脂,研究者又对非油脂类生物质和微生物油脂进行试验并成功制得生物柴油,即第三代生物柴油拓展了原料的选择范围,从原来的棕榈油、大豆油等油脂拓展到高纤维含量的非油脂类生物质和微生物油脂。目前,主要有两种技术:①生物质气化合成生物柴油;②以微生物油脂生产生物柴油。

生物质气化合成生物柴油主要包括非油脂类生物质气化和合成气制备柴油两个阶段,主要过程是生物质原料进入气化系统,把高纤维素含量的非油脂类生物质制备成合成气,再采用气体反应系统对其进行反应,并在气体净化系统和利用系统中催化加氢制备生物柴油。生物质气化技术:非油脂类生物质气化是把木屑、农作物秸秆和固体废弃物等压制成型或破碎加工处理,然后在缺氧的条件下送入气化炉裂解,使非油脂类生物质的高聚物发生热解、氧化、还原、重整反应,热解伴生的焦油进一步热裂化或催化裂化为小分子碳氢化合物,获得含 CO、H_2和 CH_4的合成气。合成气制备柴油是通过生物质气化得到的合成气进一步利用费-托合成的方法,加入一定的催化剂催化加氧转化为超洁净的生物柴油。

微生物油脂又称为单细胞油脂,是由酵母、霉菌、细菌和藻类等高产脂微生物在一定条件下,利用碳水化合物、碳氢化合物和普通油脂作为碳源,在菌体内积累大量的脂肪酸(油脂),将脂肪酸萃取,先纯化出多不饱和脂肪酸,余下的大量脂肪酸与甲醇或乙醇等短链醇进行酯交换反应合成生物柴油和甘油。其中,最关键的是利用微生物生产精制油脂,其过程包括高产油脂菌的筛选、发酵培养、菌体收集与预处理、油脂提取与精炼,最后获得高品质的微生物油脂,得到的微生物油脂再通过酯交换或催化加氢制得生物柴油。采用微生物油脂作为原料,具有繁殖速度快、生产周期短、所需劳动力少且不受场地、季节和气候变化影响等优势,目前应用较多的是基于微藻制备生物柴油。微藻是世界上最大的生命类群自养微生物。微藻的生长周期非常短,其在一个年份能够进行多次连续的收获。微藻具有较高的太阳转化率,脂质生产率较高,还可以有效地去除废水中的磷酸盐和硝酸盐,因此废水可以成为培养生产生物燃料微藻的理想基质。同时微藻生产的生物柴油不含硫,燃烧时不排放有毒有害气体,排入环境中也可被微生物降解,不污染环境。美国国家可再生能源实验室(NREL)通过现代生物技术建成“工程微藻”,使乙酰辅酶 A 羧化酶基因(*ACC*)在微藻细胞中高效表达,从而控制脂质积累水平。

从原料来源看,非油脂类生物质作为原料可以避免燃料与食物之间的竞争,降低生产成本;由此得到的燃料是理想的碳中性绿色燃料,可以代替传统的煤、石油等用于城市交通和民用的燃料,发展第三代生物柴油是生产生物柴油的趋势之一,未来有广阔的发展前景。

思 考 题

1. 生物能源的定义是什么？有哪些优点？
2. 生物乙醇根据原材料和工艺的不同可以分为几代？每一代的代表原料是哪些？
3. 生物产氢的微生物广义和狭义分几类？
4. 生物产氢的原理有哪些？
5. 生物柴油与石化柴油相比，优缺点有哪些？
6. 一般把生物柴油分几代？每一代的生物柴油的主要技术手段是什么？
7. 秸秆问题一直困扰我国北方地区，请利用所学的知识，为秸秆的利用提供思路。

参考文献

[1] 张建安，刘德华. 生物质能源利用技术[M]. 上海：化学工业出版社，2009.
[2] 肖钢，纪钦洪. 生物能源：阳光与大地的恩赐[M]. 武汉：武汉大学出版社，2013.
[3] 李志军. 生物产业与生物能源发展战略和政策分析[M]. 北京：经济科学出版社，2010.
[4] 路明，王思强. 中国生物质能源可持续发展战略研究[M]. 北京：中国农业科学技术出版社，2010.
[5] 邸志珲，张婧卓. 基于生物电化学原理的生物制氢研究进展[J]. 化工进展，2016，35(S1)：63.
[6] 廖莎，姚长洪. 光合微生物产氢技术研究进展[J]. 当代石油石化，2020，28(11)：36.
[7] 王阳. 生物制氢国际态势分析报告[J]. 高科技与产业化，2020(1)：47.
[8] SEKOAI P T, AYOTUNDE A A. Microbial cell immobilization in biohydrogen production: a short overview[J]. Crit Rev Biotechnol, 2018, 38(2):157-171.
[9] 刘婷. 浅谈微藻生物柴油[J]. 生物化工，2018，4(4)：109.
[10] 张骊. 生物柴油工业化生产技术比较[J]. 中国油脂，2015，40(9)：41.
[11] 佟毅. 纤维素乙醇产业发展现状及展望[J]. 中国粮食经济，2019(12)：47.
[12] 林海龙，林鑫. 我国生物燃料乙醇产业新进展[J]. 新能源进展，2020，8(3)：165.
[13] HONGZHANG C, WEIHUA Q. Key technologies for bioethanol production from lignocelluloses[J]. Biotechnol Adv, 2010, 28(5):556-562.
[14] 马隆龙，唐志华. 生物质能研究现状及未来发展策略[J]. 中国科学院院刊，2019，34(4)：434.
[15] 刘洪霞，冯益明. 世界生物质能源发展现状及未来发展趋势[J]. 世界农业，2015，(5)：117.
[16] 余智涵，苏世伟. 生物质能源产业发展研究动态与展望[J]. 中国林业经济，2019，(3)：5.

第十一章　生物材料与组织工程

第一节　组织工程学概述

全世界每年都会有数百万人饱受伤病困扰，这些伤病会导致组织损伤，甚至会危及生命。这种组织损伤会对人们的生活质量造成显著影响，是医学界亟需解决的难题。目前，组织工程被普遍认为是针对这一困境的有效手段。组织工程和再生医学是多学科领域，结合生物学、化学、工程学、医学、药学和材料科学等不同领域的知识和技术，开发修复或替换受损组织和器官的疗法和产品。组织工程领域有通过修复、再生或改善受损组织的功能，彻底改变人们治疗心脏病、骨关节炎、慢性创伤和器官衰竭等疾病的方法。组织工程的一个关键概念是利用生物材料支持细胞的生长并促进修复。这些材料不应该是被动的“旁观者”，而应该是为细胞提供物理支架和引导其行为的线索。

一、组织工程的范畴

组织工程是一个多步骤的过程，涉及细胞、材料、组织结构的工程设计，这些成分将被组合以生成所需的新组织或器官。如今，这一领域已经取得了长足的进步，它正被用来治疗严重慢性病，这些疾病影响到儿童，并且损害心脏和肝脏等主要器官，可从组织工程技术中获益的疾病包括皮肤烧伤、骨缺损、神经系统修复、颅骨重建、角膜置换、软骨修复、血管疾病、肺部疾病、胃肠组织修复、泌尿生殖组织修复和美容手术等。组织工程领域的目标是提供用于修复或替换的功能性组织和器官，在未来几年可能会应用于临床医学。

组织工程在过去 20 年中不断发展，融合了材料科学、快速成型、纳米技术、细胞生物学和发育生物学等相关领域的知识和技术进步。近年来使组织工程作为一个领域受益的具体进展包括新型生物材料、三维(3D)生物打印技术、纳米技术、干细胞技术(如诱导多能干细胞(IPSC))、基因编辑技术(如聚集的规则间隔短回文重复序列(CRISPR))。所有这些都给该领域带来了希望，包括用于疾病建模和药物开发的智能生物材料、类器官和 3D 组织、全器官工程、细胞及其环境的精确控制和操纵以及个性化的组织工程治疗。

生物材料是当前许多组织工程策略的关键组成部分，这一领域的最新发展使组织工程受益，包括合成能够对微环境和线索做出反应的智能生物材料。3D 生物打印技术的进步是组织工程许多发展的核心。现在可以将多种生物相容性材料(天然和合成)、细胞和生长因子一起打印成复杂的 3D 组织，其中许多组织具有功能性血管网络，与体内的相应组织相匹配，还可以了解到很多关于细胞来源、培养、扩增和分化控制的知识。干细胞也是如此，新的来源如胎盘、羊水和 IPSC 已经被探索并优化使用。生物工程组织中的血管化和神经支配是一个持续的挑战，植入体内组织的成功率很低。因此，有必要进一步了解应用于生物工程组织的血管化和神经支配，这是一项持续的努力，人们从各种研究中看到的结果令人鼓舞。生物制造技术在这方面发挥着巨大的作用，一些工程组织正在走向临床转化,或者已经用于患者,这些包括软骨、骨、皮肤、膀胱、血管移植物、心脏组织等。

尽管肝、肺、肾和心脏等复杂组织已经在实验室中重建,并正在动物身上进行测试,但它们的临床应用仍有许多挑战需要克服。对于体外使用,被称为类器官组织的微型版本正在被创造出来,并用于疾病建模、药物筛选和药物开发的研究。它们还以一种称为“芯片上的器官”的诊断方式应用,也可用于上述应用。事实上,与体内组织结构和生理学非常相似的3D组织模型的开发正在彻底改变人们对癌症和阿尔茨海默症等疾病的理解,也可以加速多种疾病的改进疗法的开发,这种方法也有望大幅减少目前用于测试和研究的动物数量。此外,3D组织模型和器官芯片或芯片平台可以通过提供有关药物、治疗、环境因素等影响患者特定信息来支持个性化医疗的发展。

先进生物反应器的开发代表了支持组织工程技术临床转化的另一个最新发展,这种生物反应器可以通过向培养的细胞和组织提供调节信号的物理和生化控制来更好地模拟体内环境,如机械力的应用、电聚合的控制、动态培养的成分、细胞分化的诱导。此外,在这些生物反应器中加入先进的传感器和成像元件,还可以实时监测培养参数,如pH、耗氧量、细胞增殖和生长组织中的因子分泌。

3D建模也是一种组织工程相关的新工具,为转化研究提供了巨大的机会和更好的生产力,具有广泛的临床适用性。

二、生物支架材料

水凝胶是由交联亲水聚合物组成的三维网络,能够在膨胀的支架中容纳大量水。这些“软”材料显示出由聚合物结构控制的弹性行为。虽然不同水凝胶的聚合物含量变化很大,但机械稳定的凝胶通常含有0.1% ~10%(质量分数)的聚合物。这导致了高度多孔的网络,允许营养物质、氧气和生物分子的扩散,同时也允许代谢物和毒素从细胞中交换出去。水凝胶的孔隙率通常很高,足以使细胞渗透和互连,为组织提供良好的生长介质。然而,直径小于10 μm的紧密交联凝胶可能会限制细胞移动,因此仔细设计水凝胶网络至关重要。交联还决定了凝胶抵抗膨胀和保持结构的能力,从而影响凝胶溶胀率及其机械性能。

凝胶内的交联可分为化学交联和物理交联两类。化学交联通过单独的聚合物链之间的共价键形成,从而形成更耐机械力的键,并为凝胶提供黏弹性。相反,物理交联依赖于分子缠结和非共价相互作用,如氢键、离子键和范德瓦耳斯力,以提供凝聚力。这些交联通常允许释放应力,从而使凝胶具有黏弹性。这两类水凝胶在纳米和宏观尺度上都具有非常不同的性质,通过加入瞬时稳定的共价交联,并利用非共价力的环境敏感性来创建动态响应材料,可以进一步改变材料特性。

水凝胶也可分为合成凝胶或天然聚合物凝胶。每种材料都有其优缺点,天然聚合物具有增强生物相容性和生物指示的能力,其中一些表现出更接近天然细胞外基质(ECM)的应变硬化行为。另外,合成聚合物提供可预测的、精确的以及可调化学和多功能水凝胶特性。因此,聚合物的选择取决于最终支架的需要。

第二节 组织工程产品与临床应用

供体器官的迫切需求和有限供应要求人们在解决器官移植需求的方式上进行重大改变。组织工程和再生医学领域已被确定为满足这一需求的一条积极创新的途径。组织工程的目标是制造模拟天然器官的结构,用于替换或作为桥梁,以促进身体在体内再生天然结构。结构物包括支架组件、细胞组件和生化因子/分子或这些部分的组合。这些疗法能够替换、修复或再生细胞、组织和器官,以恢复身体的正常功能。这个新的医疗保健时代是从以治疗为基础的疗法的范式以治愈为基础的疗法的范式转变。

一、皮肤

许多严重烧伤、事故中皮肤脱落、慢性溃疡的患者需要更换皮肤来治疗,尤其是腿部和足部溃疡,以及修复肿瘤切除部位。在临床上使用患者自己的皮肤,采用分层自体移植的形式。这种形式的优点是没有免疫排斥反应,但缺点是正常皮肤的可用性、自体移植部位的发病率和最终的美容效果有限。皮肤组织工程被认为是最简单的组织工程应用,并且是第一个被探索的。来自皮肤活检组织的成纤维细胞的培养很早就建立起来了,这些细胞相对容易生长,并被用于开发许多基本的组织培养技术。皮肤最初被认为是充当内部结构和外部环境之间的屏障。在 1980 年,人们意识到皮肤除了充当屏障外,还与先天性和适应性免疫系统有显著的相互作用。因此,它不仅仅是一个被动的屏障,是主动招募防御机制来防止感染、微生物定植和其他外部有害实体的器官。皮肤替代物的组织工程为这些问题提供了急需的解决方案,目的是生产一种“即用”皮肤替代品,其性能与患者自身皮肤一样好。多年的发展显示出了希望,但正如 Otto 在《组织工程和器官置换的未来策略》中所回顾的那样:“从长远来看,哪种商用皮肤基质将取得成功,尤其是对患者而言,还有待观察。”

凭借悠久的发展历史,组织工程皮肤替代品最先投入市场,这类产品在临床应用中拥有广泛的经验。自 1979 年以来,组织工程皮肤被视为一种潜在的临床产品,并于 1980 年开始进行试验,临床前测试证明成纤维细胞显然没有被排斥并在试验动物中持续相当长的时间。这促使了 20 世纪 80 年代末和 20 世纪 90 年代初的人体临床试验。组织工程皮肤产品首先获得监管部门的批准并于 1997 年上市。第一个是 TransCyte®,这是一种通过组织工程技术生产的无活性烧伤产品。紧随其后的是 1998 年的 Apligraf®,它是第一个组织工程化的、有活力的器官型产品,2000 年的 Dermagraft® 和 2001 年的 Orcell®,开发了皮肤生理学模型。

在静态条件下,在生物反应器中,成纤维细胞生长在 2 in×3 in(5.08 cm×7.62 cm)的聚交酯/乙交酯支架上。接种后,每隔几天向培养物补充培养基,直到大约 2 周后收获。最初,成纤维细胞增殖迅速,就像在单层中一样,但随着它们融合在一起,在 8~10 天,它们会沉积越来越多的细胞外基质并形成真皮样结构。收获时,用冷冻保护剂代替培养基,将生物反应器焊接封闭,使产品不暴露于环境中,装箱并在受控条件下冷冻。Dermagraft® 可在 -65 ℃以下储存长达 6 个月。在第一个月内,进行无菌和分析测试,以允许质量保证部门发布产品。在最终用户进行解冻时,Dermagraft® 的细胞显示出 50% ~ 80% 的活力。

Integra®是一种真皮替代材料，十多年来一直用于治疗皮肤伤口。Integra®为新型生物合成三维结构的双层人工皮肤，20 世纪 90 年代由美国研制并在临床应用。其结构分为二层，表面一层为硅膜，下面一层为从鲨鱼骨中提取的硫酸软骨素和牛的胶原合成的网状结构细胞外基质膜。Integra®作为一种新型修复材料，是一种网状的人工细胞外基质，植于创面，使创面基底毛细血管生长，进入细胞外基质网状结构，待术后 2 ~ 3 周揭掉表层硅膜之后，进行自体超薄皮片移植，从而滋养自体超薄皮片成活，成为人工复合皮肤。该修复材料具有术后植皮区外观瘢痕不明显、质地柔软、有弹性、挛缩轻的特点，通常对预后较差的烧伤患者有较好效果。

二、软骨

关节软骨提供了极其光滑的表面，可显著减少关节骨末端之间的摩擦。影响软骨的疾病包括外伤性软骨缺损、剥离性软骨炎（OCD）、骨坏死（ON）和骨关节炎（OA），它们的发病机制截然不同。由外伤、剥离性软骨炎和骨坏死引起的关节软骨缺损是潜在的诱发因素，因为它们可能诱发继发性骨关节炎。重要的是，骨关节炎是一种异质性疾病，由影响关节所有结构，包括关节软骨、软骨下骨、半月板和滑膜的特殊生物力学、遗传、代谢和炎症事件引起。因此，通常不明确的骨关节炎软骨病变不应与界限清楚的软骨缺损相混淆，因为只有后者才适合再生软骨修复技术。关节软骨没有血液供应，因此几乎没有自我修复的能力。由关节炎或创伤引起的软骨缺损的组织工程修复每年可能使约 100 万患者受益。多年来的动物研究表明，分离的软骨细胞移植可以增强关节修复。在从患者获取软骨细胞后，临床上有三种组织工程选择：①在体外将细胞扩增至百万 cm^{-2}，然后注射到损伤部位；②在多孔可吸收纤维支架（如 85 ∶ 15 的 PLA/PGA 组合）上培养扩增细胞群，然后植入缺损部位；③收获软骨细胞作为“小塞子”并将它们移植到缺损处，“镶嵌成形术”。

经过早期的临床前试验，例如将兔鼻中隔软骨中分离的自体软骨细胞移植到肌肉中，以及将自体骨骺和关节软骨细胞移植到兔的受损关节面中在那里形成新的软骨，。Daniel Grande 实验室的研究证据表明软骨缺损的修复组织是基于使用放射自显影的移植细胞，自体软骨细胞植入（ACI）由 Lars Peterson 于 1987 年首次在患者体内进行，并与 Mats 一起发表于 *Brittberg*，于 1994 年作为第一个临床组织工程应用。ACI 是一种两阶段外科手术，其特征在于第一步是初始关节镜软骨去除、细胞分离和扩张，第二步是随后的植入。虽然最初的移植技术只是在自体骨膜瓣下注射取自同侧胫骨近端的细胞悬浮液，但它已经取得了重大进展，通过现代生物技术创新进一步加强了 ACI 的临床过程，例如，通过应用生物材料作为细胞载体。然而，ACI 的基本原则仍然涉及在实验室中去除软骨、分离软骨细胞和扩增，以及随后重新植入软骨病变处。与所有外科手术一样，ACI 的目标是实现高度的关节软骨修复。从这个意义上说，ACI 继续反映了组织工程的原理，正如 Robert Langer 和 Joseph Vacanti 在 1993 年所定义的“一个跨学科领域，将工程和生命科学的原理应用于开发生物替代品，恢复、维持或改善组织功能。”在技术进步的支持下，ACI 近年来已在临床和科学研究上确立了自己的地位。例如，目前存在植入后长达 20 年的随访期的长期结果，并且在监管要求下，高质量受控前瞻性研究的数量显著增加，从而增加了该方法的有效性。

美国 MACI®将自体软骨细胞在初始酶消化后在单层培养中扩增。在植入前几天,将它们接种到可吸收的 Ⅰ/Ⅲ 型胶原膜上。MACI 植入物代表一个细胞片,由自体培养的软骨细胞组成,密度约为每立方厘米 500 000 个细胞。

比利时 ChondroCelect®是第一个被批准为先进治疗药物(ATMP)的软骨细胞产品。最初的想法是在分子水平上,通过表征与软骨形成性能相关的标记基因来评估功效,诞生了产品的"特征软骨细胞植入"一词。尽管如此,技术和手术应用与第一代和第二代 ACI 产品没有区别。尽管批准与自体骨膜瓣联合使用,但仍推荐使用猪 Ⅰ/Ⅲ 型胶原膜。该产品的创新体现在细胞生物学领域:软骨细胞在体外具有软骨生成能力的特征。然而,需要注意的是,其他制造商也有义务对软骨细胞标志物进行分析,作为检测产品质量的先决条件。从临床上看,一年后与微骨折手术比较有直接的结构优势,2 年后在功能上有更好的治疗效果,在症状持续时间短的患者中,5 年后的优势得到了证明。

德国 Spherox®代表了无支架 3D 系统的概念,即自体软骨细胞类器官分泌细胞外基质。软骨细胞培养分两步进行:分离软骨细胞后,首先使用自体患者血清和无生长因子培养基在单层培养中进行增殖。随后,将细胞作为细胞团转移到 3D 培养物中。在这个培养阶段,软骨细胞产生并沉积 ECM。一个球体包含大约 200 000 个细胞,在植入时的直径为 300~600 μm。它们在干燥环境中通过关节镜或关节切开术直接应用于软骨下骨板缺损(10~70 个细胞团/cm^2),它们在约 20 min 内黏附在宿主上并形成扁平形状。黏附和随后的原位重塑被认为是将其整合到缺陷处的关键步骤。它包括由细胞介导的对宿主软骨下骨的黏附的初始固定阶段,通过移植的软骨细胞沿着软骨下骨板的不规则表面迁移和球体重塑的持续整合。不需要生物材料覆盖或固定,支持微创应用。

德国 Novocart 3D®是使用双相生物材料的基质相关 ACI 的典型代表。Novocart 3D®自 2003 年底开始应用。在此,关节软骨细胞已预先种植在密度为$(0.75 \sim 4.0) \times 10^6$个细胞/$cm^2$的Ⅰ/Ⅲ型胶原双相基质中。牛双相基质由覆盖膜和底层胶原海绵组成,其连接孔允许均匀的 3D 细胞分布。Novocart 3D®的植入通常需要微型关节切开术,以便通过缝合线将支撑膜牢固地固定到周围的软骨上。它对于无法创建稳定边缘壁的缺陷,是一种先前治疗替代方法。

韩国 CARTISTEM®是首个用于治疗患者膝关节软骨缺损的同种异体干细胞产品,包括被批准用于 ICRS Ⅳ 级退行性骨关节病。它基于同种异体人脐带血(hUCB)衍生的骨髓间充质干细胞 MSCs(hUCB-MSCs),剂量为 2.5×10^6个细胞/(500 μL · cm^2)软骨缺损区域面积。这种基于干细胞的医药产品是培养扩增的同种异体 hUCB-MSC 和透明质酸水凝胶的复合物。hUCB 在新生儿分娩时从脐静脉收集,储存在脐带血库中,分离和表征的 hUCB-MSCs 在补充有 10% 胎牛血清的培养基中培养,在单层培养中维持约 2 周,然后当达到 80% 汇合时重新悬浮在透明质酸水凝胶中。使用标准关节镜手术后进行微型关节切开术,首先用软骨下骨多个钻孔(直径 5 mm,深 5 mm,相距 2~3 mm)治疗软骨缺损。接下来,将同种异体 hUCB-MSCs/水凝胶复合材料植入每个钻孔中。

三、骨

骨骼既是组织又是器官。骨缺损可由先天性异常、外伤、代谢疾病、感染和肿瘤切除引起。骨骼缺陷是巨大的临床挑战，并激发了修复和再生的创造性科学方法。骨组织工程仍然是组织工程中最受关注的领域之一。与其他几种组织相比，骨骼具有一定的自我修复内在再生能力。然而，许多骨缺损无法愈合，被称为“临界尺寸骨缺损”，需要手术干预。例如，严重的骨干缺损的临床管理是一项重大的挑战。两种可用的治疗选择是保肢或截肢。这些临床情况可能因感染和/或骨不连纤维化而进一步复杂化。多年来，骨干骨缺损的治疗已经从截肢到用骨移植（血管化、松质、自体、同种异体移植）重建，再到使用 Ilizarov 装置牵引成骨，以及组织工程和再生医学转化。

口腔癌是下颌骨切除术和上颌骨切除术的主要原因，主要的神经外科手术通常涉及开颅手术。涉及颌骨的各种颅面重建和牙科手术的主要挑战是体内骨形成。目前，下颌骨缺损可以用来自各种供体部位的自体血管化骨修复，包括腓骨、肩胛骨、髂嵴或肋骨。这种技术的一个主要缺点是，获取这些移植物会在供体部位产生骨骼缺陷，并导致显著的继发性发病率。不幸的是，其他治疗选择，包括同种异体移植、异种组织移植、合成材料或假体，不能产生一致和有效的再生修复，并且引起并发症。与目前用于修复颅面缺损的临床方法相比，组织工程的重大进展可以产生更有利的结果。

在涉及肿瘤切除、骨创伤和感染或萎缩性骨不连后清创的情况下，节段骨干缺损在长骨中很常见。以前，严重的骨缺损需要截肢。1960 年，Ilizarov 在俄罗斯开发了一种用于体内骨再生的创新技术。在 20 世纪 80 年代后期，这种称为牵引成骨术的技术扩展到西欧和美国。牵引成骨是骨在截骨部位逐渐分离的过程。截骨术两端的骨头用外固定装置固定。骨的再生涉及三个阶段。初始阶段称为潜伏期，由 5 ~ 10 天的时间段组成，在此期间损伤和修复过程开始并形成骨折愈伤组织。在第二阶段或牵引阶段，骨以大约 1 mm/天的速度通过截骨部位逐渐牵引。骨的分离导致骨段之间的牵引间隙中的重复张力。在牵张的中心，形成由间充质祖细胞组成的纤维间带，而在每个截骨表面，骨组织被重建，细胞分化并通过膜内和软骨内骨化形成再生骨。该过程的最后阶段称为“巩固”，在缺损中形成的未成熟骨被重塑为板层骨。

牵引成骨已成功用于重建由肿瘤、外伤、感染和发育疾病引起的肢体缺损。该方法也经常用于治疗颅面缺损。牵引成骨中的骨形成过程取决于对愈合骨愈伤组织的机械刺激，这种刺激是由每天分离骨碎片所产生的张力产生的。张力导致细胞因子和生长因子的释放，刺激间充质干细胞祖细胞的增殖和分化，并导致组织的血管生成和血运重建。与牵引成骨相关的生长因子包括 BMP、血管内皮生长因子（VEGF）、成纤维细胞生长因子（FGF）和 Wnt 信号因子。因此，牵引成骨具有与成功的骨再生工程相关的各种特征：骨骼的稳定、机械刺激、干细胞群的募集和刺激、血管生成以及骨结合和重塑。

尽管有这些优点，但牵引成骨术并不是再生骨骼的理想方法。虽然有效，但牵引成骨术具有很高的并发症发生率。几乎在所有情况下，通过连接到插入骨骼中的针或线的外部框架来稳定骨骼与针道感染有关。骨延长还与关节挛缩或僵硬、神经麻痹和肢体畸形的风险有关。此外，整个过程，尤其是巩固阶段，需要很长的时间。在与战争相关的骨丢失患者中，每 1 cm 的骨再生固定保持在大约 1.5 个月。

骨组织再生涉及与设备相关的感染通常使用两阶段重建方法进行处理。这种方法包括完全去除硬件和组织清创，然后再用抗生素根除感染后重建。在两阶段重建中使用聚甲基丙烯酸甲酯水泥垫片在两阶段重建中已成为普遍做法，并且过去几年在医院得到了广泛的临床使用。这些临时垫片通常在组织清创后安装，旨在提供有效组织浓度的抗生素的持续局部洗脱，以治疗感染，同时保持肢体长度、保留组织库存、最大限度地减少软组织纤维化和收缩，以及在关节垫片的情况下，保持关节活动性，直到重建丢失的组织。

治疗由肿瘤切除术造成的缺陷的类似方法利用了骨膜及其含有的骨祖细胞的内源性骨诱导特性。这个概念是从邻近骨缺损的健康骨干骨上沿圆周提升骨膜，然后对健康骨进行截骨并将其从骨膜转移到缺损处。保留的骨膜及其软组织附着保持血管和骨生成，可以通过松质骨移植物来增强。这种方法的可行性在骨肉瘤病例中通过在抬高和原位保留其骨膜后重建医源性造成的腓骨缺损来证明。腓骨移植物被转移以增强胫骨表面缺损的再生，该缺损由切除低度表面骨肉瘤引起。留下的骨膜在原位被激活，作为骨诱导和骨传导套管，并在短短 6 个月内使腓骨缺损完全再生。

前面描述的两种方法利用了组织稳定、干细胞的募集/输送、骨组织分化、血管生成和重塑的原则。这些方法还代表了关键骨干缺损组织工程的个性化即时护理方法。它们借鉴了传统组织工程的首要原则，但通过在标签外使用几种已批准产品(例如 INFUSE®、chronOS®和 Bone Marrow®)来规避监管过程。这些案例代表了个人的成功案例，证明了生物制剂、支架和细胞在没有体外操作的情况下的安全性和有效性。组织工程中的另一种范式已经被认可了一段时间，但在基础科学文献中却很少受到关注。生物相容性、骨诱导支架的图像引导制造进展，例如 3D 生物打印，理论上可以在患者特异性支架内同时打印生物因子和抗生素以实现持续释放，这可能会导致单阶段重建程序，加速恢复时间和改善临床结果。

面部将一个人与另一个人区分开来。当患者因外伤、肿瘤切除、先天性异常或慢性疾病而毁容时，迫切需要进行功能和美学重建。这些场景适用于图像引导的支架制造，以恢复面部或颚骨的原始形状。Lancet 中的一份报告首先证明了这种方法的可行性。由于癌症失去了大部分下颌骨的患者接受了头部 3D CT 和计算机辅助设计，以生成理想化的下颌骨缺失部分的虚拟替换。然后形成模型形状的钛网支架，并填充骨矿物质块(BioOss Blocks)，用浸泡过重组人 BMP-7 的牛胶原蛋白 1 型(OP-1 植入物)和自体骨髓增强抽吸以提供 BMP 反应性骨再生细胞。然后将钛网笼异位植入患者右侧背阔肌的囊袋中，以在原位植入重建下颌骨之前建立血管化和初始成骨。骨骼闪烁扫描骨扫描显示异位和原位植入位点的工程下颌骨内有活力骨代谢的摄取证据，术后 CT 成像显示患者咀嚼功能的改善和令人满意的美学效果。此后，其他报告也证明了类似的针对患者的下颌骨即时重建，取得了成功的功能和美学效果。

四、肺脏及肝脏

肺的离体再生需要同时解决许多复杂的工程挑战。功能性肺组织使血液和空气彼此靠近，同时跨血管渗漏量几乎可以忽略不计。肺泡是肺的功能单位，是一种精细的组织单位，由细胞、细胞外基质和分泌蛋白质的精确混合物组成，可进行适当的通风和随后的气体交换。这些肺泡的表面涂有表面活性剂，是一种脂质和蛋白质的混合物，使肺组织对施加的机械应力做出严格调节的异常反应。肺上皮是非均质的，含有特殊的细胞类别，允许肺在正常稳态期间再生上皮层，并在严重损伤后恢复。肺中的内皮排列着一个致密的微血管网络，它与肺泡上皮一起维持着血气屏障不可或缺的强大细胞连接。越来越多的人发现间充质细胞对内皮和上皮支持都至关重要。与此同时,免疫细胞约占肺组织细胞的60%,在先天免疫和维持组织稳态方面发挥着重要作用。功能性组织工程肺必须保持血气屏障完整性的稳态水平,在移植到胸部时允许气体轻松通过,即器官必须具有适当的顺应性和弹性,产生和调节足够的表面活性剂以防止组织损伤,并包含适当的细胞群以允许适当的植入后组织稳态。全肺工程是一项尚未得到全面解决的问题,肺再生领域正在迅速发展。

全世界有超过一百万人因肝病需要住院治疗,有限的供体供应使肝移植成为仅适用于几千名患者的解决方案。组织工程解决方案成为一种可能性,因为肝脏具有很大的自我修复潜力。因此,短期使用为正常肝组织再生提供时间的"肝脏支持"装置每年可以挽救数千人的生命,并且具有很高的成本效益。正在研究两种方法:① 通过直接注射移植肝细胞; ② 肝细胞在可吸收聚合物支架上的体外生长,如表面修饰的 PLA/PGA 或藻酸盐,以创建一种组织工程结构,可以将一部分血液分流通过设备,用于清除血液废物。与大多数器官工程的组织工程方法一样,基本问题是维持肝细胞复杂的多种生物学功能,有足够的时间让肝脏修复。

五、肾脏

肾脏疾病,包括急性肾损伤(AKI)、慢性肾病(CKD)和终末期肾病(ESRD),是世界范围内主要的健康问题之一。急性肾损伤被定义为肾功能迅速下降,特别是血液过滤,导致血清肌酐水平升高和尿量减少。虽然急性肾损伤是一种可逆性疾病,但它通常进展为慢性肾病。慢性肾病是西方国家死亡率和发病率高的主要原因,其特征是肾小球滤过率降低,尿白蛋白提取增加。终末期肾病是慢性肾病的破坏性最后阶段,可影响多器官系统。目前肾脏疾病的治疗方案包括终身透析和肾移植。虽然透析通过体外血液净化去除毒素来代替肾过滤,但它不能实现维持健康所必需的其他肾功能。肾脏移植是终末期肾病和慢性肾病患者唯一的最终治疗方法。不幸的是,可移植供肾的短缺(占需求的20%)和免疫排斥等并发症仍然存在问题。组织工程和再生医学方法已被确定为解决恢复肾功能方面未满足需求的有希望的解决方案,Humes 在《生物医学工程手册》中总结了替代肾功能关键要素所需的方法,包括排泄、调节(重吸收)和内分泌功能。需要两个主要结构来代替肾脏排泄功能:① 提供过滤的肾小球;② 提供再吸收作用的肾小管。

干细胞生物学和细胞培养技术的最新进展促进了用于治疗肾脏疾病的发展。这些治疗细胞可以通过全身注射给患者,或者通过带有工程化肾脏结构或载体的肾内植入物来给药。例如,一个显著的成就是在肾移植患者的临床中使用自体间充质干细胞(MSCs)。

高度复杂的器官,由 30 多种不同的细胞类型组成,每种细胞类型都经过复杂的组织和功能划分,形成数以千计的肾单位,即肾脏的功能单位。因此,为了替换这种复杂的肾组织并恢复肾功能,已经使用适当的细胞来源和支架系统开发了几种类型的 3D 肾结构。此外,与脱细胞/再细胞化技术相关的全器官工程的最新进展开启了用组织工程全肾替代全肾的新时代。虽然这种方法仍处于起步阶段,并且仍然存在一些挑战,但它在制造具有复杂肾脏结构和完整脉管系统的功能性全肾结构方面显示出巨大的潜力。

肾脏组织工程的另一种新兴方法是原位组织再生。原位组织再生是利用机体自身的再生能力,通过动员和募集宿主干细胞或祖细胞到损伤部位来再生或修复损伤组织。与其他基于细胞的组织工程方法不同,原位组织再生方法具有几个优点,例如消除体外细胞操作过程。为了增强肾脏再生,已经研究了几种靶标特异性支架系统和生物活性因子以实现有效的内源性干细胞或祖细胞募集、功能分化和生态位形成。

六、心血管

心血管疾病包括许多临床情况,包括血管疾病、结构异常(先天性和后天性)和缺血性心脏病。2018 年,心血管病死亡占城乡居民总死亡原因的首位,农村为 46.66%,城市为 43.81%。组织工程领域利用生物材料、细胞或它们的组合来开发可以恢复、维持或改善组织或器官功能的生物替代品。心血管组织工程的多学科性质彻底改变了人们对心血管生物学的理解,并推动了细胞和支架技术的进步。心血管组织工程主要应用的领域是血管和瓣膜疾病、先天性心脏病,以及缺血性心脏病和心力衰竭,但只有在瓣膜病和先天性心脏病的组织工程疗法即固定剂处理的异种瓣膜和心包膜片达到了护理标准,多种组织工程心血管产品正在临床使用或测试中。

聚四氟乙烯(PTFE)是一种不可生物降解的、惰性的、耐用的氟碳聚合物,通过挤压和烧结成膨胀的聚四氟乙烯制成微孔。在 Roy Plunkett 偶然发现后,于 1945 年由杜邦首次以 Teflon® 商标销售。扩展版本 (ePTFE) 是由 W. L. Gore & Associates 公司生产的, 目前最常用于主动脉和下肢搭桥术的移植物。它具有 0.5 GPa 的中等刚度,14.0 MPa 的拉伸强度以及对各种生物材料和气体的高柔韧性和渗透性。ePTFE 还具有抗血栓形成的带负电性管腔表面,与聚酯相比,其生物稳定性使其在生物环境中不易变质。尽管与聚酯相比,移植物远端的血小板黏附或活化较少,但这并没有转化为 ePTFE 的临床优势。在 1972 年将 ePTFE 作为血管移植物植入之前,聚四氟乙烯作为纺织假体在动物身上进行的试验没有成功。1972 年首次介绍了 ePTFE 在人体循环中的使用。它是最常用的中小直径导管,用于股腘植入物和动静脉 ePTFE 移植物。PTFE 已被证明会在动脉系统中扩张,因此临床可植入的 ePTFE 移植物均由难以穿透的包裹增强材料组成。较新的制造技术目前正在开发中,这可能会减少对包裹加固的需求,并将研究重点放在高孔隙率设计上。

基于生物的血管结构的开发以克服合成血管移植物的局限性。自 20 世纪 70 年代后期,牛和人来源的脱细胞血管移植物 Artegraft®、Cryovein® 已商业化,主要用于小血管。在 1980 年 Weinberg 和 Bell 首次尝试制造包含异种细胞的生物移植物,包括成纤维细胞、血管平滑肌细胞和内皮细胞,嵌入胶原蛋白中。虽然这些基本的移植物重建了血管层(外膜、中膜和内膜),但它们的机械性能很差,需要涤纶网作为结构支撑。

如今,存在两种主要的方法来产生自体组织工程血管移植物 (TEVG):将自体细胞(内皮细胞、平滑肌细胞和成纤维细胞)的混合物体外接种到脱细胞支架上,以及通过利用脱细胞支架的体内再细胞化的过程。理想情况下,TEVG 将能够在体内生长和重塑,具有抗血栓形成特性和无免疫原活性,并且在机械上与相应的天然组织相似。TEVG 有望成为血管置换的有效治疗工具。

第三节　组织工程与3D生物打印技术

由于用于生成3D打印结构的增材制造技术方法的出现,3D打印技术如今正变得越来越重要。3D打印机能够通过精确排列的纤维生成不同尺寸、形状、方向、横截面和相关生理厚度的3D几何结构。3D打印,也被称为附加制造,是基于分层制造的原理,即材料层层重叠。这项技术可以通过根据计算机辅助设计(CAD)模型或在计算机控制下的计算机断层扫描(CT)进行实体建模来精确地积累材料,从而快速制造具有任何复杂形状的部件。

组织工程是一个涉及组织和器官发育的领域,可用于愈合、重新引入和重建受损部分。3D打印机有可能制造出具有相同生物学功能的器官。为了开发各种组织工程器官,可以从不同来源分离干细胞,用于组织生成的各种类型的干细胞包括表皮干细胞(皮肤组织)、脂肪干细胞(脂肪组织、心脏组织)和间充质干细胞(软骨、骨骼)。间充质干细胞(MSC)从来源中分离出来,使其增殖,并接种到构建体上;然后将得到的构建体移植到患者体内,以执行替换组织的功能。3D打印机生成的3D支架为细胞提供了形成功能组织的途径,这种组织制造方法已成为医学应用中的成熟技术。因此,如今大量研究都集中在制造支架,从模拟天然器官的3D打印支架再生生物结构的可能性是由于生物材料的可用性。适用于组织工程的生物材料必须具有成本效益、可降解且能够在可预测的时间段内保持其结构。在选择用于3D打印的材料之前,必须考虑产品的设计、应用和功能。在组织工程中,支架对于提供细胞浸润和增殖的结构、细胞外基质生成重塑的空间、指导细胞行为的生化信号以及损伤组织的物理连接至关重要。在制作支架时,宏观、微观和纳米级的结构设计对于结构、营养物质运输和细胞-基质相互作用条件非常重要。宏观结构是设备的整体形状,可能很复杂(例如,患者和器官特异性、解剖特征)。微结构反映了组织结构(如孔径、形状、孔隙率、空间分布和孔互连)。纳米结构是表面修饰(例如用于细胞黏附、增殖和分化的生物分子附着)。各种生物聚合物用于3D打印,如PLA、PLGA、PEEK、ABS、PCL、胶原蛋白、壳聚糖等,可用于不同的3D打印技术,如选择性激光烧结(SLS)、立体光刻(SLA)、数字光处理(DLP)、融合沉积建模(FDM)等,根据层的构建方式来创建零件。

各种类型的3D打印技术存在不同的工作原理。但是,创建几何体的基本程序包括:①几何设计转换成STL文件格式;②原材料的选择;③根据操作原理逐层打印几何图形;④后处理,根据3D打印方法存在不同的后处理步骤。

生物3D打印的过程可分为:①利用成像技术获取二维数据;②DICOM格式的医学图像;③使用MIMICS软件将DICOM格式转换为(.STL)格式;④使用生物墨水和聚合物制造支架;⑤对于基于聚合物的,将细胞接种到支架中;⑥在生物反应器中培养接种细胞的支架;⑦创建工程组织;⑧小鼠体外试验;⑨人体植入。

一、生物活体结构血管化的3D打印

在胚胎发育的早期阶段,营养物质和气体从胚胎液中简单地扩散就支持了胚胎的发育。然而,当胚胎长大并超过氧的扩散极限时,胚胎需要一种辅助的方法将营养物质和氧循环到其内部细胞。这种转变发生在小鼠胚胎的第 8 天,此时心脏开始跳动,循环系统负责物质运输。事实上,心血管系统是胚胎发育中的第一个功能器官系统,它的早期功能不仅是满足氧和营养需求所必需的,而且对于指引其他器官的发育、循环内分泌系统激素和免疫监视整个发育过程是必要的。如果没有正常运转的心脏、动脉、静脉和淋巴系统,心血管系统就无法维持胚胎的发育,虽然研究人员在了解血管发育和功能过程方面取得了重大进展,但还没有足够的知识在体外重建血管结构。如果希望了解体内系统的复杂生物学,就必须设法在体外重演在生物体中主要结构特征,特别是多尺度、分支的脉管系统以及相关的对流和扩散传输。

血管组织对毫米级以上组织内的细胞提供足够的氧气和营养,因此,在体外组织发育时,了解血管的生长和发育是必不可少的。血管网络通过两个过程发展:管腔生成与血管新生。管腔生成是指卵黄膜上血岛外的血管内皮细胞祖细胞增殖分化成血管内皮细胞并相互汇聚形成初级血管网,而血管新生是指初级血管网经过重塑形成成熟的具有不同结构的血管网络的过程。血管生成通过细胞-细胞信号转导启动,将内皮细胞的一个子集识别为尖端细胞,然后延伸到无血管空间。周围的细胞形成茎细胞,茎细胞增殖并延伸新血管,最终与其他血管连接形成网络。在发育的胚胎中,这些过程形成最初的血管丛,为胚胎提供氧气和营养,但在达到最终结构之前必须经历显著的重塑。

血管的生长和重塑随着胚胎的生长和发育而进行,在成体血管的维持中起着至关重要的作用。尽管血管生成和血管重塑是组织生长和伤口愈合所必需的,但这一过程中的错误往往会导致疾病状态,如肿瘤生长或其他血管疾病。在伤口愈合过程中,毛细血管芽侵入富含纤维蛋白的凝块和肉芽组织,形成微血管网。随着愈合过程的继续,毛细血管内的内皮细胞与血管生成因子、细胞因子和周围细胞外基质(ECM)之间存在动态相互作用。损伤部位的功能性血管网络的形成取决于上述相互作用以及随着愈合的进行血管系统的适当修剪。然而,在肿瘤形成等情况下,癌细胞通过血管生成和周围组织诱导形成血管。肿瘤脉管的形态通常是异常的,血管扩张、曲折和渗漏,导致向肿瘤细胞的异常、不充分的质量转移。病理性血管生成的另一个例子发生在糖尿病性视网膜病变中。高血糖被认为会为细胞产生异常的生化环境,从而导致异常的伤口愈合反应,导致过度的病理性血管生成,最终可能导致视网膜脱离和失明。这些例子说明了血管发育和功能的错误如何损害组织功能,并为使用体外组织模型的研究提供了目标。3D 打印技术为体外制备高度可控、血管化的结构提供了一种方法。

基于挤压的生物打印的一个相关例子来自 Zhang 的实验室,他们的工作是构建血管化肝脏替代物。该小组使用双喷嘴挤出系统将两种不同类型的水凝胶(包含独特的细胞类型)沉积到冷却室中。第一种混合物含有 2∶1∶1 明胶/海藻酸钠/壳聚糖溶液中的大鼠肝细胞,而第二种混合物含有 2∶1∶1 明胶/海藻酸钠/纤维蛋白原溶液中的大鼠脂肪源干细胞(ADSC)。水凝胶的组合产生具有多种交联方法的材料,其中明胶用于保持印刷品的初始形式,海藻酸钠、纤维蛋白原或壳聚糖提供长期稳定性。利用这种双喷嘴系统,研究小组在含有 ADSC 的血管通道周围印刷了一种多孔网,其中含有肝细胞,最大印刷分辨率略低于 400 mm。印刷之后,水凝胶混合物在一系列凝血酶、钙和三磷酸钠溶液中交联。在培养 2 周后,研究组通过组织学分析证实了细胞的生存能力、存活率和预期表达。然而,目前使用细胞填充材料的挤压方法通常缺乏其他印刷方法的分辨率和速度,因为高剪切应力和长处理时间会堵塞细胞。

随着挤出生物打印技术的普及，许多研究小组开始针对特定的生物打印应用设计新的打印材料。一个例子来自 Cho 实验室，研究人员使用脱细胞基质（dECM）生成组织特异性生物墨水。脱细胞基质是一种很有前途的支架材料，因为它更接近组织的天然细胞外基质，并且具有固有的生物活性。该小组开发了来自脂肪、软骨和心脏组织的 dECM 生物墨水，方法是将样本组织脱细胞，这种制备的生物墨水在低于 15 ℃的温度下保持液态，但在加热到 37 ℃以上时形成凝胶。在评估了材料的流变特性和可印刷性之后，该小组使用来自每个组织的 dECM 油墨打印了开放的多孔结构，其中除了多孔聚己内酯骨架外还使用软骨和脂肪 dECM。该研究小组成功地证明了打印过程不会导致显著的细胞死亡，并且在 dECM 墨水中印刷的干细胞相对于在纯胶原蛋白或海藻酸盐中印刷的细胞显示出更好的分化水平。新型生物功能印刷材料的开发为研究细胞外基质对细胞功能的影响以及开发更接近其自然环境的印刷组织提供了独特的机会。

预血管化组织结构在发育生物学和医学研究中有着广泛的应用。虽然在自然环境中研究细胞是理想的，但体内试验的样品之间具有很高的可变性。3D 打印技术有可能产生高通量的体外模型，用于发育生物学、癌症和血管疾病的研究。首先，利用 3D 打印技术可以改进目前用于胚胎血管发育的体外培养模型。虽然研究人员已经从体内试验中发现了许多关于胚胎血管发育的信息，但是许多涉及内皮细胞的指定和迁移的动态过程仍然是未知的。在体内很难控制或监测动态信号转导过程，因此研究人员已经转向体外模型，在二维或三维培养中使用人类或小鼠胚胎干细胞。这些培养模型成功地再现了血管生成的许多过程，包括内皮细胞和周细胞迁移、脐带形成和管腔形成。此外，体外研究揭示了 ECM 在引导血管发育和重塑中的重要作用。3D 打印可以让研究人员进一步探索原始内皮细胞与各种基质材料之间的相互作用，并有助于开发分析血管重塑过程中信号级联的模型。

3D 打印血管模型也可以应用于癌症研究，主要是因为肿瘤的生长往往与不完善的血管形成和血流的改变有关。肿瘤内流向间质空间的流量减少导致缺氧、低 pH 和药物释放减少。通过使用抗血管生成药物纠正血管异常和消除实体肿瘤中的物理作用力，可以提高药物向肿瘤的传递率，这一过程被称为血管正常化。然而，血管正常化改善肿瘤灌注的条件尚未明确。利用临床数据，根据血管壁的孔隙率和血管直径，建立了肿瘤中流动和药物转运的数学模型。该模型可以预测减压和抗血管生成治疗在肿瘤灌注中的总体效果，但抗血管生成药物的剂量和时间对正常化至关重要，因为次优剂量可能降低肿瘤氧合和药物输送，而过量剂量可能损害宿主血管系统。许多临床医生也建议使用抗血管生成因子混合物，因为许多肿瘤会分泌更多的血管生成因子。为了开发使肿瘤血管系统正常化以改善药物递送的治疗方案，需要为血管特征的变化建立更全面的模型，识别这些变化的标志物，并研究血管正常化的分子机制。3D 打印技术将使研究人员能够建立高度可控的肿瘤血管模型，在严格控制的条件下，以高通量的方式筛选抗血管生成疗法。

3D 打印还可以用于生成动脉粥样硬化和其他血管疾病的体外模型，从而精确控制血管几何形状和流速。动脉粥样硬化病变通常发生在低血流或湍流区域，该区域内皮细胞周转率高。研究还表明，生理水平的剪切应力可保护内皮细胞免于凋亡，这表明内皮细胞死亡可能参与血管疾病中斑块的形成和血栓形成。利用体内数据，Tricot 等研究了动脉粥样硬化斑块下游低流量区域内皮细胞的凋亡和增殖率。结果显示,动脉粥样硬化血管下游凋亡细胞的数量比上游细胞增加了 7 倍,后者的流速要高得多。这些结果表明,内皮细胞凋亡和侵蚀可能导致斑块发展,并最终导致动脉粥样硬化区域血栓形成。同样,脑血管异常,包括血管系统的结构改变、动脉粥样硬化病变和血流动力学反应的改变,也可能在阿尔茨海默症的进展中发挥作用。Meyer 等假设,小斑块沉积物干扰毛细血管流动,从而增加淀粉样蛋白的产生,导致血管变性。为了测试血管畸变对斑块形成的作用,Meyer 等描述了 APP23 转基因小鼠脑血管系统的改变,包括患阿尔茨海默症时血管上的淀粉样蛋白沉积。对于这两种情况,3D 打印都可以制造具有特定几何形状和流动模式的血管,这些血管可能会导致疾病发展,从而提供更高的吞吐量和更精确的控制模型,用于研究流速对内皮细胞功能和斑块形成的作用。

虽然 3D 打印技术需要进一步改进才能在体外完美复制血管结构,但随着分辨率的提高以及多种打印材料或细胞类型的加入,3D 生物打印技术正在迅速发展。通过这些进展可用于打印再生医学的结构,这些结构与理想的血管结构或类似疾病状态的血管非常相似,可以作为一种高通量的方法来生成体外疾病模型。然而,仅 3D 打印技术的进步还不足以生产出高度可控、高通量的模型。研究人员必须利用更先进的成像技术和计算模型来监测细胞行为和生长,更全面地了解印刷组织中的细胞环境。

在 3D 打印能替换复杂组织或体外血管模型构建之前,必须克服许多技术挑战。需要提高分辨率来打印组织中的小血管和其他精细特征。尽管纳米生物打印机可以达到高达 5 mm 的打印分辨率,但还不清楚这种小特征是否可以通过使用生物相关的细胞负载材料的挤压打印机进行复制。水凝胶或其他材料的印刷能力取决于其流变特性和交联机制。研究人员必须根据其生物相容性、交联方法和挤出特性来选择印刷材料。这些要求限制了可用材料的数量,但是,随着科学家开始设计专为 3D 打印应用而设计的材料,打印材料的选择应该增加,并且有助于提高打印分辨率和降低细胞活力。改进打印材料的选择对于多种细胞类型和血管化结构的打印尤为重要,如果研究人员希望在整个器官尺度上打印组织时保持细胞活力,打印速度必须提高。如 Kolesky 等所述,使用挤压系统在人体肝脏的鳞片上打印组织需要 3 天以上的时间。

二、生物功能化的 3D 打印

广泛肌肉缺损是一种由外界创伤或肿瘤消融引起的超过 20% 骨骼肌质量缺失并造成组织功能及再生能力损害的严重伤病。对于广泛肌肉缺损治疗的临床手段有限,往往需要重建手术如自体肌瓣转移。然而,自体肌肉移植的有限可用性和供区的发病率往往使这些手术复杂化。因此,具有天然骨骼肌结构和功能特点、能够促进肌肉功能恢复的生物工程骨骼肌结构可能是一种很有前途的方法。

生物工程的研究重点是重建天然骨骼肌的组织结构,当前,生物 3D 打印技术已成为构建生物工程骨骼肌构建体的强大工具。利用该技术可以通过精确定位多种细胞类型、生物活性因子,生成复杂的细胞结构,在一个单一的结构内模拟天然组织。先前的研究已经展现了使用生物 3D 打印的人类骨骼肌构建物通过结构和功能修复治疗关键尺寸肌肉缺损损伤的可行性。但是植入构建物与宿主神经的整合延迟往往导致其不支持缺损肌肉的完全恢复。由于天然骨骼肌组织通过与周围神经系统建立神经肌肉接头(NMJ)从而被神经支配,并且神经系统负责骨骼肌的生存、发育、成熟和收缩。去神经的骨骼肌将会失去收缩力并产生肌肉萎缩。因此,由肌肉细胞组成的生物工程骨骼肌结构需要与宿主神经系统快速整合。

威克森林大学 Sang Jin Lee 团队调查了神经细胞整合到生物打印的骨骼肌结构中以加速体内功能性肌肉再生的影响。神经输入到该生物打印的骨骼肌结构后,出现了体外肌纤维形成,长期存活和神经肌肉接头形成的改善。更重要的是,具有神经细胞整合功能的生物印迹构建体有助于快速神经支配并成熟为有组织的肌肉组织,从而在肌肉缺损损伤的啮齿动物模型中恢复正常的肌肉重量和功能。通过生物打印人类肌肉前体细胞(hMPCs)和人类神经干细胞(hNSCs)开发的具有神经细胞整合的人类骨骼肌结构,表明 hMPCs 和 hNSCs 之间的细胞相互作用可以促进肌肉成熟和发育,并促进与宿主神经组织在体内的快速整合。此外通过在构建物内的肌纤维上预先形成神经肌肉接头,将有助于在构建物完全神经支配发生之前提高生物工程骨骼肌构建物的长期存活率和成熟度。这些结果表明,可以将 3D 生物打印的人神经骨骼肌肉构造物与宿主神经网络快速整合,从而加速肌肉功能的恢复。

在二维细胞培养试验的基础上,研究人员将 hMPCs 与 hNSCs 以 300∶1 比例制作的生物墨水用于打印三维骨骼肌结构。通过测量生物 3D 打印骨骼肌结构的细胞活力、肌管形成能力和 NMJ 形成三大要素来评估其性能。根据体外试验结果,与仅 MPC 组相比,MPC+NSC 在细胞存活率、肌肉分化成熟率、乙酰胆碱受体(AChRs)预模式化和基于 NMJs 形成的神经支配潜能等方面均有所提高,其中 MHC+肌管密度增加了 1.71 倍,hNSCs 被分化为 GFAP+胶质细胞和 βⅢT+神经元,βⅢT+轴突与打印结构中肌管上大量的 AChR 簇(NMJs)接触。

思　考　题

1. 涉及组织工程领域的技术有哪些?
2. 生物支架材料水凝胶的制备方法有哪些? 举例说明。
3. 3D 打印技术有哪些?
4. 详细描述生物 3D 打印的过程。

参考文献

[1] JP L R V. Tissue engineering[J]. Science,1993 ,260(5110):920-926.

[2] MURPHY S V, ATALA A. 3D bioprinting of tissues and organs [J]. Nature Biotechnology, 2014,32(8): 773-785.

[3] HASAN A, MORSHED M, MEMIC A, et al. Nanoparticles in tissue engineering: applications, challenges and prospects[J]. International Journal of Nanomedicine, 2018, 13: 5637-5655.

[4] PULGARIN D. CRISPR/Cas Systems in Tissue Engineering: a succinct overview of current use and future opportunities[J]. Current Trends in Biomedical Engineering & Bio-

sciences, 2017,5:51-92.

[5] COLOMBO F, SAMPOGNA G, COCOZZA G, et al. Regenerative medicine: clinical applications and future perspectives[J]. Journal of Microscopy and Ultrastructure, 2017,5(1): 1-18.

[6] GUPTA S, BISSOYI A, BIT A. A review on 3D printable techniques for tissue engineering[J]. Bionanoscience, 2018,8(12): 1-16.

[7] LEE M H, YANG Z, LIM C W, et al. Disulfide-cleavage-triggered chemosensors and their biological applications[J]. Chemical Reviews, 2013,113(7): 5071-5109.

[8] PARK Y, HA C, KIM J, et al. Allogeneic umbilical cord blood-derived mesenchymal stem cells versus microfracture for large full-thickness cartilage defects[J]. Cytotherapy, 2020,22(5):1102-1135.

[9] HAMDY R C, BERNSTEIN M, FRAGOMEN A T, et al. What's new in limb lengthening and deformity correction[J]. The Journal of Bone and Joint Surgery, 2018,100(16): 1436-1442.

[10] JHA V, GARCIA-GARCIA G. Global kidney disease—Authors' reply[J]. The Lancet, 2013,42:112-126.

[11] HULING J, KO I K, ATALA A, et al. Fabrication of biomimetic vascular scaffolds for 3D tissue constructs using vascular corrosion casts[J]. Acta biomaterialia, 2016,26: 190-197.

[12] SCARRIT M E. A Review of cellularization strategies for tissue engineering of whole organs[J]. Frontiers in Bioengineering and Biotechnology, 2015,3: 43-62.

[13] ONG C S, ZHOU X, HUANG C Y, et al. Tissue engineered vascular grafts: current state of the field[J]. Expert Review of Medical Devices, 2017,125:17432017-17434440.

[14] XU J, ZHANG S. Status, challenges, and future perspectives of fringe projection profilometry[J]. Optics and Lasers in Engineering, 2020,46: 106193-106202.

[15] SCHUBERT C, LANGEVELD M C V, DONOSO L A. Innovations in 3D printing: a 3D overview from optics to organs[J]. Br J Ophthalmol, 2014,98(2):226-281.

[16] GHOLIPOURMALEKABADI, ZHAO, HARRISON, et al. Oxygen-generating biomaterials: a new, viable paradigm for tissue engineering? [J]. Trends Biotechnol, 2016, 34(12): 1010-1021.

第十二章　空间环境下的生命科学问题

第一节　空间环境的特点

空间是指地球大气以外的领域，通常指离地球表面100 km以上的空间。地球大气没有一个很明显的边界。在海平面上约3 km处，人开始出现明显缺氧症状；在海平面上约19 km时水可在人体温下沸腾，使人的组织迅速脱水；在海平面上约48 km时不再能进行空气动力学飞行；在海平面上约192 km时物体运动不再受到阻力，但是地球引力的影响可扩展到160万km的高度。

关于外层空间的下部界限有以下几种说法。以航空器向上飞行的最高高度为限，即离地面30～40 km。以不同的空气构成为依据来划分界限。由于从地球表面至数万千米高度都有空气，因而出现以几十、几百、几千千米为界的不同主张，甚至有人认为凡发现有空气的地方均为空气空间，应属领空范围。目前被大多数人认可的是以人造卫星离地面的最低高度(100～110 km)为外层空间的最低界限。

空间环境是指航天器在轨道上运行时所遇到的自然环境和人为环境，是除陆地、海洋和大气以外人类生存的第四环境。

一、地球表面的环境条件

(一)地球大气

地球周围由大气层包围。大气的自身质量形成大气压。大气压随海拔高度增高而下降。

(二)重力

地球表面的重力加速度为9.8 m/s^2，即通常说的1g水平。

(三)辐射

地球的大气和磁场挡住了来自太空的电磁辐射和电离辐射的多数有害的成分，因此地球表面的辐射相对较低。

(四)地磁场

地磁场是指从地心至磁层边界空间范围的磁场。地磁场在地球两极强，在赤道弱。地球的磁场屏蔽掉外层空间来的多数电离辐射。

二、地外环境

(一)空间辐射

空间有广谱的各种粒子辐射和波辐射。银河宇宙射线来自太阳系之外，其成分包括从电子、质子到铀核的各种带电粒子,其中包含98%原子核(87%质子,12% α-粒子,1%重核(HZE particles)),2%电子和正电子。太阳粒子事件(SPE)是太阳爆发活动产生的高能带电粒子流,它的绝大部分成分为质子,也有极少量的α-粒子及其他重离子。这些粒子的能量范围主要为10 Mev至500 Mev。俘获带辐射在近地空间被地球磁场捕获的高强度、高能粒子,构成了俘获带辐射。美国学者Van Allen于1958年首先探测到这类辐射,故又被称为Van Allen带。根据其空间分布又分为内层带和外层带。

(二)失重/微重力

自由空间内基本上没有重力负荷,在不同星球上重力加速度不同。太阳系各大星球的重力加速度分别为:水星3.73 m/s^2、金星8.87 m/s^2、地球9.8 m/s^2、火星3.69 m/s^2、木星20.87 m/s^2、土星10.4 m/s^2、天王星8.43 m/s^2、海王星10.71 m/s^2、冥王星0.81 m/s^2、月球1.62 m/s^2。

(三)磁场

太阳系每个行星的磁层在取向和强度上是不同的。如果以地球的相对磁场强度为1,则水星为1/100、金星为0、火星为1/6~1/3、木星为50~100、土星为17~34、天王星为3~6、海王星为4~8、月球为1/1 000。

(四)高真空

自由空间是真空,没有大气。

(五)冷黑环境

大气温度与离地面高度有关。冷黑环境是航天器在轨飞行中经历的主要环境之一。

(六)陨星和微流星体

研究陨星对于太阳系的形成和演化以及生命起源均有重要的科学价值。微流星体速度快、数量多对太空探测有很大威胁。

(七)空间碎片

空间碎片多,躲避困难。

此外,空间还具有等离子体、黑障等独特的环境,因此空间环境的特点可以总结为高真空、微重力、强辐射、变化的磁场等。

第二节 空间环境的生物学效应

一、失重/微重力及其生物学效应

(一)失重/微重力的概念

失重是指物体在引力场中自由运动时有质量而不表现质量或质量较小的一种状态,即当加速度竖直向下时为失重状态。

完全失重是指物体的视重为零,在物体自由落体时,如果称其质量是0,即视重为0。其原因也是物体具有向下的加速度,而且其全部重力都提供了物体向下的加速度。卫星中的物体与卫星做同样的圆周运动,重力(万有引力)充当向心力,这时,物体在卫星中就好像没有重力一样(实际上重力还在),不需要支持物提供支持力就可以相对卫星静止(视重为0)。

搭载动物的航天器围绕地球转动时,理论上内部重力为零,但由于受到残余大气阻力、航天器自旋等因素影响,其内部表现为微重力环境,这是空间飞行独具的特点之一。

零重力是一种理想状态,由于地球形状的球形偏差和地球密度的各向不均匀性,轨道上残存大气给航天器施加轻微的拽力;太阳辐射压力;航天器姿态控制和轨道机动等操作活动必须启动相关的推力器,推力器点火引起的附加瞬时外力;航天员的活动使飞船内质量分布变化而引起的内力;仪器设备工作引起的振动等,使航天器舱内的重力不为零。由于不同航天器干扰力的影响各不相同,如轨道高度、载人与否等,微重力量级也不相同,一般为 $10^{-3} \sim 10^{-6}g$,即地球表面重力加速度的千分之一到百万分之一。

(二)失重/微重力的生物学效应

1. 微重力对植物向重力性的影响

(1)植物向重力性概述。

重力是影响植物生长的重要环境因子之一,植物在重力引导下的生长称为植物的向重力性。早在1806年,Knight就观察到重力场可以影响植物的生长。根顺着重力作用方向生长称为正向重力性;茎逆着重力作用方向生长称为负向重力性;地下茎侧水平方向生长称为横向重力性。目前国际上常用向重力性定点角(Gravitropic Setpoint Angle, GSA)来描述植物向重力性及向重力运动。GSA即根尖或茎尖与重力矢量所形成的角度,可以定量描述根或茎向地性的大小。

(2)植物向重力性的机制。

植物的向重力性这一生理过程可分为重力信号的感受、物理信号向生理信号的转化及转导、感应器官接收信号及产生不对称生长等环节。

①植物感受重力的假说。植物感受重力信号是向重力性反应的第一步,关于重力信号感受的机制目前较关注的有两种假说,即淀粉平衡石假说和原生质体压力假说。

a. 淀粉平衡石假说。1900年,G. Haberlandt和B. Nemec分别观察到含有特定细胞的组织能感知重力并提出了淀粉体-平衡石假说。该假说认为:植物根冠的柱状细胞和茎的维管束鞘细胞中存在淀粉体,这些淀粉体被命名为平衡石(statolith),含平衡石的细胞被称为平衡细胞(statocytes),这些平衡细胞可以感受重力信号。由于淀粉体的密度大于细胞质,因此在垂直生长的器官中,这些淀粉体沉降在细胞的底部,当植物器官在重力场中的方向发生改变,这些淀粉体重新沉降到新的物理学底部。中柱细胞和内皮层细胞就是通过这些淀粉体的沉降来感受重力变化的。该学说得到了许多试验的支持,如轮藻、苔藓、地衣、拟南芥、豌豆等植物的向重性器官均包含淀粉体,且器官的弯曲方向与淀粉体沿重力场沉积的方向一致,而在淀粉体缺失或可移动性下降的突变体材料中,根或茎的向重性也明显降低或完全失去。然而,一些试验现象用淀粉体-平衡石假说解释不了,如以缺乏淀粉体的拟南芥突变体为材料的试验中,即使没有淀粉体的沉积,植物根依然有明显的向重力性弯曲能力,以及处于高浓度溶质中的植物的根,在重力刺激后未表现出向重力性弯曲的现象。因此,在植物的重力感受部位还存在其他的重力感受机制。

b. 原生质体压力假说。Wayne、Staves(1996)提出原生质体压力假说用来解释一些现象,它认为植物细胞通过感受自身在周围介质中的浮力来感受重力。原生质膜与细胞壁通过细胞骨架相连接,并形成特定的区域。当植物的原生质体在重力场中的取向发生改变时,质膜与细胞壁之间的张力改变,从而活化质膜上张力敏感的离子通道,特别是钙离子通道;胞质中钙离子浓度的改变引发下游的信号转导,最终引起植物器官的向重力性弯曲。这个模型虽然没有得到人们广泛的承认,但是可以解释一些与淀粉体-平衡石假说不一致的现象,比如能很好地解释一些植物中由重力调节的原生质体极性流动。

②重力信号向生理信号的转化及转导。关于平衡细胞中淀粉体沉降,然后转换为生理信号的过程有几种认识:

a. 重力改变会引起细胞中 Ca^{2+} 的变化。平衡石沉降位置的变化不能直接引起细胞的生理生化反应,平衡石自身的重力对肌动蛋白网络造成的压力可以激活机械力敏感的离子通道使 Ca^{2+} 进入细胞质,同时也可造成液泡和内质网释放 Ca^{2+} 进入细胞质。然而在缺失淀粉体的突变体细胞中,重力刺激仍可引起 Ca^{2+} 升高,表明淀粉体不是 Ca^{2+} 升高的唯一条件。当原生质体在重力场中的取向改变时,原生质体上部的细胞膜与细胞壁之间的张力增强,传递到细胞膜上并活化质膜上机械力敏感的离子通道,特别是 Ca^{2+} 通道,细胞质中 Ca^{2+} 浓度的改变引发下游信号转导,最终引起植物生长发育变化。总之,无论是通过平衡石还是原生质体感受重力的变化,都会引起细胞内 Ca^{2+} 浓度的改变。

b. 高等植物依赖植物细胞骨架感受重力。细胞骨架在细胞质中形成网络,其主要作用包括维持细胞形态、承受外力、保持细胞内部结构的有序性等,此外还参与许多重要的生命活动,如在细胞分裂中细胞骨架牵引染色体分离;在细胞物质运输中,各类小泡和细胞器可沿着细胞骨架定向转运。在植物细胞中细胞骨架指导细胞壁的合成,可受到沉淀的淀粉体的牵动,且对根尖细胞中的生长素的极性运输起重要的调控作用,从而影响根的向重力性。

目前有两种假说解释平衡石与细胞骨架之间的关系,即束缚型假说和非束缚型假说。束缚型假说认为:淀粉体被束缚在细胞骨架中,细胞骨架同时又与细胞膜上的相关受体或其他相关蛋白(如离子通道或离子泵)相接;当受到重力刺激时,淀粉体沉降引发细胞骨架系统的张力产生变化,从而激活细胞膜上的受体,触发下游的信号转导,引起相应的生理生化反应。非束缚型假说认为:淀粉体游离在细胞骨架的网络中,不受束缚,当重力刺激方向发生改变时,它能自由移动,很容易沉降到重力感受细胞的物理学底部。淀粉体在沉淀的过程中能冲击细胞的内质网等结构,从而激活下游的信号转导链,导致向重力性生长。此外,重力信号的转导还与磷酸肌醇(IP_3)、细胞 pH(H^+)、细胞核、膜电势、活性氧和液泡等有关,但仍需要直接的试验证据。

c. 细胞骨架结合蛋白在重力信号转导过程中的作用,已有试验证明微丝和微管重组的过程中聚合和解聚的调节与细胞骨架结合蛋白有关。细胞骨架结合蛋白可分为微丝结合蛋白(ABPs)和微管结合蛋白(MAPs)。其中,肌动蛋白解聚因子 ADF/丝切蛋白是目前了解较清楚的 ABPs,它由多个基因家族编码,在微丝骨架组成方面起着重要的作用。过表达 ADF 的拟南芥植株生长缓慢,细胞纵向的微丝束消失;而抑制 ADF 表达则可刺激细胞伸展和细胞伸长生长,同时细胞形成粗的纵向微丝束。ADF 的活性可受到 pH 和磷酸化与去磷酸化的调控,如在 pH 高的条件下 ADF 可调控微丝的解聚,并可能因此改变平衡细胞中微丝骨架的动态性。重力刺激能使早期拟南芥根的柱状细胞和玉米的胚芽鞘细胞质的 pH 发生改变,进而调控这些细胞骨架结合蛋白的活性,引起细胞骨架重组。

③感应器官接收信号及产生不对称生长。根的向地性弯曲和茎的背地弯曲生长是植物不对称生长的结果。生长素在植物器官两侧不均匀分布导致不同的生长速率，造成一定方向上的弯曲。Cholodny-Went 学说(生长素学说)认为向重力性使物理学下部累积较高的生长素水平,由于根和茎对生长素的敏感性(一个机体或者系统对刺激的反应能力)不同,从而导致根向下弯曲,茎向上弯曲。

在向重性反应中除了生长素的含量发生不对称分布外,重力效应器官的上下两半部对生长素的敏感性也发生了显著的变化(如在向日葵中已证明)。与上半部相比较,下半部具有更强的结合生长素的能力,并且发现 1 mmol/L Ca^{2+} 处理能够使生长素的敏感性提高 10 倍,生长素对于下半部的 H^+-ATPase 的激活能力要比上半部强很多。因此认为 Ca^{2+} 在向重力性反应中对于生长素敏感性的变化可能发挥着重要作用。

(3)微重力对植物生长、发育和繁殖的影响。

飞行器在轨期间或位于空间站上,物体一直处于微重力状态。为了探究植物在空间受控生态生命保障系统中能否正常生长、发挥作用并完成生活史,科学家进行了空间搭载和地面模拟的试验,获得了大量的试验结果。下面从微重力对植物向重力性、生长、发育和繁殖的影响等几个方面进行总结。

①微重力对植物向重力性的影响。处于微重力或者模拟微重力条件下的植物根和茎的生长方式与地面 1*g* 条件下根向下、茎向上的生长方式不同,即出现根、茎按胚原来的方向伸展的情况,如在回转模拟微重力环境中生长的拟南芥幼苗,没有方向性,其根和茎向各个方向都有生长,根呈弯曲状。微重力条件下生长的玉米与 1*g* 对照相比根和茎向重力性缺乏。有人发现豌豆经太空飞行返回后,叶片储存淀粉含量降低,提示淀粉含量改变可能与向重力性改变有关。

②微重力对植物生长的影响。美国科学家以拟南芥为试验材料,分别在国际空间站和肯尼迪航天中心(地面对照)进行萌发和连续 15 天的生长情况观察,发现地面和空间站里生长的植物表现出相同的生长模式,但空间站里的植物比地球上的植物生长慢。微重力条件下,拟南芥植株的总长、根长、下胚轴长度发生变化,且生物量增加,叶绿素含量提高,但对光合作用效率没有显著影响。在和平号轨道站上生长 107 天的小麦成年植株的叶片窄长、茎直立,株高及节间数、单株叶面积、单株重等均低于地面对照。莴苣幼苗在空间飞行 104 天后,生长速度比地面对照降低 11.4%。扁豆飞行 25 天后,根的生长和对照相比无明显差异,而下胚轴的生长比对照增加 15%。当人参细胞在生长的较早阶段就处于模拟微重力条件下时,人参细胞的生长变慢;而当人参细胞生长的较晚阶段才处于模拟微重力条件下时,人参细胞的生长加快。也有研究表明重力刺激改变会诱发细胞生长抑制、细胞周期阻滞在 S 期,细胞功能改变等。以上结果表明微重力的影响与植物的种类、空间飞行时间、培养条件以及不同发育时期等有关。

潘毅、刘敏等分别以月季、树莓、马铃薯、香石竹、人参果试管苗为材料进行了模拟微重力试验及空间飞行试验。试验结果发现模拟微重力条件与空间环境均使植物试管苗高度增加,猜测可能与失重有关;细胞的叶绿素片层结构变得松散,甚至剧烈扭曲,线粒体增多或膜破裂,细胞壁变形,但模拟微重力条件与空间环境影响程度不同。模拟微重力后恢复地面重力培养 2 周,叶绿体能够恢复正常,但空间环境处理后恢复地面重力培养 2 周,叶绿体没能完全恢复正常,推测可能与空间环境中存在的强辐射引起的损伤有关。

③微重力对植物发育和繁殖的影响。1982 年 Merkys 将拟南芥(*Arabidopsis thaliana*)带入太空,完成了生活史,但是植物的生长受到抑制,只收获了几粒种子,而且种子的活力不正常。而徐国鑫、郑慧琼等发现改变重力没有明显影响拟南芥胚胎发育过程,但影响胚胎形态和种子的质量。在太空持续微重力条件下黄化豌豆和玉米苗的生长发育证实轴的变化和植物的生长发育都与重力反应有关。还有人将胡萝卜细胞带入太空,比较太空微重力和同时 1*g* 离心刺激的 20 日龄胡萝卜细胞所产生的体细胞胚,发现在发育的不同阶段胚的生长比例相同。

陈瑜、刘敏等通过"神舟"8 号飞船搭载和三维回转仪分别进行空间环境和模拟微重力环境的番茄开花结实试验,比较了番茄结果率、果实大小、形状、颜色以及植株高度的差别。结果显示空间环境和模拟微重力环境下番茄试管苗都完成了开花结实的发育过程,且结实率、果实大小、形状、颜色以及植株高度都与地面对照差异不显著。因此认为高等植物可以在空间环境下完成开花结实的生殖生长过程。在特殊条件下,重力并非植物生殖生长的必要条件。

微重力除了对以上生物学性状有明显影响外,对种子发育的生理生化过程也有明显影响。如徐国鑫、郑慧琼等发现模拟微重力抑制拟南芥种子贮藏蛋白的积累,导致种子贮藏蛋白总体含量降低;模拟微重力可能直接参与调控 12S 贮藏蛋白基因的时空表达;模拟微重力延迟种子发育过程中碳代谢向蛋白质贮藏物质积累阶段的转变;改变重力影响调控贮藏蛋白质和蛋白体形成的关键蛋白的表达。

综上所述,植物向重力性反应的生理过程可以总结如下:植物根冠的柱状细胞和茎的维管束鞘细胞中存在淀粉体(平衡石),它们被束缚在细胞骨架中或游离于细胞质中,当受到重力刺激时,淀粉体沉降引发细胞骨架系统的张力变化,或冲击内质网等细胞器,从而激活质膜上的离子通道,特别是钙离子通道,使钙离子进入细胞质;胞质中钙离子浓度的改变引发生长素的含量发生不对称分布,以及重力效应器官的上下两半部对生长素的敏感性发生显著变化,最终引起植物器官的不对称性生长,即向重力性弯曲。当重力消失或重力方向不断改变而使植物无法感应重力时(如回转模拟微重力效应时),下游的一系列反应不能进行,从而使植物失去向重力性,并诱发生理生化等方面的改变。

2. 微重力的细胞生物学效应

微重力效应能引起人体一系列生理变化,对于人体细胞的骨架系统、周期调控系统以及细胞内的信号转导途径均有影响。

细胞骨架(cytoskeleton)是由多种不同的细胞骨架蛋白所构建的骨架网状结构,其主要作用是维持细胞的一定形态。细胞骨架系统包括微丝、微管和中间纤维。三者的动态结构受到作用力刺激的影响并且能够应对不同的作用力刺激而进行相应的调节。微重力也是作用力刺激的一种,其对细胞骨架的组装和分布具有重要影响。已有的研究表明,一些类型的细胞骨架会在微重力作用 3 天后得到恢复,但是其细胞形态和细胞核会显示出明显的变化。当细胞第一次受到微重力的作用时,通常还会影响 F-actin 的表达。国内外已经有很多学者研究了关于微重力环境对细胞骨架的影响。一些学者不仅研究了空间搭载微重力对细胞微管自组装的影响,还研究了地面模拟微重力对细胞微管自组装的影响,结果都证明,微重力作用抑制了胶体微粒的运输,使细胞微管的自组装和细胞的形态受到影响。微管和线粒体结构受到影响,线粒体数量增加,但线粒体嵴形态改变,导致其功能改变,使细胞生物学特性发生变异。微重力影响着微管的解聚、聚合过程,所产生的大量的自由微管蛋白亚单位和短的骨架纤维导致微管在微重力状态下出现弥散性变化。学者们研究了微重力状态对成骨干细胞的影响,进而发现了 F-actin 构成的纤维在微重力作用下 3 h 后出现紊乱现象,在微重力作用 7 天以后完全消失,同时,G-actin 构成的纤维增多,导致成骨干细胞较多地发育成脂肪细胞;对心肌细胞骨架的研究发现,微重力环境导致微管和微丝的分布有明显的变化,细胞形状丧失,导致细胞特殊的形态表型消失。微重力环境对细胞骨架的影响经过一段时间后即可恢复正常。目前国内也有很多学者如唐劲天等的研究也证明了微重力条件对细胞骨架会有明显的作用。由于细胞骨架还肩负着细胞内信号转导的作用,所以微重力效应对细胞的分化、增殖和功能均有影响。

细胞增殖是通过细胞的分裂来增加细胞数量的过程,细胞每分裂一次都需经历一次完整的细胞周期,而细胞周期是一个受到精密调控的连续过程。经过对微重力环境中肿瘤细胞研究的结果显示,微重力效应可以导致其生长缓慢、细胞周期出现变化,并且经回转仪产生的模拟微重力效应对成骨细胞也有明显的增殖抑制作用,使其 G2/M 期缩短而 G1 期延长。近年来的研究结果显示微重力效应对正常人体细胞或肿瘤细胞都有明显的抑制作用。空间微重力环境下人乳腺癌细胞 MCF-7 的增殖降低;胃黏膜上皮 HFE145 细胞在模拟微重力效应下其细胞凋亡增加、周期阻滞;在模拟微重力环境下胃癌 SGC-7901 细胞的增殖也受到抑制,其 G1 期细胞的比例增加等结果均说明微重力效应是可以抑制细胞增殖的,并且导致多种细胞的周期发生阻滞。已有的研究成果显示,微重力使一部分细胞停滞在 G1 期,延迟了向 S 期的转化,由于 S 期是 DNA 合成的关键时期,因此,微重力抑制细胞从 G1 期进入 S 期,就会导致细胞增殖能力下降。造成这些结果最主要的因素是微重力状态下细胞信号转导系统发生了变化。

细胞信号转导是指细胞通过受体感受胞膜之间或胞内信息分子的刺激,经细胞内一系列蛋白与蛋白之间信号转导系统的转换,从而对细胞生物学功能造成影响的过程。经过多年的研究发现,细胞内存在着多种信号转导途径,各种途径之间又存在多个层次上的交叉调控,是一个复杂的网络调控系统。细胞骨架系统制约着细胞中各个细胞器之间,细胞核、细胞质和细胞膜之间的信号传递,如果细胞骨架受力学性质的改变必将会对细胞内信号通路造成影响。多数学者研究表明微重力会改变细胞的信号转导,并认为整合素在信号转导途径中发挥重要作用,整合素可以介导细胞对力学刺激的应答。在微重力环境下细胞的能量代谢途径和促有丝分裂途径等都会受到不同程度的影响。在 Meyers 等的研究中发现,微重力通过细胞骨架系统可以影响整合素与 MAPK 的信号转导通路,使其下游的信号水平降低;基因芯片的检测结果显示,微重力环境使细胞 RNA 表达水平、蛋白质表达水平及其磷酸化水平等都有不同程度的改变,或表达上调,或表达下调。总体而言,微重力环境中肌动蛋白和微管蛋白及细胞骨架的异常组装和分布将直接影响细胞内各种信号的整合和转导、细胞周期的改变和基因的表达,并进一步影响细胞的增殖、分化、受体表达等。因此,微重力对于细胞生命活动的影响不是孤立存在的,而是全方位和相互联系的。

二、空间辐射的生物学效应

(一)辐射的概念和分类

辐射是不需要介质参与而传递能量的一种现象。根据辐射性质的不同,可将辐射分为电磁辐射和粒子辐射两大类。根据作用机理的不同,又可将辐射分为电离辐射和非电离辐射两类。

电磁辐射实质上是电磁波。电磁波以互相垂直的电场和磁场,随时间的变化而交变振荡、向前运动、穿过物质和空间而传递能量。X 射线、γ 射线和紫外线是放射生物学的主要电磁辐射。在 X 射线和 γ 射线的波段,随着波长和频率的不同,能量差别很大,生物学效应随之而异。

粒子是指一些组成物质的基本粒子,或者由这些基本粒子构成的原子核。粒子辐射是一些高速运动的粒子,它们通过消耗自己的动能把能量传递给其他物质。电磁辐射仅有能量而无静止质量;粒子辐射既有能量,又有静止质量。

物质的原子或分子从辐射吸收能量而导致电子轨道上的一个或几个电子被逐出的现象,称为电离。高速的带电粒子,如 α 粒子、β 粒子、质子等,能直接引起物质电离,属于直接电离辐射;X 射线和 γ 射线等光子、中子和某些不带电粒子,通过与物质作用产生带电的次级粒子,从而引起物质电离,属于间接电离。由直接或间接电离或者两者混合组成的任何射线所致的辐射,统称为电离辐射。所以电离辐射既包括部分电磁辐射,也包括部分粒子辐射。与电离辐射不同,非电离辐射,如紫外线,只能引起原子或分子的振动、转动或电子在轨道上能级的改变,不能引起物质电离。空间的辐射环境中有多种不同来源的电子、质子、重离子等电离辐射。

电离辐射的生物学效应是个极其复杂的过程,整个过程可以分成四个阶段:物理阶段、物理-化学阶段、化学阶段和生物学阶段。电离辐射具有较高的能量,具有无阈值(辐射的剂量效应曲线通过坐标原点,即使在很小的剂量作用下也表现出一定的效应)和高效率(生物体吸收较少的辐射能量,却能产生极其严重的后果)特点。

电离辐射可以对细胞产生致死效应,影响细胞分裂和细胞生活周期。细胞死亡是细胞辐射效应中最显著的效应之一。致死的原因有生理和遗传两种。生理性死亡主要是由于细胞代谢机能的失调、生物分子的失活变性、能量代谢的破坏等。遗传性死亡主要是由于致死突变的产生和染色体畸变的形成。通常把细胞的辐射致死区分为间期死亡和分裂死亡。

辐射对细胞分裂可产生抑制效应,细胞分裂延缓程度以及最低分裂指数出现的时间决定于细胞受到辐射的剂量。辐射对细胞分裂的抑制会导致细胞或细胞核体积的增大。这是由于细胞分裂对辐射较为敏感,当细胞受到射线辐照后,分裂可能被阻滞,而代谢仍然进行,则以细胞体积的增大来代替数目的增加。

(二)空间环境辐射的特点

空间环境的辐射包括银河宇宙射线(galactic cosmic radiation)、太阳粒子事件(solar particle event)和俘获带辐射(geomagnetically trapped particle radiation)。

银河宇宙射线来自太阳系之外,其成分包括从电子、质子到铀核的各种带电粒子,其中 98% 为质子及更重的离子,2% 为电子和正电子。在重粒子中,质子占 87%,α 粒子占 12%,更重的粒子仅占 1%。这些重带电粒子称为高能重粒子(HZE 粒子),即高原子序数、高能粒子。

HZE 粒子具有很高的能量(每粒子数百 MeV 到数 keV),厚度达 30 g/cm^2 的铝板也无法完全阻挡它们,反而因粒子与金属的相互作用会产生次级辐射粒子,而增高了其后空间内的辐射强度。它们通过物质时会产生强的电离作用,从而对生物大分子造成较大的损伤,所以这类粒子的生物学效应是空间放射生物学研究的主要内容。HZE 中,以碳、氧、氖、硅、铁等粒子对 GCR 总剂量的贡献最大。GCR 的流量与太阳活动的周期相关,在太阳活动弱的年份,银河宇宙射线强度较高;反之,在太阳活动强的年份,宇宙射线的强度明显下降。

太阳质子事件是太阳爆发活动产生的高能带电粒子流,它的绝大部分成分为质子,也有极少量的 α 粒子及其他重离子。这些粒子的能量范围主要为 10～500 Mev。持续时间从几十分钟到几天不等。但就每次质子事件而言,其发生的时间和强度是随机的,目前还无法在事件前进行准确预测,但统计结果表明它们主要发生在太阳活动的高峰年份。大的太阳质子事件会产生较大的剂量,对载人航天是一个严重威胁。与银河宇宙线类似,在近地载人轨道上,受地磁屏蔽的影响,一般 SPE 产生的辐射较小,剂量贡献主要集中在极区附近,轨道倾角越高,受到的影响越大。

在近地空间被地球磁场捕获的高强度、高能粒子,构成了俘获带辐射。美国学者 Van Allen 于 1958 年首先探测到这类辐射,故又被称为 Van Allen 带。根据其空间分布又分为内层带和外层带。内层带为靠近地球的区域,半径可达地球半径的 2.8 倍,由质子和电子(主要是不同能量的质子)组成,能量范围从数 Mev 到数百 Mev,最大通量特别是能量大于 30 Mev 的质子通量可高达 $10^4/(m^2 \cdot s)$。外层带离地球较远,空间范围从地球的 2.8 倍到 12 倍,成分主要为高强度的电子流,通量可达内层电子通量的 10～100 倍。在低轨道飞行中,随着飞行高度的增加,内层质子带辐射所致的吸收剂量增高。

在飞行器内虽然某些辐射的剂量有所减少,但由于辐射撞击飞行器外壁,又会产生一些次级辐射,如反冲质子、中子、韧致辐射。不同的飞行由于飞行高度、轨道倾角、飞行器方向、外壳防护程度以及飞行所处太阳活动周期时间的不同,宇航人员所受辐射可能有很大差别。因此每次飞行中,均要进行辐射吸收剂量的探测。用得最普遍的探测器是无源式的核径迹探测器和热释光敏量剂,测得的数据反映了剂量对轨道参数的明显依赖关系。

(三)空间辐射的生物学效应

1. 细胞学效应

李群等将小麦种子搭载于科学探测和技术试验卫星进行空间飞行 8 天后,返回地面后观察根尖细胞染色体畸变情况发现,空间飞行可引起根尖细胞染色体畸变率的增加,其损伤随取样时间的延后呈下降趋势,说明空间飞行所诱导的染色体损伤可被部分修复;种子经辐射保护剂芥子碱和半胱氨酸预处理能显著降低空间飞行诱发的根尖细胞染色体畸变率,而经辐射敏化剂咖啡因预处理的情况则相反。

李金国等利用 JB-1 号返回式卫星搭载了玉米自交系和不育系的干种子,返地后选育出不育突变体,发现其花粉败育彻底,不育性状表现稳定,呈现出由隐性单基因控制的核不育的遗传特点,并认为雄性不育突变体的出现与卫星搭载有关。

王彩莲等利用JB-1号返回式卫星搭载了5个水稻的干种子,同时用氮离子束、质子、同步辐射处理水稻干种子,并与γ射线(150 Gy、300 Gy和450 Gy)处理做比较。结果表明,几种诱变因素均能诱发各类染色体结构变异,染色体畸变率明显高于对照。空间环境促进根尖细胞的有丝分裂活动,而其他诱变因素则不同程度地抑制根尖细胞的有丝分裂。与γ射线和质子处理相比较,空间环境对染色体的致畸效应较低,而有丝分裂指数极显著大于质子和γ射线处理。质子等处理在M_2代能诱发较高频率的叶绿素缺失突变、株高突变和抽穗期突变,其有益性状突变频率高于γ射线辐射。

陈忠正和梅曼彤等通过对利用JB-1号返回式卫星诱变产生的雄性不育新种质WS-3-1及其亲本特籼占13和一般品种IR36花粉形成发育过程的深入研究,发现WS-3-1是一份无花粉型的雄性不育新种质,不育性稳定,不受光温条件影响。其败育机理是花药中层在小孢子母细胞早间期开始液泡化,过早降解,引起绒毡层过早退化,使绒毡层无法正常行使功能,导致小孢子母细胞粘连并在二分体时期解体,无法形成花粉。初步认为空间致变作用是明显的,会诱导一些特殊的变异。

2. 生理生化和分子生物学分析

李金国等将番茄的干种子分别于1987年、1994年和1997年3次搭载于返地卫星,发现空间条件处理的当代番茄种子发芽率出现提高或下降的变化,但在第二代中都能得到恢复,而空间环境对植物学性状影响显著,第一代幼苗过氧化物同工酶产生明显差异。

徐云远等将亚麻干种子搭载于我国940703返地卫星,对第二代幼苗进行了组织培养,在含有PEG和NaCl的培养基上进行筛选,得到了抗性系愈伤组织。

李社荣等利用JB-1号返回式卫星搭载了玉米种子,发现空间诱变后叶绿素a+b的含量比对照明显降低,其中叶绿素b的下降幅度远大于叶绿素a,同时叶绿体的外形和内部结果也发生了变化。

孙野青等1996年将水稻、玉米、甜菜及一些中草药、花卉等多种植物种子进行JB-1号卫星搭载,返回地面后于1997年在黑龙江省五常市种子公司的试验田里进行常规育种,经过4年的连续选育,得到多种诱变品系,其中有一些优良品种,如航天诱变水稻971-5,已通过品种审定。对这些品种进行各种水平的分析测定,在生长期、抗逆性、株型、产量、发芽率、发芽势、呼吸强度、种子蛋白组成、DNA和RNA等多方面都发现了变异。

2002年郑少清等利用"神舟三号"宇宙飞船搭载了4个烤烟品种,苗期性状观察表明,SP_2株系3真叶期幼苗的叶长、叶宽、叶绿素含量、单位叶面积重和抗坏血酸含量均发生了不同程度的变异,其中部分变异在地面对照与SP_2间达到显著或极显著水平。

韩蕾等以草地早熟禾品种"纳苏"(Poa pratensis "Nassau")为试材,通过"神舟"三号飞船进行搭载处理。观察了发芽率及播种80天后植株的叶片数、分蘖数、叶片宽及株高等指标,表明太空环境处理对草地早熟禾种子发芽率影响不大,但叶片数、分蘖数和株高的变异幅度变化范围明显扩大。在1 293株处理植株中,根据形态学指标进行筛选,初步确定3株突变植株,即快速生长突变植株、皱叶矮化突变植株、叶绿素去缺失突变植株,并对突变体的叶片表面和叶肉细胞超微结构、光合作用光响应曲线、CO_2响应曲线、叶绿素含量和突变株系叶片中表达的蛋白质进行了解析,获得了大量的试验数据。证明突变体与对照相比在各方面均发生了不同程度的变化。

尹淑霞等将多年生黑麦草(*Lolium perenne*)超级德比(derby supreme)的干种子分别搭载于“神舟”四号飞船进行空间飞行和不同剂量(0 Gy、50 Gy、100 Gy、150 Gy、200 Gy)的 $^{60}Co\gamma$ 射线辐射处理发现,空间飞行可提高种子发芽势和种子活力,但会降低种子发芽率。低剂量(50 Gy)的辐射有促进作用,高剂量的辐射对草地早熟禾种子的萌发有抑制作用,且随着辐射剂量的加大,抑制作用增强。经空间飞行的种子第一代植株总体上比对照材料高,株高变异幅度大,植株分蘖枝数也比对照材料多。在 5 种剂量的辐射下,随着辐射剂量的加大,植株高度及分蘖枝数呈下降趋势,过氧化物酶同工酶(POD)和酯酶同工酶(EST)的活性都是先升高后降低。

以上的研究涉及植物学性状、细胞学、生理生化和分子生物学等方面,但主要还是集中在植物学性状的考察方面。结果表明,空间环境对植物种子在植物学性状、细胞学、生理生化和分子水平上均能产生诱变效应,且产生的变异可以稳定遗传,不同品种和同一品种的不同品系表现不同,预示与基因型有关。

3. DNA 和蛋白质水平分析

韩蕾等利用蛋白质组学技术发现皱叶突变株系(PM2)叶片中表达基本保持不变的蛋白质点有 181 个,上调节表达蛋白质点有 15 个,下调节表达蛋白质点有 15 个,失去表达蛋白质点有 116 个。选择 19 个蛋白质点进行肽质谱分析,同源性查询后其中 10 个蛋白质点得到阳性结果,分别为谷氨酸合成酶类似蛋白、磷酸丙糖异构酶类似蛋白、ATP 酶依赖型 26S 蛋白酶体类似蛋白、1,5 二磷酸核酮糖羧化酶/加氧酶类似蛋白、硫氧还蛋白 M 前体类似蛋白和二磷酸核酮糖羧化酶类似蛋白。

贾建航等 1997 年利用高空气球搭载了香菇的菌株,筛选出农艺性状明显改变的突变菌株并进行了 RAPD 和 AFLP 分析,证实香菇空间搭载后遗传物质发生了变化,并克隆了 3 个 AFLP 片段。

徐建龙对水稻农垦 58 种子搭载“8885”返地卫星后,经 6 代选育得到稳定遗传的大粒型突变体进行了遗传学分析,发现其籽粒大小(以籽粒体积表示)表现为多基因控制的数量性状。邢金鹏运用 140 个随机引物对大粒型突变体及其亲本进行了 RAPD 分析,在检测的 2 000 多个染色体位点上仅有 5 个位点有差异,差异率为 0.25%,其中 4 个片段为重复序列,一个片段为 2 个拷贝序列。应用水稻窄叶青 8 号和京系 17 杂交 F_1 代花药培养 DH 群体为作图群体,将该片段定位于第 11 号染色体上,位于分子标记 CDO520 和 PTA818 中间。

徐建龙从晚香糯 ZR9 干种子高空气球搭载的 M_4 代中选育出航育 1 号,从卫星搭载的 M_6 代中选出香粳 10 号,突变系的矮生性等位测定表明,航育 1 号和香粳 10 号的半矮生基因是等位的,等位于加 23 的 *sd*1 基因。运用 50 个随机引物对原种 ZR9 和 2 个突变系进行多态性研究表明,ZR9 与航育 1 号之间的多态性为 6.46%,与香粳 10 号为4.05%。研究显示,空间诱变变异是一种 DNA 多位点的突变,而非点突变。

易继财、梅曼彤等对经卫星搭载的特籼占 13 干种子返地种植后经 5 代选出 6 个突变体及 2 个优良品系,选用 130 个 10-mer 随机扩增多态性 DNA(RAPD)引物和 17 对扩增片段长度多态性(AFLP)引物组合,对基因组 DNA 进行多态性位点扫描分析,两种方法的结果均显示:不同的突变体与原种 DNA 之间存在不同程度的多态性差异,且由两法得到的结果较接近,为 6% ~12%。此结果从分子水平上进一步证明了空间环境确实对植物种子存在诱变作用。机理研究表明,空间环境确实对植物种子在分子水平上产生了可遗传的变异。

赵淑平等将药用植物藿香种子搭载返回式卫星,返地后检测空间重离子对种子萌发和后期生长的影响发现,经高能重离子贯穿辐射的种子发芽率低,而被重离子击中(贯穿辐射和非贯穿辐射)的种子发芽时间提前2天,出现第一片真叶的时间提前4~5天;植株长势明显增快;染色体核型类型显示出变异;挥发油出油率略有增加,其化学成分无明显变化。

孙野青等将带有柠檬白杂合等位基因(Lwl/lwl)的玉米种子包夹在核径迹探测器中,组成生物叠。生物叠和GM计数管、LiF剂量计同时搭载在JB-1返回式卫星上,进行15天的太空飞行。种子回收后,从植物形态学和分子生物学水平进行突变的检测,同时计算所测到的辐射剂量。使用LiF剂量计测量空间能穿透星壁的粒子剂量为2.656 mGy,平均日剂量为0.177 mGy,80%以上的计数小于150 min^{-1},而500 min^{-1}以上的仅占1.2%左右,最大计数率分别为6 608 min^{-1}和6 440 min^{-1},飞行一日的粒子总数约为2.2×10^6,舱内每1 mGy的辐射剂量相当于由8.3×10^5的入射粒子造成的。重粒子($Z\geq3$粒子)29个/cm^2,平均阻滞本领为5 MeV/cm,这些意味着穿透卫星屏蔽到内部的是相当高能量的粒子。研究结果表明:空间处理的植株的叶片上出现黄色条纹,推测其中高能重粒子与引起黄白条纹突变有相关性。

孙野青等从1996年搭载选育出的稳定突变品系972-4中及其地面对照品系972ck中,采用DD-PCR法寻找差异表达基因。从20个差异片段中共找到6个阳性片段,经测序发现其中两个是新的EST。这两个EST在抗稻瘟病水稻品系972-4中高表达,可能是抗瘟性相关新基因,并递交GenBank数据库,接受序列号分别为AF448491、AF450251。

三、磁场的生物学效应

(一)磁场的基本概念

磁场是一种看不见、摸不着的特殊物质,磁场不是由原子或分子组成的,但磁场是客观存在的。磁场具有波粒的辐射特性。磁场是由运动电荷或电场的变化而产生的。磁场的基本特征是能对其中的运动电荷施加作用力,即通电导体在磁场中受到磁场的作用力。磁体周围存在磁场,磁体间的相互作用就是以磁场作为媒介的,所以两磁体不用接触就能发生作用。

磁场根据其物理特性可以分为动态磁场和静态磁场。

动态磁场是指磁感应强度随时间变化的磁场,如脉冲磁场、交变磁场、脉动磁场等。人们生活环境中存在的各种电磁场和电磁波可以认为是广义的动态磁场。

静态磁场是由磁体和均匀变化的电场产生的,包括地球表面的地磁场,月球表面、火星表面、太阳系行星际、恒星际空间等存在的微弱的磁场。根据磁感应强度大小可以大致分为超强磁场、强磁场、弱磁场和极弱磁场。

(二)磁场的分类

磁场根据其生物特征可分为环境磁场(一般指地磁场)、生物磁场和外加磁场。

1. 地磁场(Geomagnetic Field, GMF)

地球仿佛一个巨大的磁体,地表磁场强度为$(0.3\sim0.7)\times10^{-4}$ T,且随着远离地面而迅速减弱。地球内部及周围空间充满着磁场,地球内部磁场与地球内部的结构有关,而外部磁场起源于地表以上的空间电流体系,主要分布在电离层、磁层以及行星际空间。古地磁研究发现,地磁场形成于35亿年前,经历数万次反转。

地磁场的天然存在,不仅能够保护地面生物免受宇宙射线的辐射伤害,同时也能够对生物体的活动过程产生直接影响。

很多生物都具有感知地磁场的能力,如家鸽、海龟、虹鳟鱼、蝾螈等利用地磁场进行远距离导航。此外,地磁场还可应用于地下矿藏勘探、地震方向预测等。

地磁场与太阳风相互作用形成地磁层,地磁层能够挡住大部分宇宙射线和高能电磁辐射,从而阻止了宇宙辐射对生物体的损伤,为生命的起源、进化和生存提供了稳定的生态环境。

在太阳黑子极大期时,太阳表面的火焰爆发频繁,辐射出X射线、紫外线、可见光及高质子和电子束。这些带电粒子冲击地磁场,使正常的地磁场发生剧烈波动,引起磁暴(geomagneticstorm)。强烈的地磁场变化不仅严重干扰电网和通信电缆,对地磁测量和定向钻井等产生直接影响,还会影响卫星姿态、同步轨道卫星、低轨卫星轨道和人类的空间活动。此外,生物系统也会受到地磁场变化的影响,如地磁暴期间信鸽导航能力显著降低,磁暴中人们会出现血压突变、头疼、心血管功能紊乱等。地磁活跃期间癫痫、心脏病、中风、婴儿猝死综合征、自杀和抑郁症等疾病发病率升高。

2. 生物磁场

组成物质的原子、电子和原子核都有一定的磁矩,每个生物细胞都可以看作一个微型电池,也可以看作一个微型磁极子。组成生物体的大分子多为弱磁性,如含铁血红蛋白、含铜血红蛋白、琥珀酸脱氢酶等。磁场充满了生物生存的整个空间,许多生物现象都与磁场有关。科学家在多种生物体内发现了少量强磁性微颗粒,如趋磁细菌内的磁小体,使它们沿着与地磁场平行的方向运动。鸽子的头颅骨和上喙组织细胞中的含铁树突,蝙蝠、蜜蜂和人类脑组织中的微磁颗粒等。海豚、金枪鱼、海龟、候鸟、蝴蝶甚至某些海藻体内,都有微小磁体。英国一位动物学家证明,一些气功师在发功时也会产生较强的磁场。

生物磁场是由生物电流引起的。人们早已熟知的人体内在电流有心电图、脑电图,它们是心脏、大脑皮层等器官活动时所记录的生物电流变化。

(三)磁场的生物学效应

磁场对生物的健康和生命有重大影响和无形的威力。许多农作物种子在特定磁场作用后,出芽早,放叶快,幼苗长势粗壮,还可加快某些动物组织器官的生长。

1. 磁场的细胞生物学效应

电磁场可使细胞形态、DNA、RNA、蛋白质合成、跨膜转运、酶活性以及生物遗传等产生显著变化。电磁场通过对蛋白质和酶中的过渡金属离子的作用影响酶活性,进而影响酶参与的新陈代谢反应。电磁场对生物膜的离子转运能力的影响会导致一些生理和生化过程的变化,从而影响生物电活动的相关过程。

磁处理过的水稻、玉米种子中的核酸(DNA、RNA)含量既可增加又可减少,从而影响二者的产量,因磁场施用方式不同而异,如脉冲磁场能使细胞破碎,弱恒磁场能促进细胞生长,强磁场能抑制细胞分裂。

2. 磁场对神经系统的效应

神经系统是机体内起主导作用的系统。由神经细胞和神经胶质组成。神经递质是神经元间的传递物质,研究结果显示,通过磁刺激调节这些神经递质水平可以达到睡眠的目的;脉冲磁场通过改变大鼠不同脑区神经递质的含量来影响其学习能力;在磁场作用后神经系统可释放出具有镇痛效果的物质,从而起到镇痛作用。

3. 磁场的血液循环效应

恒定磁场和旋转磁场可改变血液流变特性,降低血液黏度,促进血液循环。在磁场作用下,血液中的带电粒子荷电能力增强,红细胞表面负电荷密度增大。由于同号电荷间的静电斥力增加,促进红细胞聚集性减弱,从而降低血液黏度;血液中其他荷电离子,如钾、钙、钠、氯等在磁场作用下荷电能力增强,从而影响离子移动速度,促进血液循环。

4. 磁场的促骨再生效应

低频电磁场可促进骨再生的代谢过程,促使成纤维细胞和成骨细胞较早出现,消除疼痛,减少功能障碍,增强抗生素的杀菌效力。

(四)空间磁场环境

磁场是广泛存在的,地球、恒星(如太阳)、星系(如银河系)、行星、卫星,以及星际空间和星系际空间,都存在着磁场,但是不同星体上的磁场强度不同。

地磁场(geomagnetic field),是指从地心至磁层顶的空间范围内的磁场,是地磁学的主要研究对象。人类对于地磁场存在的早期认识,来源于天然磁石和磁针的指极性。地磁的北磁极在地理的南极附近;地磁的南磁极在地理的北极附近。磁针的指极性是由于地球的北磁极(磁性为 S 极)吸引着磁针的 N 极,地球的南磁极(磁性为 N 极)吸引着磁针的 S 极。

太阳普遍磁场,是指日面宁静区的微弱磁场,强度为 $1\times10^{-4}\sim3\times10^{-4}$ T,它在太阳南北两极区极性相反,观测发现,通过光球的大多数磁通量管被集中在太阳表面称为磁元的区域,其半径为 100~300 km,场强为 0.1~0.2 T,大多数磁元出现在米粒和超米粒边界及活动区内。如果把太阳当作一颗恒星,可测到它的整体磁场约为 3×10^{-5} T,这个磁场是东西方向的。

磁星(magnetar),是中子星的一种,它们拥有极强的磁场,透过其产生的衰变能源源不断地释放出高能量电磁辐射,以 X 射线及 γ 射线为主。当一颗大型恒星经过超新星爆发后,它会塌缩为一颗中子星,其磁场也会迅速增强。在科学家邓肯及汤普森的计算结果中,其强度约为 10^{8} T,在某些情况更可达 10^{11} T(10^{15} Gs),这些极强磁场的中子星被称为磁星。

地球上的生物一直在地磁场的作用下生存和发展,经过漫长的进化过程,已经完全适应了地磁场,当生物体周围的磁场被人为改变,则会导致生物体原来的磁平衡状态破坏,从而产生一系列生物体生理或心理的变化。

四、人对空间环境的反应和适应

(一)航天适应性综合征

人在太空最明显、直接的感觉是环境变化,失重可以引起人体生理、心理上的一系列变化，比如感觉到自己在颠倒着，经受着头晕、行动失去协调以及失去食欲的困扰。苏联宇航员格·格列奇科描述他初到太空时的感受时说："你感觉到，就像你的头向下倒立，血液涌向头部，头脑发胀，脸涨得通红，胸腔似乎充满了血液，自我失去协调。"航天员万·雷米也有同样感觉，他说："一天下来，在镜子里你竟不认识自己涨红了的脸，你的行动失去协调，好像用自己的头不断撞击某物。"

医学家们称这种现象为太空病，但这不是真正的疾病，而是人体器官对失重的反应，因为原本在地球引力作用下的正常血液循环受到了干扰。狭义的太空病是太空运动病（航天适应性综合征，SAS），即宇航员在失重的太空环境中出现的失去方位感、头晕、呕吐、恶心、丧失食欲、头部充血等症状。广义的太空病还包括太空运动病、减压病、体力耐力下降，时间长还会出现肌肉萎缩、骨质疏松、血液循环受阻及心理方面的疾病等。

形成的原因主要是人类在整个进化过程中都是处于 1g 的环境中，体内的各个生理系统产生了适应 1g 环境的生理变化。航天的过程中，航天员从长期适应的重力环境突然进入到失重环境，人体内的生理系统和心理就会产生一系列适应失重环境的变化。症状与在地面上晕车、晕船和晕机等运动病相似，如头晕、目眩、脸色苍白、出冷汗、腹部不适、恶心、呕吐，有的还出现唾液增多、嗜睡、头痛和其他神经系统症状。

在苏联的空间计划中 48% 的航天员出现太空运动病症状，阿波罗计划中 35% 的航天员、60% 的空间实验室乘员发生运动病症状。症状可以发生在轨道飞行中，一般在载人飞船进入轨道后就会发生，持续 2 ~ 4 天后症状自动消失；也可以发生在返回及着陆阶段，如 27% 的苏联航天员在短期飞行返回地面后出现，92% 的航天员在长期飞行返回后出现。

（二）航天适应性综合征的症状

1. 心血管系统的变化

试验证明约有 2 L 的液体由下身转移到头胸部。航天员在飞行中可以感觉出体液的转移。航天员一进入轨道飞行，立即就有头部充血，头晕、头胀、脸红的感觉，同样也发现自己的腿在慢慢地缩小。

2. 视觉变化

（1）视敏度的变化：看近距离的物体时，常常看不清楚或出现距离估计的错误，需要戴上眼镜才能很舒服地看文件。

（2）错觉：位置和运动错觉，出现翻滚、头朝下、视觉性失定向等错觉，在阿波罗任务期间，航天员经常低估陨石坑的大小，山顶坡度、物体看起来比实际情况更靠近自己。航天员闭上眼睛，会感到自己就像是一颗孤独的星星，不知外面的世界是什么样子。有时会出现一种"下坠"的感觉，好像自己从一个开口的隧道垂直地下落，跌入无底深渊。

3. 睡眠

航天员飞行中的睡眠有一个适应过程。飞行的第一天晚上往往很难入睡，3 ~ 4 天后有很大的改善。睡眠时有的航天员报告他们出现了一种失定向的感觉，不知道自己在什么位置。有时睡在飘浮的睡袋中会无意识地、慢慢地旋转起来。失重情况下，由于无上下之分，航天员睡觉的位置常常发生变动，一会靠这边，一会又漂到另一边。因此，有的航天员需将他们的头和身体固定在一定的位置才能入睡。

4. 食欲和胃肠道

(1)食欲:飞行的最初3～4天有食欲和口渴感的中度丧失。一名航天员说:“我的食欲完全丧失,甚至2天没有吃东西。到第二天晚上,我吃了一些食物和果汁,但那时我并不感觉到饿。”航天员飞行中的味觉也会发生变化,任何东西吃起来都淡而无味。

(2)胃肠道:失重飞行初期(2～6天),胃肠道的蠕动减慢,肠道中的气体较多。所以,航天员在飞行中的排气很多,有的一吃饭就排气,一直持续到饭后1 h;有的则觉得在失重情况下排气很困难。

(3)胃不适:胃不适是航天中存在的一种普遍感觉,尤其在头部运动和/或光、视觉景物发生迅速改变时出现。运动和视觉紊乱停止后,胃不适也逐渐消失。胃不适症状包括胃胀、恶心和呕吐,而且常常是喷发性的呕吐。一般持续3～4天,但也有少数人持续3～4周。

5. 肌肉和关节

(1)肌肉:失重时肌肉工作的协调性变差,尤其失重飞行的前几天,做一件事所花费的时间要比地面上完成同样工作所需的时间多得多,而且不准确,往往是用力过度。

(2)关节:由于重力缺乏所引起的脊柱长度和形状发生改变,椎间盘压力增加、肌肉痉挛、关节紧张、脊柱和神经拉长导致约有2/3的航天员出现背痛的问题,甚至影响睡眠。

6. 心理变化

在太空冷黑世界里生活的太空人,是处于孤独和与世隔绝的状态,失重和异样的黑色使他们产生异样的感觉。远离故土、久别人间,太空寂寞难忍的单调生活,使他们都或多或少地患上了思乡病。苏联礼炮7号的航天员尼布达夫在飞行116天的日记中写道:“是否有一天,我真的重返地球,与妻儿团聚而一切真如以往一样,什么变化也没有。”长时间的太空飞行还会造成航天员的其他一些心理障碍,如乘员之间相互不协调,不满意对方,甚至和地面工作人员产生对抗情绪。

(三)航天适应性综合征的发病机制

关于航天适应性综合征发病机制归纳主要包括两个方面:一是认为机体本身功能紊乱,如体液头向转移(CFS)引起的前庭器水肿、颅内压升高等;二是认为来自各路空间定向信息的感觉异常, 即前庭、视觉、本体觉的“冲突”。

1. 体液头向转移

微重力环境下心血管系统静水压力的解除引起CFS ,直接表现为鼻阻、脸胀、下肢容积减少和倒立感等,这种情况在整个航天飞行过程中持续存在 。

使用电镜和生化检验等手段, 在太空实验室、离心悬吊等条件下观察了蝌蚪、鱼、大鼠和猕猴的前庭器,发现在微重力环境下,球囊耳石膜相对萎缩,椭圆囊耳石膜增大1.3倍,耳石的形状和分布发生改变,感觉细胞被肿胀的杯状神经束梢所包裹,淋巴液中Na、K、Ca、P、S等离子成分也有一定的波动。

2. 前庭受到冲击

前庭是人体平衡系统的主要末梢感受器官,长在头颅的颞骨岩部内,属于内耳器官之一,负责感知人体的空间位置,当内耳中末梢神经接受刺激后,将兴奋传递至大脑位觉中枢,使人由此感受到空间体位的变化。

常见的晕车、晕船、晕机,就是人体内前庭平衡感受器受到过多运动刺激,产生过量生物电，影响神经中枢而出现出冷汗、恶心、呕吐、头晕等症状。作为宇航员，在太空飞船从地面到太空的过程中，环境剧烈变化，前庭受到直接冲击，由此造成的运动病要比晕车、晕船、晕机严重得多。

3. 感觉冲突学说

长期生活在地面重力环境中，形成了恒定的定向感觉模式，这个感知方位的神经机制有效地支撑着动物在环境中的定向功能，一旦新的传入信息与过去的“经验”不符，与中枢固有的感觉模式相“冲突”，就发生神经失匹配，表现为空间定向神经系统对传入信息处理机能失调。可以出现两种情况：一是改变原有感觉模式，建立新的“经验”，产生适应；二是不能很快地建立新的联系和协调方式，诱发一系列自主神经反应，表现为运动病症，这就是目前最符合已有知识的感觉冲突学说。

4. 中枢神经系统功能紊乱

中枢神经系统功能异常时所表现的症状与航天适应性综合征所表现的症状是一致的。人模拟失重试验证明卧床前被试者颅内压是 0.2 kPa，-6°头低位卧床时是 2.3 kPa，已超出正常生理变化范围。颅内压的增高，改变了脑循环，将引起脑功能的紊乱。

航天适应性综合征的一些症状，例如恶心、头晕、头痛、嗜睡、精神抑郁、工作能力减弱等，是直接受大脑皮层控制的。

（四）空间环境对机体的其他影响

复杂的空间环境还会对机体造成一系列影响。

1. 心脏结构变化

心肌萎缩、心脏超微结构变化、收缩和舒张功能降低。动脉系统具有明显变化，航天后立位耐力不良（轻者出现头晕、心率增快、血压升高等心血管指标变化，重者在返回后几天不能站立，立位时发生晕厥，运动耐力降低（完成的运动量和耐受时间明显减少，运动中心率、心输出量、氧耗量等指标明显变差）。

2. 感知和认知改变以及前庭神经功能紊乱

静态耳石-颈-眼反射消失以及明显迟滞，前庭反应性夸大以及自发眼动及其持续出现。

3. 骨质脱钙快

失重下骨矿盐以每月 1% ~2% 的速率丢失。航天飞行几个月的骨丢失与地面几年的骨丢失相等。主要影响承重骨，特别是腰椎、股骨、胫骨和跟骨，非承重骨影响不大。骨质脱钙危害性大，如导致骨折、软组织钙化、肾结石及脉管粥样硬化。

4. 肌肉萎缩

失重性肌肉萎缩表现为肌肉和肌纤维萎缩，主要原因是骨骼肌蛋白质合成抑制、分解加强、糖类和脂肪代谢变化。此外，骨骼肌收缩功能改变也导致肌力下降。经科学家测算，在太空生活 180 天，肌肉就会减少 40%（呈正相关关系）。

5. 免疫功能下降

空间飞行能诱导各种免疫反应，细胞免疫功能下降对机体具有潜在危害，如增加了机体发生感染、肿瘤、过敏和自身免疫疾病等的可能性。空间环境中微生物基因组表达发生变化，毒力增加，生长速度加快，也使得机体受感染可能增大。航天飞行中和飞行后 1 周，许多航天员患了感染性疾病，包括结膜炎、急性呼吸道感染、牙龈感染，也曾有航天员在飞行中发生了正常情况下少见的细菌导致的尿路感染。航天飞行还引起航天员体内潜伏病毒再活化,它不仅可能造成包括神经系统等全身重要脏器功能的损伤,还增加了恶性肿瘤的发病概率。

免疫功能低下削弱了机体内自我监视能力,而空间辐射增加了机体细胞的突变频率,同时一些研究还表明微重力能增强机体的辐射效应,因此航天员远后期癌症发病率可能升高,但由于载人航天史只有近半个世纪,飞行人数只有400多人,目前还没有这方面的统计数据和证据。但已有报告,同样受到高空辐射的民航飞行人员癌症发病率高于地面工作人员。

6. 航天员贫血症

空间环境会影响血浆容量、红细胞生成、造血微环境、血液流变等,最终导致红细胞破坏,造成航天员贫血症。

(五)防护措施

1. 前庭功能的选拔

半规管功能检查方法;转椅检查;冷热试验 。

2. 耳石功能检查方法

秋千法。

3. 前庭功能训练

前庭功能训练的目的是通过逐渐增加前庭器官的刺激量,以提高受训人员的适应水平。训练的方法包括主动和被动两种,主动训练包括体操、弹跳网、跳板等体育训练,目的是为了巩固被动训练。被动训练包括转椅、秋千、离心机上旋转、头低位6°体液倒转技术训练等,其中比较主要的为转椅训练、失重飞机训练 、生物反馈训练。

(六)航天飞行中的防护措施

1. 药物

由于运动病的主要症状与副交感神经兴奋时表现的症状相似,故采用了一些抑制副交感神经和兴奋交感神经的药物。

2. 限制头部活动

航天中的头部运动可引起或加剧运动病症状,因此教会航天员在飞行中有意识地控制头部运动,是防止航天运动病的有效措施之一。

此外,我国学得以中医理论为基础,按照中医的理论来分析航天运动病,认为易发生运动病的人是阴阳平衡或脏腑功能上存在某种倾向或缺陷,在失重这种特殊的环境下出现阴阳平衡和脏腑功能失调。中医有很多方法可以调整人体的阴阳和脏腑平衡,如多种方法的穴位的刺激、中药、气功等方法。

“神舟”七号航天员在飞行过程中还首次服用一种名为“太空养心丸”的中药汤剂,以加强身体机能,更好地防治空间运动病。“太空养心丸”内含十几味中药,对提高心血管功能有显著功效。

第三节　微重力效应的模拟

失重/微重力的条件在地面很难获得，但可以通过多种方式模拟并获得微重力效应。通常模拟微重力的方式有：自由落体、抛物线飞行、低轨道飞行火箭、悬浮培养、回转培养、大小鼠尾悬吊、人头低位卧床、强磁重力效应技术等。

一、自由落体

通过落塔（drop tower）获得的微重力时间较短，仅在60 s以内，且许多生物试验难以完成，试验结果难以重复。

抛物线飞行（parabolic flight）是通过飞行器飞到13 716 km后再俯冲下来，每次可获得20～25 s的微重力时间，有间隔的超重出现，时间短，不适合细胞学试验。

低轨道飞行火箭（sounding rocket）可实现自由落体4～12 min，可用于细胞运动和细胞转导研究。

二、悬浮培养

（一）搅拌生物反应器

利用不断搅拌使细胞悬浮在液体中，虽然可以形成均一的系统，利于物质运送，但是不断搅拌会产生碰撞力、机械剪切力和水力剪切力。

（二）等密度溶液

利用细胞密度与溶液密度相同，使细胞悬浮在液体中不沉淀，但由于细胞静止，物质运送差，组织的形态发生差异。

（三）液体摇床

摇床不断摇动，当液体流动速率等于细胞沉降速率时，可使细胞不断产生自由落体而达到模拟微重力的条件，但变化的流速可以增加水的剪切力，条件不稳定。

三、回转培养

世界上第一个旋转器由德国植物学家发明，其最初目的是研究植物根的向地性。随着转化科学领域的逐步发展，旋转器在20世纪60年代的应用也从植物学研究扩展到失重细胞学研究。回转培养目前用得较多的是由美国国家航空航天局（NASA）开发的旋转细胞培养系统（Rotating Cell Culture System，RCCS），又称旋转壁式生物反应器（Rotating Wall Vessel，RWV），是一种水平旋转且充满液体的培养容器，该培养容器配有气体交换膜，可以优化向生物样品的氧气供应。在没有气泡或气液界面的情况下，培养室内的流体动态条件会产生层流状态，从而大大降低剪切应力和湍流。细胞随容器绕水平轴旋转，主要受重力和流体浮力的影响，在旋转的生物反应器旋转过程中，重力矢量继续随机分布，细胞出现类似于自由落体的连续运动，作用在细胞上的力矢量和近似为零，从而实现了模拟微重力效应。该装置也存在一定的问题，因为密封和其他技术要求使得难以实现培养基的及时更换，从而限制了培养时间和培养产量。

四、大小鼠尾悬吊

大鼠尾部悬吊于笼顶,使后肢处于悬空状态,前肢着地,身体与地面呈 30°,可自由活动取食。

五、人头低位卧床

人体头低脚高位卧床法即头低位卧床试验(head-down bed rest experiment)。卧床的角度是 0° ~ -12°(即头低位 12°),甚至更低,目前大多采用-6°。它可以模拟失重所引起的体液头向分布和运动减少对人体的影响,其所引起的心血管功能紊乱、肌肉萎缩、骨质疏松、内分泌失调、水盐代谢变化、免疫功能下降等变化与失重的影响也十分相似。

六、强磁重力效应技术

强磁重力效应技术的基本原理是物体在受到磁场力的作用下在垂直方向不断变化的强磁场可部分或完全抵消重力,保持生物处于悬浮状态,从而实现对失重物理环境的模拟。目前,已有国内外实验室报道了对成骨细胞等的研究。超导磁体是一种成熟的设备,其优势在于细胞试验不需要在培养容器中填充培养基,也不产生剪应力刺激,它可以用普通的培养皿进行,抗磁悬浮微重力水平可达 $10^{-2}g$,可用于研究微重力对蛋白质、RNA 和 DNA 的影响。但是强磁场环境也可能对生物样本产生显著的生物影响。细胞或生物体的不同组成部分对磁场的反应不同,这可能会对细胞或生物体产生内应力,从而干扰试验结果的确定,这也限制了它在模拟微重力效应中的应用。

七、随机定位仪(RPM)

随机定位仪是一种常用的模拟微重力效应的仪器,它操作简单、性能稳定,目前已经得到广泛应用。当单轴回转器旋转时,被测样品在恒定速度下的力(主要是离心力)和空间运动轨迹具有周期性重复。普通的双轴回转器设备在垂直方向上只有一个旋转轴。类似于离心机,两个轴的速度是恒定的,并且试验结果也具有明显的周期性。具体类型可以分为三种:①常见的随机定位器,主要在日本制造,具有随机的速度和已知的持续时间,通常为 0.5 min 或 1 min。②小型台式随机定位器,是由荷兰学者改进的随机定位器。速度仍然是随机的,但是持续时间也是随机的。③随机定位器孵化器(RPI),是基于通常的随机定位器,并且将 CO_2 储罐添加到内部旋转框架中。运动模式为恒定速度,随机方向,随机持续时间,并且速度随预设加速度而变化。通过以恒定速度旋转两个轴以随时间随机改变方向来模拟微重力效应。重力矢量不再是完全随机的,而是可以在特定方向上运行更长的时间。RPI31 具有三种不同的操作模式,一是框架为预设速度,当重力矢量向下时速度降低;二是步行和静态(在特定方向上的帧)交织,并且静态持续时间是随机的;三是随机游走和静态交织,并且静态持续时间是固定的。所有算法均遵循随机游走,以模拟微重力效应。

随机定位器表现为具有两个独立的旋转框架(内框架和外框架),内框架和外框架的内外旋转轴彼此垂直,随机定位器以随机速度旋转,并且旋转物体的运动轨迹中每个点的旋转速度都是随机的,因此消除了固定离心力。它可以模拟微重力效应,易于操作,性能稳定，并可以实现大量贴壁细胞培养。该仪器适用于细胞、动植物等的微重力模拟处理。然而，随机定位器在模拟微重力作用的过程中，容器流动中的随机旋转使培养基不规则，不利于物料的转移。

回转器微重力效应的原理是基于机械分析的重力矢量平均值，即以生物样本的非惯性系统为参考，重力方向不断变化，重力矢量的总和在一个旋转周期内为零。其前提是模拟失重的生物学效应，这是基于生物体受到机械刺激时的时域值。由于细胞需要最短的感测时间来感知重力，因此如果以足够高的速度旋转，则会产生失重的生物学效应，从而使细胞没有足够的时间响应重力。

对于贴壁细胞，RCCS 和随机定位器均可模拟微重力效应。但是，对于较大的培养基面积或大量的细胞，随机定位器可能是更好的选择。然而，由于随机定位器的旋转运动是随机的，因此培养皿中的流体运动完全混乱且不规则，这给流体力学分析带来了困难。这对于量化流体动力学和传质条件是不利的，并且不规则流动的影响和微重力消散对流的趋势也是细胞的独特环境条件。对于随机定位器是否可以模拟悬浮细胞的微重力效应尚无定论。

思　考　题

1. 空间环境有什么特点？
2. 什么是失重/微重力？微重力有何生物学效应？
3. 空间辐射由哪几部分组成？其主要成分是什么，各有何特点？
4. 结合日常生活中的实例，谈谈辐射的危害。
5. 空间环境对人体的运动机能会造成哪些影响？可以采取什么措施进行防护？
6. 地面进行模拟微重力的方法有哪些？各有何优缺点？
7. 为什么说“空间生物学是地面生物学的延伸”？请谈谈你对这句话的认识。

参考文献

[1] 江丕栋. 空间生物学[M]. 青岛：青岛出版社，2000.
[2] 李莹辉. 航天医学细胞分子生物学[M]. 北京：国防工业出版社，2007.
[3] 孙喜庆，姜世忠. 空间医学与生物学研究[M]. 西安：第四军医大学出版社，2010.
[4] 商澎，杨鹏飞，吕毅. 空间生物学与空间生物技术[M]. 西安：西北工业大学出版社，2016.
[5] 祁章年. 载人航天的辐射防护与监测[M]. 北京：国防工业出版社，2003.
[6] 吴德昌. 放射医学[M]. 北京：军事医科出版社，2001.
[7] 魏力军，康金超，董旭阳，等. 微重力对植物向重力性的影响[J]. 哈尔滨师范大学自然科学学报，2015，31(1)：101-105.
[8] 魏力军，钱宇，孙野青. 空间辐射对植物的诱变效应[J]. 黑龙江农业科学，2009(4)：1-6.